北方灯下蛾类生态图谱

张云慧 张智 刘杰 著

中国农业科学技术出版社

图书在版编目（CIP）数据

北方灯下蛾类生态图谱 / 张云慧，张智，刘杰著. -- 北京：中国农业科学技术出版社，2025.7
ISBN 978-7-5116-6106-7

Ⅰ. ①北… Ⅱ. ①张… ②张… ③刘… Ⅲ. ①鳞翅目—北方地区—图谱 Ⅳ. ① Q969.420.8

中国版本图书馆 CIP 数据核字（2022）第 247225 号

责任编辑　姚　欢
责任校对　王　彦
责任印制　姜义伟　王思文

出 版 者	中国农业科学技术出版社 北京市中关村南大街 12 号　邮编：100081
电　　话	（010）82106631（编辑室）（010）82109702（发行部） （010）82109709（读者服务部）
传　　真	（010）82106631
网　　址	https:// castp.caas.cn
经 销 者	各地新华书店
印 刷 者	北京中科印刷有限公司
开　　本	210 mm×285 mm　1/16
印　　张	36.75
字　　数	700 千字
版　　次	2025 年 7 月第 1 版　2025 年 7 月第 1 次印刷
定　　价	298.00 元

──◆ 版权所有·侵权必究 ◆──

《北方灯下蛾类生态图谱》
编委会

主　　著　　张云慧　　张　智　　刘　杰

著者成员　　（以姓氏拼音排序）

卞　悦	陈　健	陈青召	陈智勇	崔　彦
高文娜	勾建军	郭书臣	韩　震	郝丽萍
何明雪	黄建荣	康爱国	李恒羽	李祥瑞
李秀芹	李元杰	林聪田	林培炯	刘　莉
柳　凡	马晓川	孟泽华	牟金伟	彭　娟
祁俊锋	曲丽莉	宋梁栋	孙东伟	唐广耀
汪丽军	王江宁	王　婕	王　丽	王　莉
王留洋	王　松	王泱洋	王泽民	吴嘉琦
谢爱婷	徐晴晴	徐文君	杨　美	尹祥杰
张保常	张　超	张方梅	张　锦	张熠玚
张占龙	赵　琦	赵素梅	赵永莉	郑子楠
朱艳天				

前 言

昆虫是世界上数量最多的动物类群，其个体数量占地球动物总数的50%以上。昆虫与人类关系密切，许多重大农业害虫均属于昆虫纲。蛾类是昆虫纲中的一个重要类群，与农业生产关系尤为密切。据统计，截至2023年，我国《一类农作物病虫害名录》收录的10种害虫中，有6种属于鳞翅目蛾类。在农业生产中，仅黏虫这一种蛾类害虫即可造成严重经济损失。对于蛾类，我们既要充分认识其对农业生产的不利方面，也要正确评估其生态价值。在害虫监测工作中，准确识别是监测的基础环节。目前，尽管已开发出多种害虫智能识别软件，但基层测报员仍面临灯诱害虫（尤其是蛾类）鉴定的难题。

1999年，我们初识植物保护专业。当时，《普通昆虫学》《农业昆虫学》等教材中蛾类图片均为黑白两色，难以实现"按图索虫"的目标。彼时便想，若能有一本彩色蛾类图册，鉴定工作必将事半功倍。自2004年起，我们开始从事害虫监测工作，逐步积累生态影像资料。2016年后，中国农业科学院植物保护研究所与北京市植物保护站合作，在北京市延庆区昆虫雷达监测基地搭建了一座生态笼。该装置可在夜间直接诱集空中迁飞昆虫至网室，研究人员于白天进行拍照鉴定——本书大部分照片即摄于此。

本书蛾类鉴定主要参考《中国蛾类图鉴》《中国经济昆虫志》《中国动物志》《北京蛾类图谱》《北京灯下蛾类图谱》等权威资料，确保分类准确性；物种排序则综合《中国动物志》、日本蛾类网站及欧洲蛾类网站信息，以反映其系统发育关系。特别鸣谢中国科学院动物研究所武春生研究员、广东省林业科学研究院陈刘生研究员、湖南应用技术学院桂炳中教授等专家在鉴定过程中给予的专业指导，谨此致以衷心感谢。另外，还要感谢中国林业科学院张永安研究员、英国洛桑试验站Philip Gould先生、蝶友甲方的慷慨相助，分享的蛾类图片让这本书更加丰富详实。本书的出版得到国家重点研发计划（2022YFD1400600）、国家小麦产业技术体系（CARS-03）和北京市科技创新驱动发展投入项目（PXM2016_036203_000049）等项目的资助，在此一并致以谢意。

本书可供农业一线测报技术人员参考，也可作为植保专业学生野外实习的工具书。由于编者水平所限，书中难免存在疏漏与不足，恳请各位专家和读者不吝指正。

张云慧　张智　刘杰
2024年6月

目 录

第一章 蛾类概述 ··· 001
 1.1 蛾类的形态特征 ·· 001
  1.1.1 成虫 ··· 001
  1.1.2 卵 ·· 003
  1.1.3 幼虫 ··· 004
  1.1.4 蛹 ·· 005
 1.2 雌雄区别 ·· 006
 1.3 蛾类与蝴蝶的区别 ·· 006
 1.4 生活习性 ·· 009
  1.4.1 幼虫取食 ·· 009
  1.4.2 化蛹 ··· 010
  1.4.3 羽化 ··· 012
  1.4.4 成虫行为 ·· 012
 1.5 蛾与人类的关系 ·· 019
  1.5.1 有益方面 ·· 019
  1.5.2 不利方面 ·· 022

小蛾类

第二章 菜蛾科 Plutellidae ·· 024
 2.1 小菜蛾 *Plutella xylostella* (Linnaeus, 1758) ···································· 024

第三章 麦蛾科 Gelechiidae ··· 025
 3.1 甘薯麦蛾 *Helcystogramma triannulella* (Herrich-Schäffer, 1854) ······· 025
 3.2 番茄潜叶蛾 *Tuta absoluta* (Meyrick, 1917) ···································· 026

第四章 刺蛾科 Limacodidae ··· 027
 4.1 梨娜刺蛾 *Narosoideus flavidorsalis* (Staudinger, 1887) ···················· 027

4.2 黄刺蛾 *Monema flavescens* Walker, 1855 ········· 028

4.3 褐边绿刺蛾 *Parasa consocia* Walker, 1865 ········· 029

4.4 中国绿刺蛾 *Parasa sinica* Moore, 1877 ········· 030

4.5 长腹凯刺蛾 *Caissa longisaccula* Wu & Fang, 2008 ········· 031

4.6 扁刺蛾 *Thosea sinensis* (Walker, 1855) ········· 032

第五章 木蠹蛾科 Cossidae ········· 033

5.1 榆木蠹蛾 *Holcocerus vicarius* (Walker, 1865) ········· 033

5.2 芦笋木蠹蛾 *Hypopta sibirica* Alphéraky, 1895 ········· 034

第六章 卷蛾科 Tortricidae ········· 035

6.1 榆白长翅卷蛾 *Acleris ulmicola* (Meyrick, 1930) ········· 035

6.2 棉褐带卷蛾 *Adoxophyes honmai* Yasuda, 1998 ········· 036

6.3 棉（花）双斜卷蛾 *Clepsis pallidana* (Fabricius, 1776) ········· 037

6.4 白钩小卷蛾 *Epiblema foenella* (Linnaeus,1758) ········· 038

6.5 松线小卷蛾 *Zeiraphera griseana* (Hübner, 1799) ········· 039

6.6 苹白小卷蛾 *Spilonota ocellana* (Denis & Schiffermüller, 1775) ········· 040

6.7 落黄卷蛾 *Archips issikii* Kodama, 1960 ········· 041

6.8 麻小食心虫 *Grapholita delineana* (Walker, 1863) ········· 042

第七章 舞蛾科 Choreutidae ········· 043

7.1 苹果舞蛾 *Choreutis pariana* (Clerck, 1759) ········· 043

第八章 羽蛾科 Pterophoridae ········· 044

8.1 甘薯异羽蛾 *Emmelina monodactyla* (Linnaeus, 1758) ········· 044

第九章 巢蛾科 Yponomeutidae ········· 045

9.1 苹果巢蛾 *Yponomeuta padellus* Linnaeus, 1758 ········· 045

第十章 草蛾科 Ethmiidae ········· 046

10.1 密云草蛾 *Ethmia cirrhocnemia* (Lederer, 1870) ········· 046

第十一章 网蛾科 Thyrididae ········· 047

11.1 格线网蛾 *Striglina venia* Whalley, 1976 ········· 047

第十二章 螟蛾科 Pyralidae ········· 048

12.1 二点织螟 *Aphomia zelleri* (Joannis, 1932) ········· 048

12.2	紫斑谷螟 *Pyralis farinalis* (Linnaeus, 1758)	049
12.3	拟紫斑谷螟 *Pyralis lienigialis* (Zeller, 1843)	050
12.4	金黄螟 *Pyralis regalis* Denis & Schiffermüller, 1775	051
12.5	暗纹紫褐螟 *Scenedra umbrosalis* (Wileman, 1911)	052
12.6	灰直纹螟 *Orthopygia glaucinalis* (Linnaeus, 1758)	053
12.7	赤双纹螟 *Herculia pelasgalis* (Walker, 1859)	054
12.8	艳双点螟 *Orybina regalis* (Leech, 1889)	055
12.9	库氏歧角螟 *Endotricha kuznetzovi* Whalley, 1963	056
12.10	榄绿歧角螟 *Endotricha olivacealis* (Bremer, 1864)	057
12.11	双纹须歧角螟 *Trichophysetis cretacea* (Butler, 1879)	058
12.12	基黑纹丛螟 *Stericta kogii* Inoue & Sasaki, 1995	059
12.13	阿米网丛螟 *Teliphasa amica* (Butler, 1879)	060
12.14	垂斑纹丛螟 *Stericta flavopuncta* Inoue & Sasaki, 1995	061
12.15	白带网丛螟 *Teliphasa albifusa* (Hampson, 1896)	062
12.16	缀叶丛螟 *Locastra muscosalis* (Walker, 1865)	063
12.17	巴塘暗斑螟 *Euzophera batangensis* Caradja, 1939	064
12.18	白条峰斑螟 *Acrobasis injunctella* (Christoph, 1881)	065
12.19	微红梢斑螟 *Dioryctria rubella* Hampson, 1901	066
12.20	豆荚斑螟 *Etiella zinckenella* (Treitschke, 1832)	067
12.21	双裂类荚斑螟 *Etielloides bipartitella* (Leech, 1889)	068
12.22	山东云斑螟 *Nephopterix shantungella* Roesler, 1969	069
12.23	红云翅斑螟 *Oncocera semirubella* (Scopoli, 1763)	070
12.24	高粱穗隐斑螟 *Cryptoblabes gnidiella* (Millière, 1867)	071

第十三章　草螟科 Crambidae ··· 072

13.1	灰黑齿螟 *Clupeosoma cinereum* (Warren, 1892)	072
13.2	白眉野草螟 *Agriphila aeneociliella* (Eversmann, 1844)	073
13.3	黄纹髓草螟 *Calamotropha paludella* (Hübner, 1824)	074
13.4	纯白草螟 *Pseudocatharylla simplex* (Zeller, 1877)	075
13.5	银翅黄纹草螟 *Xanthocrambus argentarius* (Staudinger, 1867)	076
13.6	褐翅黄纹草螟 *Xanthocrambus lucellus* (Herrich-Schäffer, 1848)	077
13.7	稻筒水螟 *Parapoynx vittalis* (Bremer, 1864)	078
13.8	茴香薄翅野螟 *Evergestis extimalis* Scopoli, 1763	079
13.9	白桦角须野螟 *Agrotera nemoralis* (Scopoli, 1763)	080
13.10	褐翅棘趾野螟 *Anania egentalis* (Christoph, 1881)	081
13.11	元参棘趾野螟 *Anania verbascalis* (Denis & Schiffermüller, 1775)	082
13.12	黄翅缀叶野螟 *Botyodes diniasalis* (Walker, 1859)	083

13.13	横线镰翅野螟 *Circobotys heterogenalis* (Bremer, 1864)	084
13.14	白点暗野螟 *Bradina atopalis* (Walker, 1859)	085
13.15	长须曲角水螟 *Camptomastix hisbonalis* (Walker, 1859)	086
13.16	稻纵卷叶螟 *Cnaphalocrocis medinalis* (Guenée, 1854)	087
13.17	桃蛀螟 *Conogethes punctiferalis* (Guenée, 1854)	088
13.18	白斑黑野螟 *Pygospila tyres* (Cramer & Stoll, [1780])	089
13.19	黄杨绢野螟 *Cydalima perspectalis* (Walker, 1859)	090
13.20	瓜绢野螟 *Diaphania indica* (Saunders, 1851)	091
13.21	旱柳原野螟 *Euclasta stoetzneri* (Caradja, 1927)	092
13.22	桑绢野螟 *Glyphodes pyloalis* Walker, 1859	093
13.23	四斑绢野螟 *Glyphodes quadrimaculalis* (Bremer & Grey, 1853)	094
13.24	棉褐环野螟 *Haritalodes derogata* (Fabricius, 1775)	095
13.25	菜螟 *Hellula undalis* (Fabricius, 1794)	096
13.26	葡萄切叶野螟 *Herpetogramma luctuosalis* (Guenée, 1854)	097
13.27	草地螟 *Loxostege sticticalis* (Linnaeus, 1761)	098
13.28	艾锥额野螟 *Loxostege aeruginalis* (Hübner, 1796)	099
13.29	二点额野螟 *Loxostege rhabdalis* (Hampson, 1900)	100
13.30	黑斑蚀叶野螟 *Lamprosema sibirialis* (Milliére, 1879)	101
13.31	豆荚野螟 *Maruca vitrata* (Fabricius, 1787)	102
13.32	麦牧野螟 *Nomophila noctuella* (Denis & Schiffermüller, 1775)	103
13.33	白点黑翅野螟 *Heliothela nigralbata* Leech, 1889	104
13.34	玉米螟 *Ostrinia furnacalis* (Guenée, 1854)	105
13.35	白蜡卷须野螟 *Palpita nigropunctalis* (Bremer, 1864)	106
13.36	紫苏野螟 *Pyrausta panopealis* (Walker, 1859)	107
13.37	楸蠹野螟 *Sinomphisa plagialis* (Wileman, 1911)	108
13.38	甜菜白带野螟 *Spoladea recurvalis* (Fabricius, 1775)	109
13.39	尖锥额野螟 *Sitochroa verticalis* (Linnaeus, 1758)	110
13.40	细条纹野螟 *Tabidia strigiferalis* Hampson, 1900	111
13.41	三环狭野螟 *Mabra charonialis* (Walker, 1859)	112
13.42	贯众伸喙野螟 *Uresiphita gracilis* (Butler, 1879)	113
13.43	褐小野螟 *Pyrausta despicata* (Scopoli, 1763)	114
13.44	黄绒野螟 *Crocidophora auratalis* (Warren, 1895)	115
13.45	眼斑脊野螟 *Proteurrhypara ocellalis* (Warren, 1892)	116

大蛾类

第十四章　枯叶蛾科 Lasiocampidae ········ 118
- 14.1　杨树枯叶蛾 *Gastropacha populifolia* Esper, 1784 ········ 118
- 14.2　李枯叶蛾 *Gastropacha quercifolia* Linnaeus, 1758 ········ 119
- 14.3　苹果枯叶蛾 *Odonestis pruni* (Linnaeus, 1758) ········ 120
- 14.4　棕线枯叶蛾 *Arguda insulindiana* Lajonquiere, 1977 ········ 121
- 14.5　油松毛虫 *Dendrolimus tabulaeformis* Tsai & Liu, 1962 ········ 122
- 14.6　西伯利亚松毛虫 *Dendrolimus sibiricus* (Tschetverikov, 1908) ········ 123
- 14.7　东北栎毛虫 *Paralebeda femorata* (Ménétriés, 1858) ········ 124
- 14.8　天幕毛虫 *Malacosoma neustria* (Linnaeus, 1758) ········ 125

第十五章　蚕蛾科 Bombycidae ········ 126
- 15.1　野蚕 *Bombyx mandarina* (Moore, 1872) ········ 126

第十六章　大蚕蛾科 Saturniidae ········ 127
- 16.1　绿尾大蚕蛾 *Actias ningpoana* C. Felder & R. Felder, 1862 ········ 127
- 16.2　雾灵豹蚕蛾 *Loepa wlingana* Yang, 1978 ········ 128
- 16.3　樗蚕 *Samia cynthia* (Drurvy, 1773) ········ 129
- 16.4　合目天蚕蛾 *Saturnia boisduvali* Everismann, 1846 ········ 130
- 16.5　冬青大蚕蛾 *Archaeoattacus edwardsii* (White, 1859) ········ 131

第十七章　箩纹蛾科 Brahmaeidae ········ 132
- 17.1　黄褐箩纹蛾 *Brahmaea certhia* (Fabricius, 1793) ········ 132

第十八章　天蛾科 Sphingidae ········ 133
- 18.1　日本鹰翅天蛾 *Ambulyx japonica* Rothschild, 1894 ········ 133
- 18.2　核桃鹰翅天蛾 *Ambulyx schauffelbergeri* (Bremer & Grey, 1853) ········ 134
- 18.3　灰斑豆天蛾 *Clanis undulosa* Moore, 1879 ········ 135
- 18.4　豆天蛾 *Clanis bilineata tsingtauica* Mell, 1922 ········ 136
- 18.5　栗六点天蛾 *Marumba sperchius* (Ménéntriés, 1857) ········ 137
- 18.6　椴六点天蛾 *Marumba dyras* (Walker, 1856) ········ 138
- 18.7　枣桃六点天蛾 *Marumba gaschkewitschi* (Bremer & Grey, 1853) ········ 139
- 18.8　锯翅天蛾 *Langia zenzeroides* Moore, 1872 ········ 140
- 18.9　钩月天蛾 *Parum colligata* (Walker, 1856) ········ 141
- 18.10　榆绿天蛾 *Callambulyx tatarinovi* (Bremer & Crey, 1853) ········ 142
- 18.11　黄脉天蛾 *Laothoe amurensis* (Staudinger, 1892) ········ 143

18.12 盾天蛾 *Phyllosphingia dissimilis* (Bremer, 1861) ········ 144
18.13 蓝目天蛾 *Smerinthus planus* Walker, 1856 ········ 145
18.14 甘薯天蛾 *Agrius convolvuli* (Linnaeus, 1758) ········ 146
18.15 丁香天蛾 *Psilogramma increta* (Walker, 1865) ········ 147
18.16 松黑天蛾 *Hyloicus caligineus sinicus* Rothschild et Jordan, 1903 ········ 148
18.17 红节天蛾 *Sphinx ligustri* Linnaeus, 1758 ········ 149
18.18 绒星天蛾 *Dolbina tancrei* Staudinger, 1887 ········ 150
18.19 葡萄天蛾 *Ampelophaga rubiginosa* Bremer & Grey, 1853 ········ 151
18.20 鼠天蛾 *Sphingulus mus* Staudinger, 1887 ········ 152
18.21 葡萄缺角天蛾 *Acosmeryx naga* (Moore, 1858) ········ 153
18.22 喜马锤天蛾 *Neogurelca himachala sangaica* (Bulter, 1876) ········ 154
18.23 小豆长喙天蛾 *Macroglossum stellatarum* (Linnaeus, 1758) ········ 155
18.24 深色白眉天蛾 *Hyles gallii* (Rottemburg, 1775) ········ 156
18.25 八字白眉天蛾 *Hyles livornica* (Esper, 1780) ········ 157
18.26 白环红天蛾 *Deilephila askoldensis* (Oberthür, 1879) ········ 158
18.27 红天蛾 *Deilephila elpenor* (Linnaeus, 1758) ········ 159
18.28 雀纹天蛾 *Theretra japonica* (Boisduval, 1869) ········ 160
18.29 芝麻鬼脸天蛾 *Acherontia lachesis* (Fabricius, 1798) ········ 161

第十九章 波纹蛾科 Thyatiridae ········ 162

19.1 点太波纹蛾 *Tethea octogesima* (Butler, 1878) ········ 162
19.2 太波纹蛾 *Tethea ocularis* Linnaeus, 1767 ········ 163
19.3 白太波纹蛾 *Tethea albicostata* (Bremer, 1861) ········ 164
19.4 宽太波纹蛾 *Tethea ampliata* (Butler, 1878) ········ 165
19.5 华波纹蛾 *Habrosyne pyritoides* (Hufnagel, 1766) ········ 166

第二十章 燕蛾科 Uraniidae ········ 167

20.1 斜线燕蛾 *Acropteris iphiata* (Guenée, 1857) ········ 167
20.2 冥两齿燕蛾 *Epiplema styx* (Butler, 1881) ········ 168
20.3 黄纹双尾燕蛾 *Dysaethria flavistriga* (Warren, 1901) ········ 169

第二十一章 尺蛾科 Geometridae ········ 170

21.1 女贞尺蛾 *Naxa seriaria* (Motschulsky, 1866) ········ 170
21.2 枯斑翠尺蛾 *Eucyclodes difficta* (Walker, 1861) ········ 171
21.3 赞青尺蛾 *Xenozancla vericolor* Warren, 1893 ········ 172
21.4 青辐射尺蛾 *Iotaphora admirabilis* (Oberthür, 1884) ········ 173
21.5 白带青尺蛾 *Geometra sponsaria* (Bremer, 1864) ········ 174

21.6 直脉青尺蛾 *Geometra valida* Felder & Rogenhofer, 1875 …… 175
21.7 肾纹绿尺蛾 *Comibaena procumbaria* (Pryer, 1877) …… 176
21.8 肖二线绿尺蛾 *Thetidia chlorophyllaria* (Hedemann, 1879) …… 177
21.9 细线无缰青尺蛾 *Hemistola tenuilinea* (Alphéraky, 1897) …… 178
21.10 折无缰青尺蛾 *Hemistola zimmermanni* (Hedemann, 1879) …… 179
21.11 遗仿锈腰青尺蛾 *Chlorissa obliterata* (Walker, 1862) …… 180
21.12 萝藦艳青尺蛾 *Agathia carissima* Butler, 1878 …… 181
21.13 散罴尺蛾 *Anticypella diffusaria* (Leech, 1897) …… 182
21.14 黄缘伯尺蛾 *Diaprepesilla flavomarginaria* (Bremer, 1864) …… 183
21.15 斑雅尺蛾 *Apocolotois arnoldiaria* (Oberthür, 1912) …… 184
21.16 枯黄惑尺蛾 *Epholca auratilis* (Prout, 1934) …… 185
21.17 朝尺蛾 *Devenilia corearia* (Leceh, 1891) …… 186
21.18 桑尺蛾 *Phthonandria atrilineata* (Butler, 1881) …… 187
21.19 角顶尺蛾 *Phthonandria emaria* (Bremer, 1864) …… 188
21.20 苹烟尺蛾 *Phthonosema tendinosarium* (Bremer, 1864) …… 189
21.21 锯线尺蛾 *Phthonosema serratilinearia* (Leech, 1897) …… 190
21.22 丝棉木金星尺蛾 *Abraxas suspecta* Warren, 1894 …… 191
21.23 醋栗尺蛾 *Abraxas grossulariata* (Linnaeus, 1758) …… 192
21.24 中华蘩尺蛾 *Ligdia sinica* Yang, 1978 …… 193
21.25 环缘奄尺蛾 *Stegania cararia* (Hübner, [1790]) …… 194
21.26 榆津尺蛾 *Astegania honesta* (Prout, 1908) …… 195
21.27 红双线免尺蛾 *Hyperythra obliqua* (Warren, 1894) …… 196
21.28 黄双线尺蛾 *Erastria perlutea* Wehrli, 1939 …… 197
21.29 灰蝶尺蛾 *Narraga fasciolaria* (Hufnagel, 1767) …… 198
21.30 苜蓿尺蛾 *Isturgia arenacearia* (Denis & Schiffermüller, 1775) …… 199
21.31 橙斑庶尺蛾 *Macaria liturata* (Clerck, 1759) …… 200
21.32 上海枝尺蛾 *Macaria shanghaisaria* Walker, 1861 …… 201
21.33 槐尺蛾 *Chiasmia cinerearia* (Bremer & Grey, 1853) …… 202
21.34 格庶尺蛾 *Chiasmia hebesata* (Walker, 1861) …… 203
21.35 金盅尺蛾 *Calicha nooraria* (Bremer, 1864) …… 204
21.36 核桃四星尺蛾 *Ophthalmitis albosignaria* (Bremer & Grey, 1853) …… 205
21.37 四星尺蛾 *Ophthalmitis irrorataria* (Bremer & Grey, 1853) …… 206
21.38 短刺四星尺蛾 *Ophthalmitis brevispina* Jiang, Xue & Han, 2011 …… 207
21.39 掌尺蛾 *Amraica superans* (Butler, 1878) …… 208
21.40 焦边尺蛾 *Bizia aexaria* Walker, 1860 …… 209
21.41 焦点滨尺蛾 *Exangerona prattiaria* (Leech, 1891) …… 210
21.42 文蟠尺蛾 *Eilicrinia wehrlii* Djakonov, 1933 …… 211

21.43	碎木纹尺蛾 *Plagodis pulveraria* (Linnaeus, 1758)	212
21.44	隐尺蛾 *Heterolocha* sp.	213
21.45	小秋黄尺蛾 *Ennomos infidelis* (Prout, 1929)	214
21.46	雪尾尺蛾 *Ourapteryx nivea* Bulter, 1884	215
21.47	膜薄尺蛾 *Inurois membranaria* (Christoph, 1881)	216
21.48	桑褶翅尺蛾 *Apochima excavata* (Dyar, 1905)	217
21.49	粉褶尺蛾 *Lomographa pulverata* (Bang-Haas, 1910)	218
21.50	泼墨尺蛾 *Ninodes splendens* (Butler, 1878)	219
21.51	黄截翅尺蛾 *Hypoxystis pulcheraria* (Herz, 1905)	220
21.52	双斜线尺蛾 *Megaspilates mundataria* (Stoll, 1782)	221
21.53	山枝子尺蛾 *Aspitates geholaria* Oberthür, 1887	222
21.54	枯黄贡尺蛾 *Odontopera arida* (Butler, 1878)	223
21.55	春尺蠖 *Apocheima cinerarius* (Erschoff, 1874)	224
21.56	桦尺蛾 *Biston betularia* (Linnaeus, 1758)	225
21.57	黄连木尺蠖 *Biston panterinaria* (Bremer & Grey, 1853)	226
21.58	落叶松尺蛾 *Erannis ankeraria* (Staudinger, 1861)	227
21.59	褐线尺蛾 *Alcis castigataria* (Bremer, 1864)	228
21.60	满洲里歹尺蛾 *Deileptenia mandshuriaria* (Bremer, 1864)	229
21.61	大造桥虫 *Ascotis selenaria* (Denis & Schiffermüller, 1775)	230
21.62	刺槐外斑尺蛾 *Ectropis excellens* (Butler, 1884)	231
21.63	黄星尺蛾 *Arichanna melanaria* (Linnaeus, 1758)	232
21.64	双珠严尺蛾 *Pylargosceles steganioides* (Butler, 1878)	233
21.65	小红姬尺蛾 *Idaea muricata* (Hufnagel, 1767)	234
21.66	毛足姬尺蛾 *Idaea biselata* (Hufnagel, 1767)	235
21.67	超岩尺蛾 *Scopula superior* (Butler, 1878)	236
21.68	黑缘岩尺蛾 *Scopula virgulata* ([Denis & Schiffermüller], 1775)	237
21.69	水晶尺蛾 *Centronaxa montanaria* (Leech, 1897)	238
21.70	猫眼尺蛾 *Problepsis superans* (Butler, 1885)	239
21.71	纹眼尺蛾 *Problepsis plagiata* (Butler, 1881)	240
21.72	紫条尺蛾 *Timandra recompta* (Prout, 1930)	241
21.73	雀水尺蛾 *Hydrelia nisaria* (Christoph, 1881)	242
21.74	泛尺蛾 *Orthonama obstipata* (Fabricius, 1794)	243
21.75	荁草洲尺蛾 *Epirrhoe supergressa* (Prout, 1938)	244
21.76	驼尺蛾 *Pelurga comitata* (Linnaeus, 1758)	245
21.77	幔折线尺蛾 *Ecliptopera silaceata* (Denis & Schiffermüller, 1775)	246
21.78	短带界尺蛾 *Horisme brevifasciaria* (Leech, 1897)	247
21.79	水界尺蛾 *Horisme aquata* (Hübner, 1813)	248

21.80　黑岛尺蛾 *Melanthia procellata inexpectata* (Warnecke, 1938) ···················· 249

21.81　四川轭尺蛾 *Physetobasis dentifascia mandarinaria* Leech, 1897 ···················· 250

21.82　白点小花尺蛾 *Eupithecia tripunctaria* Herrich-Schäffer, 1852 ···················· 251

21.83　小花波尺蛾 *Eupithecia emanata* Dietze, 1908 ···················· 252

第二十二章　舟蛾科 Notodontidae ···················· 253

22.1　黄二星舟蛾 *Euhampsonia cristata* (Butler, 1877) ···················· 253

22.2　杨二尾舟蛾 *Cerura menciana* Moore, 1877 ···················· 254

22.3　燕尾舟蛾绯亚种 *Furcula furcula sangaica* (Moore, 1877) ···················· 255

22.4　核桃美舟蛾 *Uropyia meticulodina* (Oberthür, 1884) ···················· 256

22.5　栎纷舟蛾 *Fentonia ocypete* (Bremer, 1816) ···················· 257

22.6　梨威舟蛾 *Wilemanus bidentatus* (Wileman, 1911) ···················· 258

22.7　赭小内斑舟蛾 *Peridea graeseri* (Staudinger, 1892) ···················· 259

22.8　榆白边舟蛾 *Nerice davidi* Oberthür, 1881 ···················· 260

22.9　仿白边舟蛾 *Nerice hoenei* (Kiriakoff, 1963) ···················· 261

22.10　杨剑舟蛾 *Pheosia rimosa* Packard, 1864 ···················· 262

22.11　槐羽舟蛾 *Pterostoma sinicum* Moore, 1877 ···················· 263

22.12　灰羽舟蛾 *Pterostoma griseum* (Bulter, 1861) ···················· 264

22.13　冠齿舟蛾 *Lophontosia cuculus* (Staudinger, 1887) ···················· 265

22.14　苹掌舟蛾 *Phalera flavescens* (Bremer& Grey, 1852) ···················· 266

22.15　榆掌舟蛾 *Phalera takasagoensis* Matsumura, 1919 ···················· 267

22.16　窄掌舟蛾 *Phalera angustipennis* Matsumura, 1919 ···················· 268

22.17　刺槐掌舟蛾 *Phalera grotei* Moore, 1860 ···················· 269

22.18　姹羽舟蛾 *Pterotes eugenia* Staudinger, 1896 ···················· 270

22.19　丽金舟蛾 *Spatalia dives* Oberthür, 1884 ···················· 271

22.20　艳金舟蛾 *Spatalia doerriesi* Graeser, 1888 ···················· 272

22.21　角翅舟蛾 *Gonoclostera timoniourm* (Bremer, 1861) ···················· 273

22.22　杨扇舟蛾 *Clostera anachoreta* (Denis & Schiffermüller, 1775) ···················· 274

22.23　短扇舟蛾 *Clostera albosigma curtuloides* (Erschoff, 1870) ···················· 275

22.24　杨小舟蛾 *Micromelalopha sieversi* (Staudinger, 1892) ···················· 276

第二十三章　毒蛾科 Lymantriidae ···················· 277

23.1　连丽毒蛾 *Calliteara conjuncta* (Wileman, 1911) ···················· 277

23.2　丽毒蛾 *Calliteara pudibunda* (Linnaeus, 1758) ···················· 278

23.3　合台毒蛾 *Teia convergens* (Collenette, 1938) ···················· 279

23.4　角斑台毒蛾 *Orgyia recens* (Hübner, [1819]) ···················· 280

23.5　舞毒蛾 *Lymantria dispar* (Linnaeus, 1758) ···················· 281

23.6	肘纹毒蛾 *Lymantria bantaizana* Matsumura, 1933	282
23.7	白毒蛾 *Arctornis l-nigrum* (Müller, 1764)	283
23.8	杨雪毒蛾 *Leucoma candida* (Staudinger, 1892)	284
23.9	榆黄足毒蛾 *Ivela ochropoda* (Eversmann, 1847)	285
23.10	戟盗毒蛾 *Euproctis pulverea* (Leech, 1889)	286
23.11	日本羽毒蛾 *Pida niphonis* (Butler, 1881)	287
23.12	盗毒蛾 *Porthesia similis* (Fuessly, 1775)	288
23.13	折带黄毒蛾 *Euproctis flava* (Bremer, 1861)	289
23.14	幻带黄毒蛾 *Euproctis varians* (Walker, 1855)	290
23.15	云黄毒蛾 *Euproctis xuthonepha* Collenette, 1938	291

第二十四章　灯蛾科 Arctiidae · 292

24.1	明痣苔蛾 *Stigmatophora micans* (Bremer & Grey, 1852)	292
24.2	黄痣苔蛾 *Stigmatophora flava* (Bremer & Grey, 1852)	293
24.3	美苔蛾 *Miltochrista miniata* (Forster, 1771)	294
24.4	黄边美苔蛾 *Miltochrista pallida* (Bremer, 1864)	295
24.5	砾美苔蛾 *Miltochrista pulchra* (Butler, 1877)	296
24.6	草雪苔蛾 *Cyana pratti* (Elwes, 1890)	297
24.7	头橙荷苔蛾 *Ghoria gigantea* (Oberthür, 1879)	298
24.8	泥土苔蛾 *Eilema lutarella* (Linnaeus, 1758)	299
24.9	黄土苔蛾 *Eilema nigripoda* (Bremer & Grey, 1852)	300
24.10	肖浑黄灯蛾 *Rhyparioides amurensis* (Bremer, 1861)	301
24.11	豹灯蛾 *Arctia caja* (Linnaeus, 1758)	302
24.12	斑灯蛾 *Pericallia matronula* (Linnaeus, 1758)	303
24.13	雅灯蛾 *Eucharia festiva* (Hüfnagel, 1766)	304
24.14	砌石灯蛾 *Arctia flavia* (Fuessly, 1779)	305
24.15	乳白格灯蛾 *Areas galactina* (Hoeven, 1840)	306
24.16	黄臀黑污灯蛾 *Epatolmis caesarea* (Goeze, 1781)	307
24.17	亚麻篱灯蛾 *Phragmatobia fuliginosa* (Linnaeus, 1758)	308
24.18	红缘灯蛾 *Aloa lactinea* (Cramer, 1777)	309
24.19	白雪灯蛾 *Chionarctia niveus* (Ménétriés, 1859)	310
24.20	红星雪灯蛾 *Spilosoma punctarium* (Stoll, 1782)	311
24.21	黄星雪灯蛾 *Spilosoma lubriciedum* (Linnaeus, 1758)	312
24.22	人纹污灯蛾 *Spilarctia subcarnea* (Walker, 1855)	313
24.23	美国白蛾 *Hyphantria cunea* (Drury, 1773)	314
24.24	排点灯蛾 *Diacrisia sannio* (Linnaeus, 1758)	315
24.25	闪光玫灯蛾 *Amerila astreus* (Drury, 1773)	316

24.26　漆黑望灯蛾 *Lemyra infernalis* (Butler, 1877) ·············· 317

24.27　黑纹北灯蛾 *Amurrhyparia leopardinula* (Stand, 1919) ·············· 318

第二十五章　鹿蛾科 Amatidae ·············· 319

25.1　黑鹿蛾 *Amata ganssuensis* (Grum-Grshimailo, 1891) ·············· 319

第二十六章　瘤蛾科 Nolidae ·············· 320

26.1　锈点瘤蛾 *Nola aerugula* (Hübner, 1793) ·············· 320

26.2　苹米瘤蛾 *Evonima mandschuriana* (Oberthür, 1880) ·············· 321

26.3　白首瘤蛾 *Iragaodes nobilis* (Staudinger, 1892) ·············· 322

26.4　洼皮夜蛾 *Nolathripa lactaria* (Graeser, 1892) ·············· 323

26.5　红锈霜夜蛾 *Gelastocera ochroleucana* Staudinger, 1887 ·············· 324

26.6　饰夜蛾 *Pseudoips prasinanus* (Linnaeus, 1758) ·············· 325

26.7　亚皮夜蛾 *Nycteola asiatica* (Krulikowski, 1904) ·············· 326

26.8　胡桃豹夜蛾 *Sinna extrema* (Walker, 1854) ·············· 327

26.9　粉缘钻夜蛾 *Earias pudicana* Staudinger, 1887 ·············· 328

26.10　玫缘钻夜蛾 *Earias roseifera* Butler, 1881 ·············· 329

26.11　白缘钻夜蛾 *Earias clorana* (Linnaeus, 1761) ·············· 330

第二十七章　虎蛾科 Agaristidae ·············· 331

27.1　鹿彩虎蛾 *Episteme adulatrix* (Kollar, 1844) ·············· 331

27.2　高山修虎蛾 *Sarbanissa bala* (Moore, 1865) ·············· 332

27.3　艳修虎蛾 *Sarbanissa venusta* (Leech, 1888) ·············· 333

第二十八章　夜蛾科 Noctuidae ·············· 334

28.1　三线奴夜蛾 *Paracolax trilinealis* (Bremer, 1864) ·············· 334

28.2　曲线奴夜蛾 *Paracolax tristalis* (Fabricius, 1794) ·············· 335

28.3　灰缘贫夜蛾 *Simplicia mistacalis* (Guenée, 1854) ·············· 336

28.4　曲线贫夜蛾 *Simplicia niphona* (Butler, 1878) ·············· 337

28.5　黑点贫夜蛾 *Simplicia rectalis* (Eversmann, 1842) ·············· 338

28.6　斜线贫夜蛾 *Simplicia schaldusalis* (Walker, [1859]) ·············· 339

28.7　暗翅长须夜蛾 *Polypogon gryphalis* (Herrich-Schäffer, 1851) ·············· 340

28.8　赭黄长须夜蛾 *Herminia arenosa* Butler, 1878 ·············· 341

28.9　窄肾长须夜蛾 *Herminia stramentacealis* Bremer, 1864 ·············· 342

28.10　肯髯须夜蛾 *Hypena kengkalis* Bremer, 1864 ·············· 343

28.11　豆髯须夜蛾 *Hypena tristalis* Lederer, 1853 ·············· 344

28.12　小褐髯须夜蛾 *Hypena conspersalis* Staudinger, 1888 ·············· 345

28.13 阴卜夜蛾 *Bomolocha stygiana* (Butler, 1878) ······ 346
28.14 齐卜夜蛾 *Bomolocha zilla* (Butler, 1879) ······ 347
28.15 涓夜蛾 *Rivula sericealis* (Scopoli, 1763) ······ 348
28.16 鹿尾夜蛾 *Eutelia adulatricoides* (Mell, 1943) ······ 349
28.17 钩尾夜蛾 *Eutelia hamulatrix* (Draudt, 1950) ······ 350
28.18 中桥夜蛾 *Anomis mesogona* (Walker, 1858) ······ 351
28.19 棘翅夜蛾 *Scoliopteryx libatrix* (Linnaeus, 1758) ······ 352
28.20 平嘴壶夜蛾 *Calyptra lata* (Butler, 1881) ······ 353
28.21 艳叶夜蛾 *Eudocima salaminia* (Cramer, 1777) ······ 354
28.22 凡艳叶夜蛾 *Eudocima falonia* (Linnaeus, 1763) ······ 355
28.23 晦刺裳夜蛾 *Catocala abamita* (Bremer & Grey, 1853) ······ 356
28.24 苹刺裳夜蛾 *Catocala bella* Butler, 1877 ······ 357
28.25 缟裳夜蛾 *Catocala fraxinii fraxinii* (Linnaeus, 1758) ······ 358
28.26 裳夜蛾 *Catocala nupta nupta* (Linnaeus, 1767) ······ 359
28.27 柳裳夜蛾 *Catocala electa* (Vieweg, 1790) ······ 360
28.28 白肾裳夜蛾 *Catocala agitatrix* Graeser, [1889] ······ 361
28.29 柿裳夜蛾 *Catocala kaki* Ishizuka, 2003 ······ 362
28.30 鸽光裳夜蛾 *Catocala columbina* Leech, 1900 ······ 363
28.31 显裳夜蛾 *Catocala deuteronympha* Staudinger，1861 ······ 364
28.32 茂裳夜蛾 *Catocala doerriesi* Staudinger, 1888 ······ 365
28.33 意光裳夜蛾 *Catocala ella* (Butler, 1877) ······ 366
28.34 光裳夜蛾 *Catocala fulminea* (Scopoli, 1763) ······ 367
28.35 珀光裳夜蛾 *Catocala helena* Eversmann, 1856 ······ 368
28.36 达光裳夜蛾 *Catocala davidi* (Oberthür, 1881) ······ 369
28.37 安纽夜蛾 *Ophiusa tirhaca* (Cramer, [1777]) ······ 370
28.38 东北巾夜蛾 *Dysgonia mandschuriana* (Staudinger, 1892) ······ 371
28.39 石榴巾夜蛾 *Dysgonia stuposa* (Fabricius, 1794) ······ 372
28.40 玫瑰巾夜蛾 *Dysgonia arctotaenia* (Guenée, 1852) ······ 373
28.41 霉巾夜蛾 *Dysgonia maturate* (Walker, 1858) ······ 374
28.42 楔斑启夜蛾 *Caenurgia fortalitium* (Tausch, 1809) ······ 375
28.43 懒毛胫夜蛾 *Mocis annetta* (Butler, 1878) ······ 376
28.44 奚毛胫夜蛾 *Mocis ancilla* (Warren,1913) ······ 377
28.45 庸肖毛翅夜蛾 *Thyas juno* (Dalman, 1823) ······ 378
28.46 斜线关夜蛾 *Artena dotata* (Fabricius, 1794) ······ 379
28.47 苎麻夜蛾 *Arcte coerula* (Guenée, 1852) ······ 380
28.48 绕环夜蛾 *Spirama helicina* (Hübner, 1831) ······ 381
28.49 放影夜蛾 *Lygephila craccae* (Denis & Schiffermuller, 1755) ······ 382

28.50	巨影夜蛾 *Lygephila maxima* (Bremer, 1861)	383
28.51	平影夜蛾 *Lygephila lubrica* (Freyer, 1842)	384
28.52	黑缘影夜蛾 *Lygephila nigricostata* (Graeser, 1890)	385
28.53	直影夜蛾 *Lygephila recta* (Bremer, 1864)	386
28.54	鹰夜蛾 *Hypocala deflorata* (Fabricius, 1794)	387
28.55	苹梢鹰夜蛾 *Hypocala subsatura* Guenée, 1852	388
28.56	蓝条夜蛾 *Ischyja manlia* (Cramer, 1776)	389
28.57	客来夜蛾 *Chrysorithrum amatum* (Bremer & Grey, 1853)	390
28.58	筱客来夜蛾 *Chrysorithrum flavomaculatum* (Bremer, 1861)	391
28.59	浓眉夜蛾 *Pangrapta perturbans* (Walker, 1858)	392
28.60	点眉夜蛾 *Pangrapta vasava* (Butler, 1881)	393
28.61	苹眉夜蛾 *Pangrapta obscurata* (Butler, 1879)	394
28.62	小冠微夜蛾 *Lophomilia polybapta* (Butler, 1879)	395
28.63	双粗胫夜蛾 *Hepatica anceps* Staudinger, 1892	396
28.64	星狄夜蛾 *Diomea cremata* (Butler, 1878)	397
28.65	残夜蛾 *Colobochyla salicalis* (Denis & Schiffermuller, 1775)	398
28.66	弯勒夜蛾 *Laspeyria flexula* (Denis & Schiffermüller, 1775)	399
28.67	戚夜蛾 *Paragabara flavomacula* (Oberthür, 1880)	400
28.68	隐金夜蛾 *Abrostola triplasia* (Linnaeus, 1758)	401
28.69	白条夜蛾 *Argyrogramma albostriata* (Bremer & Grey, 1853)	402
28.70	印铜夜蛾 *Polychrysia moneta* (Fabricius, 1787)	403
28.71	淡银纹夜蛾 *Macdunnoughia purissima* (Butler, 1878)	404
28.72	银锭夜蛾 *Macdunnoughia crassisigna* (Warren, 1913)	405
28.73	瘦银锭夜蛾 *Macdunnoughia confusa* (Stephens, 1850)	406
28.74	隐丫纹夜蛾 *Autographa crypta* Dufay, 1973	407
28.75	黑图夜蛾 *Autographa nigrisigna* (Walker, 1858)	408
28.76	稻金翅夜蛾 *Plusia festucae* (Linnaeus, 1758)	409
28.77	旋皮夜蛾 *Eligma narcissus* (Cramer, 1775)	410
28.78	显长角皮夜蛾 *Risoba prominens* Moore, 1881	411
28.79	碧金翅夜蛾 *Diachrysia nadeja* (Oberthür, 1880)	412
28.80	窄金翅夜蛾 *Diachrysia stenochrysis* (Warren, 1913)	413
28.81	中金翅夜蛾 *Diachrysia intermixta* (Warren, 1913)	414
28.82	银纹夜蛾 *Ctenoplusia agnata* (Staudinger, 1892)	415
28.83	瓜夜蛾 *Anadevidia hebetata* (Butler, 1889)	416
28.84	黑线点孔夜蛾 *Enispa lutefascialis* (Leech, 1889)	417
28.85	白斑孔夜蛾 *Corgatha costimacula* (Staudinger, 1892)	418
28.86	桃红猎夜蛾 *Eublemma amasina* (Eversmann, 1842)	419

28.87	臀斑文夜蛾 *Eustrotia costimacula* (Oberthür, 1880)	420
28.88	清文夜蛾 *Eustrotia candidula* ([Denis & Schiffermüller], 1775)	421
28.89	丽瑙夜蛾 *Maliattha bella* (Staudinger, 1888)	422
28.90	桃红瑙夜蛾 *Maliattha rosacea* (Leech, 1889)	423
28.91	标瑙夜蛾 *Maliattha signifera* (Walker, 1858)	424
28.92	白肾俚夜蛾 *Deltote martjanovi* (Tschetverikov, 1904)	425
28.93	黑俚夜蛾 *Anterastria atrata* (Butler, 1881)	426
28.94	小文夜蛾 *Neustrotia noloides* (Butler, 1879)	427
28.95	姬夜蛾 *Phyllophila obliterata* (Rambur, 1833)	428
28.96	稻螟蛉夜蛾 *Naranga aenescens* Moore, 1881	429
28.97	两色绮夜蛾 *Acontia bicolora* Leech, 1889	430
28.98	谐夜蛾 *Acontia trabealis* (Scopoli, 1763)	431
28.99	碧银冬夜蛾 *Cucullia argentea* (Hufnagel, 1766)	432
28.100	银白冬夜蛾 *Cucullia platinea* Ronkay & Ronkay, 1987	433
28.101	银装冬夜蛾 *Cucullia splendida* (Stoll, [1782])	434
28.102	嗜蒿冬夜蛾 *Cucullia artemisiae* (Hufngel, 1766)	435
28.103	莴苣冬夜蛾 *Cucullia fraterna* Butler, 1878	436
28.104	黄条冬夜蛾 *Cucullia biornata* Fishcher von Waldheim, 1840	437
28.105	蒿冬夜蛾 *Cucullia fraudatrix* Eversmann, 1837	438
28.106	斑冬夜蛾 *Cucullia maculosa* Staudinger, 1888	439
28.107	褐纹冬夜蛾 *Cucullia amota* Alphéraky, 1877	440
28.108	大红裙杂夜蛾 *Amphipyra monolitha* Gurenée, 1852	441
28.109	三斑蕊夜蛾 *Cymatophoropsis trimaculata* (Bremer, 1861)	442
28.110	缤夜蛾 *Moma alpium* (Osbeck, 1778)	443
28.111	广缤夜蛾 *Moma tsushimana* Sugi, 1982	444
28.112	绿孔雀夜蛾 *Nacna malachitis* (Oberthür, 1880)	445
28.113	短喙夜蛾 *Panthauma egregia* Staudinger, 1892	446
28.114	光剑纹夜蛾 *Acronicta adaucta* (Warren, 1909)	447
28.115	小剑纹夜蛾 *Acronicta omorii* Matsumura, 1926	448
28.116	童剑纹夜蛾 *Acronicta bellula* (Alpheraky, 1895)	449
28.117	白斑剑纹夜蛾 *Acronicta catocaloida* (Greaser, 1889)	450
28.118	梨剑纹夜蛾 *Acronicta rumicis* (Linnaeus, 1758)	451
28.119	桑剑纹夜蛾 *Acronicta major* (Bremer, 1861)	452
28.120	桃剑纹夜蛾 *Acronicta intermedia* (Werren, 1909)	453
28.121	晃剑纹夜蛾 *Acronicta leucocuspis* (Butler, 1878)	454
28.122	榆剑纹夜蛾 *Acronicta hercules* (Felder & Rogenhofer, 1874)	455
28.123	暗钝夜蛾 *Anacronicta caliginea* (Butler, 1881)	456

28.124	女贞首夜蛾 *Craniophora ligustri* (Denis & Schiffermüller, 1775)	457
28.125	怪苔藓夜蛾 *Cryphia bryophasma* (Boursin, 1951)	458
28.126	黄夜蛾 *Xanthodes albago* (Fabricius, 1794)	459
28.127	丹日明夜蛾 *Sphragifera sigillata* (Ménétriès, 1859)	460
28.128	胞短栉夜蛾 *Brevipecten consanguis* Leech, 1900	461
28.129	棉铃虫 *Helicoverpa armigera* (Hübner, 1809)	462
28.130	宽胫夜蛾 *Schinia scutosa* (Goeze, 1781)	463
28.131	烟青虫 *Heliothis assulta* (Guenée, 1852)	464
28.132	苜蓿夜蛾 *Heliothis viriplaca* (Hufnagel, 1766)	465
28.133	苇实夜蛾 *Heliothis maritima* Graslin, 1855	466
28.134	焰夜蛾 *Pyrrhia umbra* (Hüfnagel, 1766)	467
28.135	双纹焰夜蛾 *Pyrrhia bifasciata* (Staudinger, 1888)	468
28.136	红晕散纹夜蛾 *Callopistria repleta* Walker, 1858	469
28.137	白线散纹夜蛾 *Callopistria albolineola* (Graeser, 1889)	470
28.138	乌夜蛾 *Melanchra persicariae* (Linnaeus, 1761)	471
28.139	甘蓝夜蛾 *Mamestra brassicae* (Linnaeus, 1758)	472
28.140	旋歧夜蛾 *Anarta trifolii* (Hufnagel, 1766)	473
28.141	鹏灰夜蛾 *Polia goliath* (Oberthür, 1880)	474
28.142	华安夜蛾 *Lacanobia splendens* (Hübner, [1808])	475
28.143	异安夜蛾 *Lacanobia aliena* (Hübner, [1809])	476
28.144	红棕灰夜蛾 *Sarcopolia illoba* (Butler, 1878)	477
28.145	唉盗夜蛾 *Sideridis honeyi* (Yoshimoto, 1989)	478
28.146	织网夜蛾 *Sideridis kitti* (Schawerda, 1913)	479
28.147	梳跗盗夜蛾 *Hadena aberrans* (Eversmann, 1856)	480
28.148	克夜蛾 *Clavipalpula aurariae* (Oberthür, 1880)	481
28.149	围连环夜蛾 *Perigrapha circumducta* (Lederer, 1855)	482
28.150	联梦尼夜蛾 *Orthosia carnipennis* (Butler, 1878)	483
28.151	黏虫 *Mythimna separata* (Walker, 1865)	484
28.152	劳氏黏虫 *Mythimna loreyi* (Duponchel, 1827)	485
28.153	白钩黏夜蛾 *Mythimna proxima* (Leech, 1900)	486
28.154	红黏夜蛾 *Mythimna rufipennis* Butler, 1878	487
28.155	秘夜蛾 *Mythimna turca* (Linnaeus, 1761)	488
28.156	绒黏夜蛾 *Mythimna velutina* (Eversmann, 1856)	489
28.157	宏秘夜蛾 *Mythimna grandis* Butler, 1878	490
28.158	曲线秘夜蛾 *Mythimna divergens* Butler, 1878	491
28.159	丽木冬夜蛾 *Xylena formosa* (Butler, 1878)	492
28.160	狐志冬夜蛾 *Agrochola vulpecula* (Lederer, 1853)	493

28.161	黄紫美冬夜蛾 *Xanthia togata* (Esper, 1788)	494
28.162	齿美冬夜蛾 *Xanthia tunicata* Graeser, 1889	495
28.163	日美冬夜蛾 *Xanthia japonago* (Wileman & West, 1929)	496
28.164	遥冬夜蛾 *Telorta divergens* (Butler, 1879)	497
28.165	斑拟兜夜蛾 *Pseudocosmia maculata* Kononenko, 1985	498
28.166	白斑迴兜夜蛾 *Cosmia restituta picta* (Staudinger, 1888)	499
28.167	摊巨冬夜蛾 *Meganephria tancrei* (Graeser, 1888)	500
28.168	克袭夜蛾 *Sidemia spilogramma* Rambur, 1871	501
28.169	干纹夜蛾 *Staurophora celsia* (Linnaeus, 1758)	502
28.170	苏角剑夜蛾 *Hydraecia amurensis* Staudinger, 1892	503
28.171	亚奂夜蛾 *Amphipoea asiatica* (Burrows, 1911)	504
28.172	麦奂夜蛾 *Amphipoea fucosa* (Freyer, 1830)	505
28.173	内夜蛾 *Rhizedra lutosa* (Hübner, [1803])	506
28.174	大螟 *Sesamia inferens* (Walker, 1856)	507
28.175	霉裙剑夜蛾 *Olivenebula oberthueri* (Staudinger, 1892)	508
28.176	疏纹杰夜蛾 *Auchmis paucinotata* (Hampson, 1894)	509
28.177	炫夜蛾 *Actinotia polyodon* (Clerck, 1759)	510
28.178	暗翅夜蛾 *Dypterygia caliginosa* (Walker, 1858)	511
28.179	朽木夜蛾 *Axylia putris* (Linnaeus, 1761)	512
28.180	陌夜蛾 *Trachea atriplicis* (Linnaeus, 1758)	513
28.181	黑环陌夜蛾 *Trachea melanospila* Kollar, 1844	514
28.182	殿夜蛾 *Pygopteryx suava* Staudinger, 1877	515
28.183	甜菜夜蛾 *Spodoptera exigua* (Hübner, [1808])	516
28.184	斜纹夜蛾 *Spodoptera litura* (Fabricius, 1775)	517
28.185	草地贪夜蛾 *Spodoptera frugiperda* (J.E Smith, 1797)	518
28.186	北筱夜蛾 *Hoplodrina octogenaria* (Geoze, 1781)	519
28.187	朝委夜蛾 *Athetis coreana* (Matsumura, 1926)	520
28.188	委夜蛾 *Athetis furvula* (Hübner, [1808])	521
28.189	后委夜蛾 *Athetis gluteosa* (Treitschke, 1835)	522
28.190	二点委夜蛾 *Athetis lepigone* (Moschler, 1860)	523
28.191	线委夜蛾 *Athetis lineosa* (Moore, 1881)	524
28.192	蚀夜蛾 *Oxytripia orbiculosa* (Esper, 1779)	525
28.193	太白胖夜蛾 *Orthogonia apaishana* (Draudt, 1939)	526
28.194	纹希夜蛾 *Eucarta fasciata* (Butler, 1878)	527
28.195	麟角希夜蛾 *Eucarta virgo* (Treitschke, 1835)	528
28.196	乏夜蛾 *Niphonyx segregata* (Butler, 1878)	529
28.197	贯雅夜蛾 *Iambia transversa* (Moore, 1882)	530

28.198 美纹孤夜蛾 *Elaphria venustula* (Hübner, 1790) ······ 531

28.199 白边切夜蛾 *Euxoa karschi* (Graeser, 1890) ······ 532

28.200 中圆夜蛾 *Acosmetia chinensis* (Wallengren, 1860) ······ 533

28.201 警纹地老虎 *Agrotis exclamationis* (Linnaeu, 1758) ······ 534

28.202 小地老虎 *Agrotis ipsilon* (Hüfnagel, 1766) ······ 535

28.203 黄地老虎 *Agrotis segetum* (Denis & Schiffermüller, 1775) ······ 536

28.204 大地老虎 *Agrotis tokionis* Butler, 1881 ······ 537

28.205 三叉地老虎 *Agrotis trifurca* Eversmann, 1837 ······ 538

28.206 基角狼夜蛾 *Dichagyris triangularis* (Moore, 1867) ······ 539

28.207 灰褐狼夜蛾 *Ochropleura ignara* (Staudinger, 1896) ······ 540

28.208 瓦矛夜蛾 *Spaelotis valida* (Walker, 1865) ······ 541

28.209 灰歹夜蛾 *Diarsia canescens* (Butler, 1878) ······ 542

28.210 八字地老虎 *Xestia c-nigrum* (Linnaeus, 1758) ······ 543

28.211 润鲁夜蛾 *Xestia dilatata* (Butler, 1879) ······ 544

28.212 兀鲁夜蛾东方亚种 *Xestia ditrapezium orientalis* (Boursin, 1963) ······ 545

28.213 褐纹鲁夜蛾 *Xestia fuscostigma* (Bremer, 1861) ······ 546

28.214 绿组夜蛾 *Anaplectoides prasina* ([Denis & Schiffermuller], 1775) ······ 547

第二十九章 斑蛾科 Zygaenidae ······ 548

29.1 红肩旭锦斑蛾 *Campylotes romanovi* Leech, 1898 ······ 548

29.2 重阳木锦斑蛾 *Histia rhodope* Cramer, 1775 ······ 549

29.3 釉锦斑蛾 *Amesia sanguiflua* (Drury, 1773) ······ 550

中文名称索引 ······ 551

拉丁学名索引 ······ 557

参考文献 ······ 563

第一章
蛾类概述

蛾类是节肢动物门（Arthropoda）昆虫纲（Insecta）鳞翅目（Lepidoptera）异角亚目（Heterocera）动物的统称。鳞翅目由蛾类和蝶类组成，全世界已知16万多种，数量仅次于鞘翅目。蛾类是鳞翅目中最大的类群，占到鳞翅目种类的90%左右，绝大多数种类的幼虫取食显花植物，其中许多是农林业重要害虫。

1.1 蛾类的形态特征

1.1.1 成虫

头部多呈圆球形，位于体躯的最前方，着生主要的感觉器官和取食器官。

（1）复眼和单眼：1对发达的复眼和2个单眼。复眼位于头的两侧，半球状，由上万个六角形的小眼组成，是唯一的视觉器官。

（2）触角：1对，分成若干节，能够自由转动，形状多样，多为羽状、丝状、栉状等，一般不呈棒状，雌雄间常有不同。

（3）口器：虹吸式，但也有少数原始种类（如小翅蛾等种类）上颚发达，下颚亦不形成口吻，仍保持咀嚼式；也有一些种类口器退化，羽化后不再取食，如毒蛾、刺蛾等。吸果夜蛾成虫期能刺破果皮取食也是例外。上唇短小，在口吻基部。下唇须发达，分为3节，由于大小、形状的不同，往往是雌、雄和种类识别的依据。

小地老虎

胸部位于头部后方，由前胸、中胸和后胸3节构成，前胸最小，中胸最大，后胸次之，其上有3对足、2对翅，前翅一般比后翅大。蛾类的前胸，除一部分低等类群比较发达外，一般均较退化，形如颈状。前胸两侧有小突起，称为领片（patagium），尤其夜蛾科特别发达。领片往往与翅基片（tegula）容易混淆，但翅基片非前胸产物，而自中胸生出，故易于区别。

（1）翅脉：蛾类脉相相对简单，横脉极少。在原始鳞翅目中，前后翅的脉相非常近似，称为同脉类Homoneura，Rs脉4分支，M脉3分支，通常有3条A脉。在高等类群中，前后翅脉相明显不同，称为异脉类Heteroneura，前翅R脉5分支，但后翅Rs脉不分支，R_1通常与Sc愈合，1A和2A合并。随着进化程度的提高，Cu_2从两对翅中消失。在许多情况下，M脉的基部退化，造成翅中央部分出现一个大翅室，称为中室（discal cell）。有些R脉分支在其分支点以外重新合并，形成副室（accessory cell）。有些情况下，R脉在后翅基部与Sc分开，R_1好像是Rs和Sc之间的一条横脉，但R_1最终与Sc愈合，伸到翅缘的实际是Sc。

（2）翅面斑纹：翅的形状在各科中常有变异，翅面出现各种条纹（striae），最常见的贯穿前后翅面的横带有：基横线（subbasal fascia）、内横线（antemedian fascia）、中横线（median fascia）、外横线（postmedian fascia）、亚外缘线（subterminal fascia）和外缘线（terminal fascia）。另外，还有基斑（basal patch）、基纹（basal streak）、楔形斑（claviform stigma）、环形斑（orbicular stigma）、肾形斑（reniforrn stigma）、中斑（discal spot）、顶纹（apical streak）、臀纹（tornal streak）、亚肾斑（subreniform stigma）等，可用以辨别类群。有些蛾类雌蛾翅膀退化，如蓑蛾和杨尺蠖的雌成虫完全无翅。

（3）胸足：3对，前胸、中胸、后胸节各着生1对，依次命名为前足、中足、后足，各由5节组成，各足的胫距数，一般为0-2-4，少数为0-2-2，也有缺胫距的。只有少数种类的雌虫无胸足，体形像幼虫。蛾类成虫的足主要起站立及短距离移动的作用。

腹部共10节，由于腹节合并，一般能见7~8节，无尾须。在低等蛾类中，雌虫只有一个生殖孔。在大多数蛾类中，除第九腹节上的产卵孔外，在第8腹节上还有一个用于交配的交配孔。蛾类的交配器构造比较复杂，各种分化很大，而个体间变异较小，所以常用以鉴别种类。雄蛾第9腹节的背板［背兜（tegumen）］和腹板［基腹弧（vinculum）］形成1个环。腹板的中部向体内延伸成1个囊状

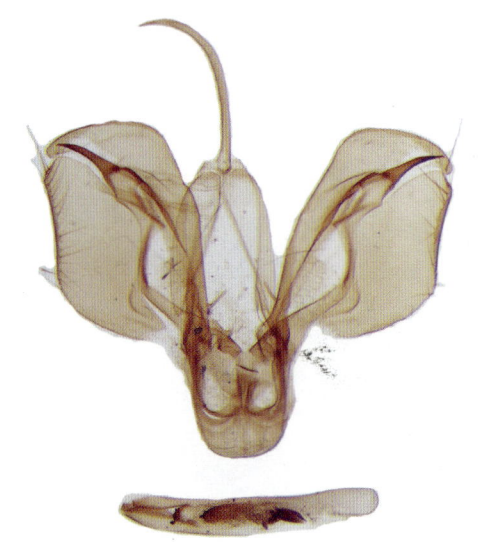 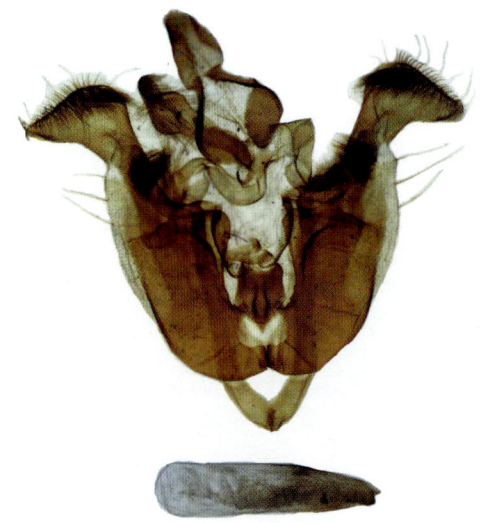

雄性生殖器（左：草地贪夜蛾；右：甘蓝夜蛾）

构造，叫作囊形突（saccus）。第 10 腹节背板的后端形成 1 个略向下弯的爪形突（umcu），下面有 1 对颚形突（gnatho），通常合并为一体；第十节的腹板，略向上弯曲。肛门的末端即位于爪形突和颚形突之间。阳茎（aedeagus）生于背兜和基腹弧之间的膈膜上，基部形成一个外翻的锥形突起，称作阳端环（anellus），上有骨片，称做阳端基环（usta）。阳茎的端部能翻缩，叫作阳端膜（vesica），上面常有刺，抱握器（valve）发达，常呈瓣状，上有各种毛和骨片构造等。雌虫无特化的产卵器。腹部末端数节细长而套叠，可以伸缩。产卵孔的两侧有 1 对瓣状构造，用于握持产出的卵，胶着于物体上。雌虫的交配孔通入 1 个交配囊，囊上常具有刺状或其他几丁质构造叫作囊突（signum）。囊突的数目和形状的不同，也常被用作鉴别种类的依据。

1.1.2 卵

卵形态各异，通常有圆球形、半球形、椭圆形、炮弹形等，卵表面常有网纹、刺突、雕纹等。卵的色彩有橙、黄、绿、白等。不同种类间产卵量差异很大，少则数粒，多则数千粒。卵多数散产或聚产于寄主植物的叶片、枝条、果实等处。有的卵被有胶质物（如天幕毛虫）或卵上覆盖雌蛾腹端的毛（如舞毒蛾、草地贪夜蛾）等。

黏虫

草地贪夜蛾

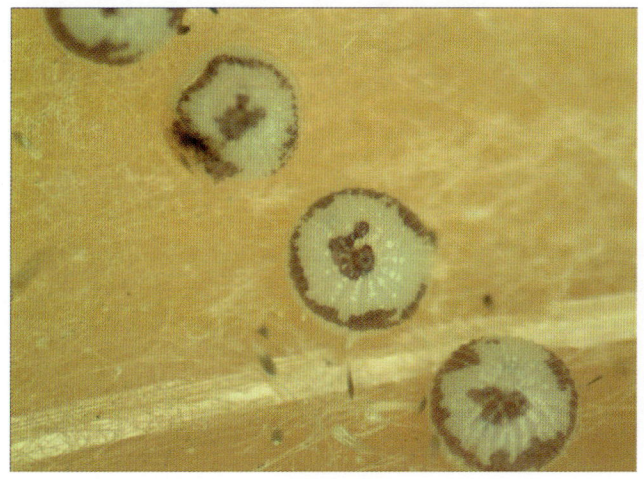

旋歧夜蛾

白眉野草螟

蛾类的卵

1.1.3 幼虫

幼虫为蠋式幼虫，具有发达的头部，胸部3节，腹部10节，腹足末端有趾钩，9对气门分别生于前胸和前8个腹节。头部有旁额片，是蛾类幼虫的特点。头顶中央头盖缝发达，额通常为1对窄的旁额片。唇基和上唇发达。6个侧单眼位于触角基部略后上方。上颚发达。下颚由轴节和茎节组成，通常有1个外颚叶，下颚须2~3节。头部腹面为下唇。下颚相对很大，骨化轻，亚颏常分隔为1对三角形骨片。前颏末端有吐丝器。在一些潜叶类幼虫中，口器极度特化。

幼虫的胸足有3对，每个足一般由5节组成（基节、转节、腿节、胫节、跗节），末端还有1个爪。腹部一般有5对腹足，由腹部延伸呈圆柱状，末端有趾钩，着生在第3节至第6节和第10节上，最后1对腹足又称为臀足。趾钩的排列多变，常作为分类依据。趾钩描述时主要包括多少行、行的方向、行的形状、趾钩的长短等特征。

棉铃虫　　　　　　　　　　　　　　黏虫

黄连木尺蠖　　　　　　　　　　　　桑褐刺蛾

蛾类的幼虫

幼虫身体上的毛可以分为刚毛、毛瘤、毛簇、枝刺等4类，其中刚毛基部有毛片或毛突。排列有一定次序的刚毛，称为毛序，是幼虫分类的重要特征。许多幼虫具有毒毛，如毒蛾科、枯叶蛾科和灯蛾科的一些种类，毒毛是中空的光滑刚毛，刚毛下有毒腺，毒液可以从刚毛中流出，刚毛极易折断，刺入人的皮肤时可造成皮肤发炎。

幼虫身体上的花纹和条纹是区别幼虫种的重要特征。根据部位，幼虫身体上一般有背线、亚背线、气门上线、气门线、气门下线、亚腹线和腹线等，根据这些线的颜色、粗细、是否有斑纹及各线之间带的颜色等可以对幼虫进行识别。

1.1.4　蛹

除少数低等的蛾类外，大部分蛾类的蛹均为围蛹。蛹体褐色或棕色，长椭圆形，明显分为头、胸、腹三部分。除天蛾科的下颚可突出蛹体之外，其余种类的蛹头部没有突起。头部腹面中央有上唇，两侧有复眼和触角，上唇之下有1对下颚，有的种类还可看到上颚和下唇须。胸部背面可以发现前胸狭，中胸大，后胸部分外露。前足和中足胫节位于下颚和触角之间，有些种类的前足腿节外露。腹部分10节，通常仅第5~7节可以活动。第10腹节腹面中央的纵裂缝为肛门，周圆常略突起。雄蛹在前第9腹节腹面中央有一生殖孔。雌蛹在第8腹节中有一生殖孔、第9腹节有一产卵孔，在很多种类中，两孔连接成一纵裂缝。腹部末端向后突出形成臀棘，上面生有钩刺，用以钩住物体或茧等。臀刺的形状构造常用于鉴定分种。一些种类的幼虫往往先结茧，然后再化蛹。

夜蛾蛹

黄刺蛾（茧）

草地螟（茧）

1.2 雌雄区别

同种昆虫雌雄个体之间除生殖器官（第一性征）不同以外，许多种类还在个体大小、体形、体色、构造等（第二性征）方面存在差异，称为雌雄二型。不少蛾类也具有雌雄二型现象，如触角形状，复眼的大小，翅的有无、形状和斑纹，腹部末端的颜色等。天蛾、尺蛾类的雄性个体的触角比较发达（如雄蛾双栉状、雌蛾线状），用于接收雌蛾发出的性信息素。桃蛀螟、枯叶夜蛾雌雄翅面特征明显不同。苜蓿夜蛾、苇实夜蛾、桃蛀螟末端颜色不同，瓜绢螟、甜菜夜蛾毛簇长短也有区别。

部分幼虫也可进行雌雄区分，如小菜蛾幼虫在3~4龄时可分为两种类型：一种在第5腹节背面有1对明显呈淡黄色肾形斑点，而另一种无这样的斑点。从解剖学上看，这对淡黄色的斑点是体壁下1对雄性的生殖芽（睾丸）。因此，身体上具有斑点的肯定为雄性，而无斑点的多为雌性，少部分为雄性。无斑点也是雄性的原因是因为斑点不明显。

部分种类的雌雄蛹之间也有明显区别，可从腹末生殖孔的位置来区分。雌虫在第8节腹面，而雄虫在第9节腹面。另外，雄蛹通常比雌蛹纤细。

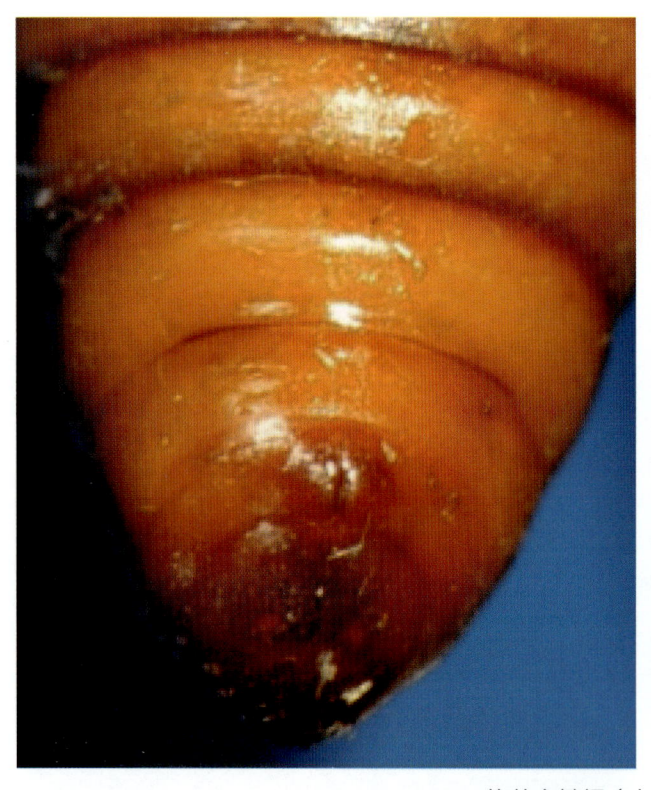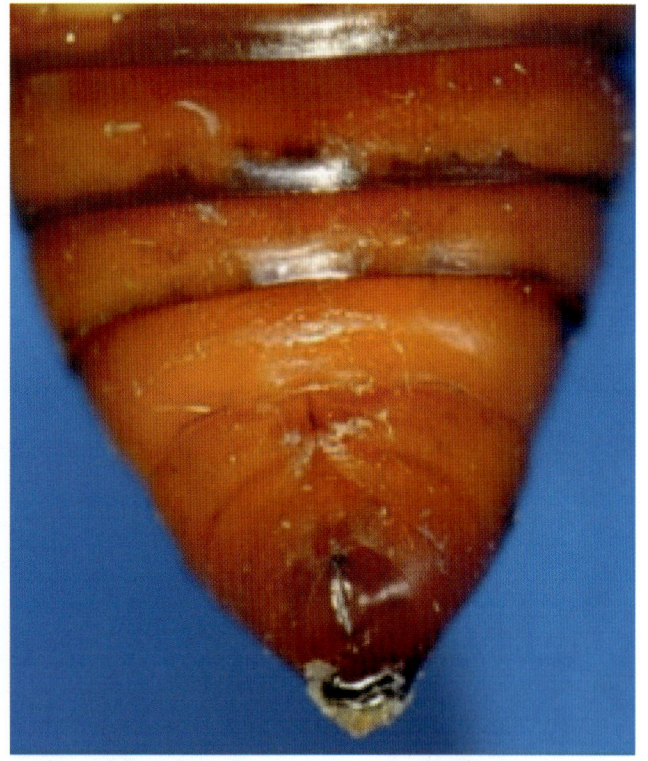

旋歧夜蛾蛹（左：雌；右：雄）

1.3 蛾类与蝴蝶的区别

（1）形态特征：蛾类触角形状多样，一般为羽状、丝状、栉状等，且雌雄间也常有不同。蛾类腹部粗大，身上有"粉"，非常容易抖落，蝶类则没有。蝶类触角细长，通常呈棒状，即触角端部稍膨大，呈棍棒形或钩形。蝶类腹部纤细，体色鲜艳，翅表面一般不被鳞毛，鳞粉色泽亮丽。

（2）生活习性：大多蛾类有不同程度的趋光性，喜欢在路灯旁或在灯光下飞舞，古人很早就观察到"飞蛾扑火"的现象。除丝角蝶类晚上活动以外，大部分蝶类喜欢早晚静息，白天自由飞翔。蛾类基本在黎明、薄暮或夜间活动，只有小部分蛾类在白天活动。

（3）栖息姿态：蛾类休息时，两对翅膀呈屋脊形，覆盖体背及两侧，人们可以看到前翅正面的斑纹，但也有部分蛾类把翅竖在身体的背面，或两翅平展，直立时，双翅闭合没有蝴蝶紧。蝴蝶静息时，两对翅膀常常竖在身体背面，人们可以看到翅的背面（反面）斑纹，特别是后翅的斑纹特征。当然蝴蝶进行日光浴时，两翅平展，或呈"V"字形展开。

（4）翅的连锁方式：蛾类翅的连锁器大多为翅僵型，少数为翅抱型或翅轭型。大多数蛾类飞行时，后翅的翅缰插入前翅特定结构中，前后翅一起联动。蝶类翅的连锁器多为翅抱型，后翅基部前缘膨大，飞行时搭在前翅基部，起到联动作用。

（5）蛹：蛾类和蝶类的一生都要经过卵、幼虫、蛹、成虫4个形态完全不同的阶段。蛾类和蝶类的蛹均为被蛹。蛾类的蛹红色，个别种类有茧。蝶类幼虫化蛹不作茧，多为垂蛹或带蛹。

柑橘凤蝶（翅膀平铺）

金斑蝶（翅膀竖直）

小赭弄蝶（摄影：甲方）

榆凤蛾（摄影：张永安）

棉铃虫　　　　　　　　　　　　　　　绿孔雀夜蛾

柑橘凤蝶卵　　　　　　　　　　　　　棉铃虫卵

柑橘凤蝶幼虫　　　　　　　　　　　　棉铃虫幼虫

菜粉蝶（蛹）

甘蓝夜蛾（蛹）

1.4 生活习性

蛾类属于完全变态昆虫，一生经历卵、幼虫、蛹和成虫4个阶段，只有幼虫和成虫是活动期。从离开母体到成虫性成熟产生后代为止的个体发育过程称为生命周期或1个世代。完成1个世代所需要的时间，称为世代历期。蛾类的世代周期通常1~2个月，多则2~3年。

1.4.1 幼虫取食

幼虫期是取食为害的主要时期。几乎全部的蛾类幼虫都是陆栖，以显花植物为食，有许多种类是农林的重要害虫，例如，为害粮食的有三化螟、二化螟、玉米螟、桃蛀螟、黏虫、棉铃虫等，为害果树的有多种食心虫和卷叶蛾，为害行道树有各种尺蠖、毒蛾、舟蛾等，为害蔬菜的有小菜蛾和多种夜蛾，为害仓储粮食和衣物的有麦蛾、斑螟、谷螟和粉螟等。幼虫取食多种多样，大致可分食叶型、钻蛀型等，农田害虫也可按为害部位分为地下害虫和地上害虫。食叶型幼虫可分为自由取食、卷叶、缀叶、潜叶等多种类型，钻蛀型幼虫可钻蛀茎、根、果等不同部位，少数产生虫瘿。极少数幼虫也可捕食其他昆虫。根据取食植物种类的范围，可将幼虫分为单食性、寡食性和杂食性3种类型，如三化螟属于典型的单食性昆虫，只吃水稻；小菜蛾属于寡食性种类，可取食十字花科的39种作物；美国白蛾、草地贪夜蛾等属于杂食性种类，可取食300多种植物。

在幼虫生长过程中，通常要经过4~5次蜕皮才能化蛹。每蜕1次皮，虫龄就会增加1龄，虫体就会明显增大一些。从卵中孵化出来至第1次蜕皮的幼虫称为一龄幼虫，第1次蜕皮后至第2次蜕皮间的幼虫称为二龄幼虫，第2次蜕皮后至第3次蜕皮间的幼虫称为三龄幼虫，其余类推。在幼虫生长的末期，体色逐渐变淡，最后停止生长，此时的幼虫称为老熟幼虫。为躲避捕食，蛾类幼虫可以通过囊罩（蓑蛾）、潜叶（潜蛾、穿孔蛾、毛顶蛾、细蛾）、卷叶、结网等方式保护自己。

草地螟为害大豆和玉米

黏虫为害玉米

番茄潜叶蛾潜食叶片、蛀食果实

蛾类幼虫为害状

1.4.2 化蛹

化蛹（pupating 或 pupation）是全变态类昆虫的幼虫在获取足够的营养之后从一个自由活动的虫态变为一个不食不动虫态的过程。通常情况下，老熟幼虫在化蛹前先停止取食，将消化道内的残留物排光，迁移到适宜场所，或作茧，或建造土室，体色变淡，原来幼虫的一些组织和器官被破坏，新的成虫的组织器官逐渐形成，最后蜕去幼虫表皮，呈现蛹的构造。

在隐蔽场所化蛹或蛹体外有保护物的蛾类在羽化前后还有一个离开蛹化环境的过程。有些蛾类（如一些天蛾、螟蛾、夜蛾等）幼虫在地下造土室化蛹，化蛹前由幼虫做好1条直达地面的通道，以便羽化后的成虫钻出地面，如黄绿条螟。在树干或茎秆中化蛹的蛾类，在化蛹前幼虫会预先做好一个羽化孔，然后在羽化孔附近化蛹或羽化前借蛹腹节的扭动及刺突的帮助抵达羽化孔附近。作茧化蛹的蛾常用成虫的上颚在蛹内把茧咬破或分泌液体把茧溶破后才能羽化成功，如家蚕、刺蛾等。

黏虫化蛹过程

小菜蛾茧

黄刺蛾茧孔

1.4.3 羽化

成虫从它的前一虫态蜕皮而出的过程或现象叫羽化（emergence）。全变态类昆虫羽化前，蛹的颜色变深。羽化时，成虫靠体液的压力及身体的扭动使蛹皮沿胸部背中线及附肢的部位等处裂开。刚羽化出的成虫体软、色淡、翅不伸展，常停留在蜕上或附近，静止一段时间后，借助肌肉收缩和血液压力将翅展平，从肛门排出蛹期的代谢产物。之后体色变深，体壁硬化，开始飞翔、觅食、求偶、交配、产卵等活动。

草地贪夜蛾羽化过程

1.4.4 成虫行为

大多数蛾类成虫昼伏夜出，活动类型有飞行、栖息、求偶、交配、产卵和迁飞等，部分种类可以在白天访花。

1.4.4.1 趋性

趋性（taxis）就是对某种刺激有定向活动的现象。根据刺激源可将趋性分为趋光性、趋化性、趋湿性、趋声性、趋热性等。根据反应的方向，可将趋性分为正趋性和负趋性两类。趋光性和趋化性是蛾类的两个重要趋性行为，可在害虫测报和防治中加以利用。

大多夜行性蛾类都有趋光性，趋光性行为对蛾类的取食、交配、繁殖都有一定影响。目前，关于昆虫趋光的原理存在"光定向假说""生物天线假说""光干扰假说"等多个假说。"光定向假说"认为昆虫趋光是由于昆虫光罗盘定向的原因造成的。夜间活动的昆虫会以一天体做参照，以身体纵轴垂直于天体与昆虫躯体的连线进行飞行，当夜间存在其他光源时，昆虫的飞行定位活动会被其他更强的光源干扰，导致昆虫以螺旋形轨迹飞向光源。"生物天线假说"认为昆虫趋光与性信息素信号的交流密切相关。例如337μm和311μm的远红光对斜纹夜蛾 *Spodoptera litura* 和美洲棉铃虫 *Heliothis zea* 有很强的吸引作用，是因为该波段的光谱模式与性信息素物质的类似，能被昆虫触角相应的受体识别。"光干扰假说"认为夜行性昆虫在适应暗区的环境后，再次进入灯周亮区时，刺眼的强光干扰了其正常行为，使昆虫无法找到亮度低的暗区，因而继续活动而导致扑灯。害虫灯光诱控技术作为一种重要的物理防治手段，核心原理就是利用昆虫的趋光性。

害虫灯光诱集

灯光诱集黏虫蛾量

昆虫趋化性是昆虫通过嗅觉器官对于化学物质的刺激所产生的反应，是物种在长期进化过程中自然选择的结果。昆虫趋化性行为对昆虫的觅食、求偶、避敌以及寻找适当场所产卵等具有重要影响。植物挥发性物质与昆虫释放的各种信息素是植物与昆虫、昆虫与昆虫之间最为重要的信息化学物质。昆虫可感知来自种内和寄主植物的各种化学信息，并由此做出相应的行为反应，从而为自身寻找适宜的食物、配偶以及生存与繁殖的场所。根据昆虫趋化性，可以研发各种性信息素、诱剂等，再结合一些诱捕器等就可以丰富害虫防治手段。与使用化学农药相比，它具有灵敏度高、选择性强、无毒、不污染环境、不杀伤天敌和不易产生抗药性等优点，如使用糖醋液诱集小地老虎、杨树枝耙诱集黏虫以及现在新开发的

草地螟访花

食诱剂诱集效果

食诱剂诱集多种鳞翅目害虫等。

1.4.4.2 群集、扩散与迁飞行为

群集（association）是指同种昆虫的大量个体高密度聚集在一起的现象。许多蛾类在其生活史的某个阶段都有群集习性。群集通常可以分为会集、聚集、临时性群集和永久性群集等不同类型。

扩散（dispersal）是指昆虫个体在一定时间内由核心区向周边区域发生空间转移的现象。根据扩散的原因可分为主动扩散和被动扩散两类，前者是昆虫由于取食、求偶、避敌等原因而自主形成的小范围空间变化；后者则是借助水力、风力、动物或人类活动而引起的几乎完全被动的空间变化。扩散导致一种昆虫分布区域扩大，对害虫而言会形成所谓虫害的传播和蔓延。昆虫扩散主要受到自身生理状况、适应环境的能力及外界环境条件的限制，对多数陆生昆虫而言，地形、天气条件、生物、其他人类活动载体等都会直接或间接地影响着昆虫的扩散与分布。

迁飞（migration）是某种昆虫成群而有规律地从一个发生地长距离地转移到另一个发生地的现象。我国地处东亚迁飞场，大部分常见的重大农业害虫都可以迁飞，如黏虫、小地老虎、棉铃虫、甜菜夜蛾、稻纵卷叶螟等都具有远距离迁飞习性。迁飞多发生在成虫的生殖前期，并常与一定的季节相关。不同昆虫种类的迁飞原因、迁飞动力、持续时间、飞行距离、飞行高度、回迁与否等差别很大，蚜虫、飞虱等小型昆虫本身飞行能力弱，其迁飞的启动往往是被上升的气流带到上空，然后顺风长距离的迁飞，而蛾类等大型昆虫的迁飞，在多数情况下开始迁飞是主动的，然后再借助风力远距离迁移。根据迁飞的方向，迁飞可以划分为水平迁飞和垂直迁飞。有些昆虫迁飞的距离较短，有些昆虫迁飞的距离可达几百到几千公里。研究害虫的群集、扩散及迁飞的规律非常重要，很多有群集性的农业害虫还同时具有成群迁移习性，如草地螟、黏虫、草地贪夜蛾等都是有群集迁移特性的害虫，对此类害虫需要采取全国性乃至国际性的联合测报与防治对策。

1.4.4.3 求偶与交尾行为

求偶行为是成虫性成熟期两性个体间通过固有的程序反应向异性传递信息，激发异性性兴奋的行为反应，向异性表示交配欲望的行为。求偶行为是雌雄个体性兴奋的反映，与交尾密切相关，没有雌蛾求偶释放性信息素的刺激，雄蛾不可能随时发生求偶反应，而雄蛾若不能转入求偶状态，则很难与雌蛾完成交配。因此，了解交配前的昆虫求偶行为，对于应用性信息素及其类似物干扰正常交配进行防治害虫具有指导作用。

昆虫的求偶行为具有明显的时辰节律（circadian rhythms）。在强光照的条件下，许多种类雌蛾的求偶行为显著减弱或消失，而黑暗条件能增强雌蛾的求偶行为。昆虫求偶还会受到温度、光周期等环境因子的影响。低温下求偶行为的发生要早于常温条件，而在高温下求偶行为则推迟。求偶成功以后，两性个体进行交尾。蛾类采取尾对尾的交尾方式，雄蛾将精子送入雌蛾体内，以精孢的形式存在，待卵经过时，完成受精。

甘蓝夜蛾交尾

绒星天蛾交尾

1.4.4.4 产卵行为

在卵完成受精作用后，蛾类便开始为产卵做准备。雌蛾选择产卵的标准是确保卵孵化后，幼虫可以尽快取食到寄主组织，以便正常生长发育。不同种类间产卵量差异很大，少则数粒，多则数千粒。卵多数散产或聚产于寄主植物的叶片、枝条、果实等处。卵块上常有胶质分泌物或体毛。昆虫与生物之间在长期协同进化过程中而形成了产卵趋性。亚洲玉米螟成虫具有交配栖息与产卵异地的习性，玉米螟对产卵寄主具有选择性，这种选择性不仅表现在对不同种间的选择，而且表现在对同种植物不同生育时期与长势的选择。十字花科蔬菜尤其是甘蓝挥发物对小菜蛾产卵也表现极强的引诱和刺激作用。另外，由于绝大多数蛾类为夜行性昆虫且有很强的趋光性，可以断定光照对蛾类生活习性，包括产卵在内的生殖行为都有重要影响。

昆虫在产卵过程中，受到生物因素和非生物因素的影响，而昆虫产卵忌避信息化学物质（oviposition-deterring semiochemicals）是影响整个产卵过程最关键的生物因素。一方面，许多植物为防御昆虫产卵，能通过自身的次生代谢途径，产生一系列忌避昆虫产卵的化学物质，统称为植物源昆虫产卵忌避异种化感物（insect oviposition-deterring allelochemics）；另一方面，当很多昆虫选择好寄主植物以后，为了使其后代占有适宜的小生境，维持一定的种群密度，雌虫产卵时便在寄主上分泌一类标记化学物质，以避免自己再到这里产卵，或者用以警告同种或异种的雌虫不要在该寄主及附近产卵，这类化学物质统称为昆虫产卵的忌避信息素（insect oviposition-deterring pheromones，ODPs）。在粉纹夜蛾幼虫的粪便中首先发现ODPs后，在多种鳞翅目幼虫的粪便中也相继发现含有ODPs。

1.4.4.5 多型现象

部分蛾类的多型现象比较明显，如果苹梢鹰夜蛾，成虫斑纹变化相当大，同一个晚上灯下可见不同斑纹的成虫。有些蛾类的雌性具有特殊的、能够分泌芳香物质的腺体，可诱引雄性。有些尺蛾的翅只在雄性中发育完全，而雌虫的翅变短，或不发达，并且不能飞行。季节二型现象在蛾类表现也很明显，如夏型与秋型。夏型体色浅而鲜艳，秋型体色深而发暗，如黄斑长翅卷蛾的夏型前翅为金黄色，后翅灰白色，而秋型前翅却成了暗褐色，后翅灰褐色，很可能误认为两个不同种类，实际是同一种受不同温度、湿度、食物等外界因素的影响所致。白杨小潜细蛾的夏型和冬型也很不一样，同一型内又有变异。另外，透翅蛾的一些种类的外形非常像蜂类，其实是拟态。还有一些夜蛾种类前后翅色泽差异极大，前翅暗灰黑色，后翅有鲜艳的黄、红色彩斑，能起保护和警戒作用。蛾类的幼虫形态相对变化较小，但一些种类幼虫的体色也常多变，具有多种体色，如农业上的大害虫黏虫、棉铃虫、甜菜夜蛾、甘蓝夜蛾等；有时发生数量较多时，体色较深。

草地贪夜蛾（左：雌；右：雄）

1.4.4.6 警戒色、拟态、保护色和假死

警戒色（aposematic coloration）是指昆虫具有鲜艳的颜色引起捕食者的恐慌，从而躲避伤害。如刺蛾科幼虫身上除了有刺突和毒毛外，还有五颜六色的条形斑纹鲜艳醒目，好像一种警戒的色标，使鸟类都不敢去吞食。还有一些蛾类如北方蓝目天蛾、裳夜蛾等，前翅有与环境相似的色斑，后翅上有类似鸟和兽类的眼睛一样的斑纹；在停息时以前翅覆盖腹部和后翅，当受到袭击时，突然张开前翅，展现出后翅上颜色鲜明的眼状斑，这种突然的变化，往往可把袭击者吓跑。

蓝目天蛾

背刺蛾

拟态（mimicry）是一种生物模拟另一种生物或模拟环境中的其他物体从而获得好处的现象。拟态在昆虫的卵、幼虫（若虫）、蛹和成虫阶段都可发生，所拟的对象可以是周围物体或生物的形状、颜色、化学成分、声音、发光及行为等，但最常见的拟态是同时模拟模型的形与色。拟态对昆虫的取食、避敌、求偶等有着重要的生物学意义。例如，尺蠖幼虫在树枝上栖息时，以后部的腹足固定在树枝上，身体斜立，很像枯枝。

杨树枯叶蛾

窄掌舟蛾

伪装（comouflaging）是指昆虫利用环境中的物体伪装自己的现象，伪装多为幼虫或若虫所具有。一些捕食性鳞翅目幼虫会藏在花瓣或叶片下面。伪装可进一步发展，如一些毛翅目昆虫和鳞翅目蓑蛾科昆虫等种类的筑巢习性。

蓑蛾伪装

假死（death feigning）是指昆虫在受到突然刺激时，身体卷缩，静止不动或从原停留处突然跌落下来呈"死亡"状态，稍停片刻又恢复常态而离去的现象。不少鳞翅目幼虫具有假死性。一些蛾类幼虫受到突然刺激时，会吐丝下垂至树冠与地面之间，过一会儿再顺丝爬到树冠。假死性是昆虫逃避敌害的一种有效方式。根据昆虫的假死性，我们可以利用触动或震落法采集标本或进行害虫的测报与防治等。

假死

番茄潜叶蛾幼虫吐丝下垂

1.5 蛾与人类的关系

1.5.1 有益方面

1.5.1.1 传播花粉

自然界中，植物需要通过授粉来繁衍后代，植物授粉可以分为自花授粉和异花授粉，大部分植物属于异花授粉。异花授粉植物需要借助昆虫、鸟类、风等传播花粉。授粉可以促进植物之间的基因交流，增加种子数量，提高种子质量，促进农作物和果树的增产。在生态系统中，蛾类也是很多植物的"月老"，是全球生物多样性的一个关键组成，对生态环境的影响重大。它们绝大多数营夜行性生活，因此，蛾类传粉生物学的研究被极大地忽视了。截至2018年6月，有访花或传粉行为的蛾类物种文献记载为596种，涉及鳞翅目15个总科的29个科。蛾类比其他昆虫搬运花粉的距离更远，有效促进花粉的长距离扩散，有助于距离较远的植物种群间基因交流，对植物进化具有重要影响。另外，迁飞行为研究者也可以根据蛾类身上携带的花粉种类近似推断其虫源地，以便摸清迁飞规律。

棉铃虫访花

天蛾访花

1.5.1.2 药用价值

蛾类具有药用价值最著名的例子就是冬虫夏草。冬虫夏草是麦角菌科（Clavicipitaceae）真菌冬虫夏草菌 *Cordyceps sinensis*（Berk.）Sacc. 寄生在蝙蝠蛾科昆虫幼虫形成的子座与幼虫尸体的干燥复合体。《本草从新》记载："冬虫夏草，四川嘉定府所产者最佳，云南、贵州所产者次之。冬在土中，身活如老蚕，有毛能动，至夏则毛出土上，连身俱化为草。"《本草纲目拾遗》记载："出四川江油县化林坪，夏为草，冬为虫。"以上所述，均指现今药用商品冬虫夏草。冬虫夏草味甘性平，归肺、肾经，补肾益肺，止血化痰。

田间虫草

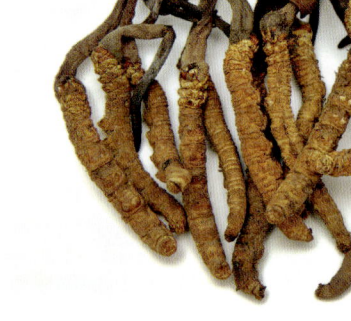
虫草成品

1.5.1.3 食饲价值

　　昆虫体内蛋白质含量高、蛋白纤维少、营养成分易被人体吸收，加之其具有繁殖世代短、繁殖指数高、适于工厂化生产、资源丰富等特点，因此可以说昆虫是人类亟待开发的食物资源。营养分析表明，食用昆虫含有丰富的人体所必需的营养物质，是一种良好的动物蛋白质来源，还含有多种人体必需的氨基酸，如苏氨酸、缬氨酸、赖氨酸、色氨酸、亮氨酸、异亮氨酸等，不仅含量丰富，而且组成合理，其中大多数指标达到或超过 FAO/WHO（联合国粮农组织 / 世界卫生组织）标准值。例如，蛾类幼虫和蛹含有很高的蛋白质，以及人体必需的氨基酸与维生素 B_1、维生素 B_2、维生素 E 和维生素 A，能延缓人类的衰老，是天然有机食品，适量食用蚕蛹，对高血压、高血脂、慢性肝炎及营养不良患者有较好的辅助治疗功效。此外，蚕蛹中含有一种广谱免疫物质，对癌症有特殊疗效。豆天蛾的幼虫俗称豆丹，是连云港地区最具代表性的地方特色产品之一，被誉为"国内少有，苏北仅有，灌云特有"的美味珍品。据

蚕蛹

昆虫美食

测定，豆丹中粗蛋白质量分数为65.5%（干重），其中必需氨基酸占总量氨基酸的52.84%，半必需氨基酸占9.70%；粗脂肪质量分数为23.68%，脂肪酸占总脂肪酸的99%以上，不饱和脂肪酸为64.17%，其中亚麻酸达36.53%。同时，豆丹还含有丰富的钙、磷、铁、维生素B、维生素B_2等多种人体需要的微量元素和营养因子。豆丹还具有降低胆固醇、防止高血压及动脉粥样硬化、治疗胃病等特殊功效。

1.5.1.4 保持自然平衡

昆虫作为自然界的一员，数量占据动物界已知种类的2/3，按分布几乎遍及地球的每一个角落。昆虫是目前物种最丰富的生物类群，在维持全球生物多样性方面具有重要价值。昆虫的进化史长达4亿年，远超过哺乳类和爬行类，因此其与植物和其他生物类群的协同进化关系非常密切。一种昆虫灭绝，有可能有数种紧密相关的植物物种和其他物种灭绝。在自然界中，大多数蛾类幼虫是植食性的，同时它们也是鸟类和其他动物捕食的对象，因此，蛾类也是食物链的重要一环，对生态系统的物质循环和能量流动具有十分重要的作用。某些蛾类数量锐减，可能会引发食物链断裂。另外，有些蛾类对环境变化非常敏感，长期监测获得的种类变化可以反映其对环境、气候等因子的变化。

1.5.1.5 文化与经济价值

昆虫与人类的衣食住行密切相关。桑蚕和柞蚕的丝是丝绸的主要原料来源，在人类经济生活及文化历史上占有重要地位。根据考古学的发现推测，在距今五六千年前的新石器时期中期，中国便开始养蚕、取丝、织绸。丝绸文化的民俗色彩浓郁，中国人的蚕神崇拜具有数千年历史，有关蚕神的神话传说绵绵不绝，而且蚕神众多，各地正宗的蚕神不下10种。众多有关丝绸文化的歌谣、谚语、方言、俗语，是历史的活化，积淀着浓郁的民俗色彩，许多岁时习俗、社会习俗和人生礼仪习俗都与丝绸文化有关，"春蚕到死丝方尽，留赠他人御风寒"就是对蚕的最高赞美。中国古代劳动人民发明并大规模生产丝绸制品，从西汉起，中国的丝绸被不断大批运往国外，成为世界闻名的产品。更开启了世界历史上第一次东西方大规模的商贸交流，史称"丝绸之路"。现如今，我国茧丝绸产量与出口量均占世界总量的70%

蚕茧

丝绸

以上，已成为可以主导世界茧丝价格走势的茧丝绸大国。

1.5.2 不利方面

中国农谚有"种田防三害，水灾、旱灾与虫灾"。除极少数外，其他鳞翅目幼虫均取食显花植物，其中许多种类都属于农林重要害虫，如棉铃虫、黏虫、草地螟、小地老虎、草地贪夜蛾、稻纵卷叶螟等，这些害虫的暴发给我国的农业生产带来了严重威胁。我国《一类农作物病虫害名录》(2023)中，共收录18种害虫，其中8种属于鳞翅目蛾类害虫，从种类数量及涉及作物种类等方面衡量，足以看出蛾类害虫的重要性。按照取食部位，蛾类害虫可以分为地下害虫、食叶害虫、钻蛀性害虫和仓储害虫。地下害虫主要为害幼苗根部或茎基部，常见种类主要包括地老虎类，如小地老虎、黄地老虎等，地下害虫常常局部暴发，并产生缺苗断垄等严重为害。食叶害虫种类比较多，常见种类有甜菜夜蛾、小菜蛾、斜纹夜蛾、棉铃虫、旋歧夜蛾等，其中许多种类都属于杂食性，例如棉铃虫可以取食30多科200余种植物；甜菜夜蛾可以取食35个科近180种作物；也有一些种类食性比较专一，食叶的方式也比较特殊，如稻纵卷叶螟就以水稻为主，为害时幼虫吐丝将稻叶纵缀成苞，在苞内取食上表皮和叶肉组织，造成白叶，影响水稻光合作用，引起水稻减产。食叶害虫除造成直接为害以外，还引发多种病害的侵入，产生更大的经济损失。钻蛀性害虫主要以钻蛀造成直接损失或间接损失，常见有玉米螟、桃蛀螟、棉铃虫、番茄潜叶蛾、蠹蛾类幼虫等。仓储害虫最常见的是米蛾，米蛾取食导致粮食产品损失或被污染。

小 蛾 类

- 第 二 章　菜蛾科 Plutellidae
- 第 三 章　麦蛾科 Gelechiidae
- 第 四 章　刺蛾科 Limacodidae
- 第 五 章　木蠹蛾科 Cossidae
- 第 六 章　卷蛾科 Tortricidae
- 第 七 章　舞蛾科 Choreutidae
- 第 八 章　羽蛾科 Pterophoridae
- 第 九 章　巢蛾科 Yponomeutidae
- 第 十 章　草蛾科 Ethmiidae
- 第十一章　网蛾科 Thyrididae
- 第十二章　螟蛾科 Pyralidae
- 第十三章　草螟科 Crambidae

第二章
菜蛾科 Plutellidae

小型蛾类，体细狭，色暗。成虫停息时触角前伸。下唇须短，向前突出。翅狭，前翅披针状，后翅菜刀形，后翅 M_1 与 M_2 常共柄。北美记录有 22 种。本书记录 1 种。

2.1 小菜蛾 *Plutella xylostella* (Linnaeus, 1758)

体长 6~7 mm，翅展 12~15 mm。体及翅灰褐色，头和胸背灰白色；唇须基 2 节被毛，膨松，前伸，灰褐色；前后翅狭长，缘毛很长，前翅后缘灰白色，呈黄白色三度曲折的波浪纹，两翅合拢时组成 3 个菱形斑，长缘毛翘起如鸡尾。雌蛾大，腹部末端圆筒形；雄蛾略小，腹部末端圆锥形，抱握器微张开。

寄主：主要为害十字花科蔬菜，是农业上重要害虫。

分布：国内广泛分布；世界广泛分布。

生物学特性：1 年多代，具远距离迁飞习性。初孵幼虫潜入叶内取食，2 龄后开始自隧道中爬出，取食叶肉及下表皮，呈"开天窗"状，3 龄后取食叶肉，造成孔洞。露地 4—9 月灯下可见成虫，保护地甚至周年可见。

小菜蛾

第三章
麦蛾科 Gelechiidae

喙发达，下颚须退化或消失，下唇须尖长、弯曲上举；触角第 1 节上有梳状刺毛，前翅广披针形，R_4、R_5 脉常共柄，1A 脉常退化，2A 脉基部分叉；后翅略宽，外缘凸出又凹入，像菜刀，R_5 和 M_1 脉在基部共柄或接近，M_3 和 Cu_1 脉共柄或同出一点，M_1 和 M_2 脉有时消失。麦蛾科是小蛾类中的一个大科，全世界约 400 属 4 000 多种，部分种类白天活动。本书记录 2 种。

3.1 甘薯麦蛾 *Helcystogramma triannulella* (Herrich-Schäffer, 1854)

体长 4~8 mm。翅展 18 mm。体黑褐色，唇须向上弯曲，伸过头顶；触角丝状，约为前翅长的 2/3。前翅褐至黑褐色，在中室中部和端部各有 1 枚淡黄色环状斑纹，部分个体的斑纹不明显，翅外缘具 5 个黑色点列。后翅暗灰白色。

寄主： 甘薯、蕹菜、圆叶牵牛等旋花科植物。

分布： 国内分布广（除新疆、宁夏、青海、西藏等外）；国外分布于日本、朝鲜半岛、俄罗斯远东至欧洲、印度等地。

生物学特性： 1 年多代，以蛹越冬。幼虫缀叶中取食，受干扰后活跃。成虫具趋光性，北方 3 月、6—10 月初灯下可见成虫。

甘薯麦蛾

3.2 番茄潜叶蛾 *Tuta absoluta* (Meyrick, 1917)

别名： 番茄潜麦蛾。

体长 6~7 mm，翅展 8~10 mm。体浅灰色或灰褐色，鳞片银灰色。触角丝状，下唇须发达，向上翘弯，足细长。触角、下唇须和足均具有灰白色与暗褐色相间的横纹。

寄主： 主要为害茄科植物，尤其嗜食番茄。

分布： 原产于南美洲的秘鲁，20 世纪 60 年代扩散到拉美国家，2006 年传入欧洲，全世界约有 85 个国家和地区均有发生。在我国属于重大入侵有害生物，已经在多个省市发生。

生物学特性： 番茄潜叶蛾主要以幼虫进行为害，可以在番茄全生育和任何地上部位进行为害，每年发生多代，存在世代重叠。露地灯下少见，保护地几乎周年可见，4—5 月和 9—11 月为高峰期。

番茄潜叶蛾

第四章
刺蛾科 Limacodidae

　　幼虫俗称痒辣子、火辣子、八架子、双木架子或刺毛虫，蛞蝓型，头小可收缩，大部分幼虫体上有枝刺和毒毛，刺触皮肤后可导致刺痛或红肿。中型蛾类，身体和前翅密生绒毛和厚鳞，大多黄褐色、暗灰色和绿色，间有红色，少数底色洁白，具斑纹。口器退化，下唇须短小。雄蛾触角一般为双栉状，翅短阔。以茧越冬，有些种类茧上具花纹，形似小型雀蛋。羽化时自茧的一端裂孔飞出。刺蛾幼虫大多取食阔叶树叶，是森林、园林、行道树、果园和多种经济植物的常见害虫。全世界记录刺蛾 301 属 1 672 种，中国记录约 90 种。本书记录 6 种。

4.1 梨娜刺蛾 *Narosoideus flavidorsalis* (Staudinger, 1887)

　　体长 13~16 mm，翅展 29~36 mm。头和胸背褐黄色，腹部黄色有黄褐色横纹；前翅黄褐色，后缘基部 1/3 黄色，外横线暗褐色或黑褐色，清晰，广弧形；翅面具银白色鳞片，有时分布广，外线外侧及内侧中室端处具无银色的鳞区。后翅淡褐至棕褐色，缘毛黄褐色。

寄主：苹果、梨、柿、枣、板栗、樱花等。

分布：我国分布于北京、河北、陕西、黑龙江、吉林、山西、河南、山东、江苏、浙江、江西、福建、台湾、湖北、湖南、广东、广西、四川、贵州、云南等地；国外见于日本、朝鲜半岛、俄罗斯等地。

生物学特性：北京 7—8 月灯下可见成虫。

梨娜刺蛾

4.2 黄刺蛾 *Monema flavescens* Walker, 1855

雌蛾体长 15~17 mm，翅展 35~39 mm；雄蛾体长 13~15 mm，翅展 30~32 mm。头和胸背橙黄色。前翅黄褐色，自顶角有 1 条细斜线伸向中室，斜线内方为黄色，外方为褐色；在褐色部分有 1 条深褐色细线自顶角伸至后缘中部，不达于后缘，横脉纹为 1 个暗褐色点。后翅灰黄色。

寄主：寄主较多，包括苹果、梨、桃、枣、核桃、山楂、杨、杏、榆、枫杨、梧桐、油桐、乌桕、楝、栎等 90 多种植物。

分布：我国除宁夏、新疆、贵州、西藏以外，其他地区广泛分布；国外见于日本、朝鲜半岛、俄罗斯。

生物学特性：茧椭圆形具黑褐斑纹，似雀蛋。在东北和华北 1 年 1 代，在南京 1 年 2 代，北京 6—8 月灯下可见成虫，具趋光性。

黄刺蛾

4.3 褐边绿刺蛾 *Parasa consocia* Walker, 1865

别名：青刺蛾、梨青刺蛾、绿刺蛾、大绿刺蛾、褐缘绿刺蛾。

体长 15~16 mm，翅展 28~40 mm。头和胸背面绿色，胸部中央具黄褐色斑点，或呈纵条，腹部淡黄色；前翅绿色，翅基具褐色或红褐色斑，翅外缘具浅黄色宽带，带内翅脉及内缘褐色；后翅淡黄色，外缘稍带褐色。

寄主：苹果、梨、杏、桃、樱桃、栗、枣、核桃、栎、榆、白杨、枫、槭等植物。

分布：国内除内蒙古、宁夏、甘肃、青海、新疆和西藏外，其他地区广泛分布；国外见于日本、朝鲜半岛、俄罗斯。

生物学特性：在北京和山东 1 年 1 代，8 月下旬至 9 月下旬老熟幼虫结茧越冬，翌年 6 月初开始羽化；长江下游地区 1 年 2 代，10 月上旬老熟幼虫结茧越冬，翌年 6 月上旬羽化，二代成虫于 8 月下旬出现。北京 6—8 月灯下可见成虫。

褐边绿刺蛾

4.4　中国绿刺蛾 *Parasa sinica* Moore, 1877

别名：双齿绿刺蛾、中华青刺蛾、绿刺蛾、苹绿刺蛾、褐袖刺蛾、小青刺蛾。

体长约 12 mm，翅展 21~28 mm。头和胸背绿色，腹背灰褐色，末端灰黄色。前翅绿色，翅基具褐色菱形斑，外缘带褐色较宽，内缘中下部具 1 个大齿形突，上方还有 1 个小齿形突。后翅灰褐色，臀角稍带灰黄色。

寄主：苹果、梨、杏、桃、樱桃、柑橘、柿、枇杷、核桃、枣、栎等植物。

分布：我国分布于北京、天津、河北、黑龙江、吉林、辽宁、河南、陕西、甘肃、上海、江西、台湾、湖北、湖南、广东、广西、四川、云南等地；国外见于日本、朝鲜半岛、俄罗斯。

生物学特性：东北 1 年 1 代，山西、河南 1 年 2 代，以老熟幼虫做茧越冬。在 1 年 1 代区，越冬幼虫于 5 月化蛹，6—7 月为成虫发生期，7—8 月为幼虫发生为害期，为害至秋末老熟结茧越冬。在 2 代发生区，翌年 5 月越冬幼虫化蛹，6 月羽化为成虫，7—8 月为第 1 代幼虫发生为害期，8—9 月出现第 1 代成虫，10 月以第 2 代幼虫老熟，结茧越冬。成虫昼伏夜出，有趋光性，羽化后即可交尾产卵，卵多产于叶背，呈块状。北方 6—8 月灯下可见成虫。

中国绿刺蛾

4.5 长腹凯刺蛾 *Caissa longisaccula* Wu & Fang, 2008

体翅 21~28 mm。体翅浅黄色，具褐色或黑褐色区域；前翅中部具黑褐色横带，前宽后窄，带中部灰白色；休息时腹末上翘。

寄主： 柞树、榛、茶等。

分布： 我国分布于北京、辽宁、河南、山东、浙江、安徽、福建、湖北、湖南、广西、四川、贵州等地。

生物学特性： 北京 7—8 月灯下可见成虫。

长腹凯刺蛾

4.6 扁刺蛾 *Thosea sinensis* (Walker, 1855)

别名：扁棘刺蛾、黑点刺蛾。

体长 13~18 mm，翅展 26~39 mm。体灰白色至灰褐色，零星散布褐色鳞毛；前翅褐灰色至浅灰色，内半部及外横线以外带黄褐色并稍具褐色雾点，外线从前缘近翅尖直向后斜伸至后缘中央前方，褐色，横脉纹为 1 黑色圆点。后翅暗灰至黄褐色。前足各关节处具 1 白斑。

寄主：苹果、梨、杏、桃、樱桃、枇杷、枣、核桃等多种植物。

分布：我国分布于北京、河北、陕西、甘肃、辽宁、吉林、黑龙江、河南、山东、安徽、江苏、浙江、福建、台湾、湖北、湖南、广东、香港、广西、四川、贵州、云南等地；国外见于朝鲜半岛、越南。

生物学特性：在华北地区 1 年 1 代，长江下游地区 1 年 2 代，以老熟幼虫在寄主树下周围土中结茧越冬。北京 6—7 月灯下可见成虫。

扁刺蛾

第五章
木蠹蛾科 Cossidae

体中到大型，粗壮，头部小，喙退化或无。触角通常为双栉齿状，极少为丝状。体一般具浅灰色斑纹。翅面多鳞片或毛，并有许多断纹。前、后翅中室保留有 M 脉基部，前翅有副室及 Cu_2，后翅 Rs 与 M_1 接近。木蠹蛾幼虫蛀食植物的茎（干）或根，成虫具趋光性，通常 2 年 1 代，世界已知 151 属 971 种。本书记录 2 种。

5.1 榆木蠹蛾 *Holcocerus vicarius* (Walker, 1865)

别名：柳干蠹蛾、柳乌蠹蛾。

体长 23~40 mm，翅展 52~87 mm。体粗壮，灰褐色。雌雄触角均为丝状，不达前翅前缘的 1/2。头顶毛丛、领片和翅基片暗褐灰色，中胸背板前缘及后半部毛丛均为鲜明白色，后缘具 1 黑色横带。前翅暗褐色，翅面密布许多黑色条纹，亚外缘线黑色、明显，外横线以内中室至前缘处呈黑褐色大斑。后翅浅灰色，翅面无明显条纹，其反面条纹褐色，中部褐色圆斑明显。

寄主：榆、柳、杨、丁香、刺槐等多种阔叶树干。

分布：我国分布于北京、天津、河北、陕西、甘肃、宁夏、内蒙古、辽宁、吉林、黑龙江、山西、河南、山东、江苏、上海、安徽、四川等地；国外见于日本、朝鲜半岛、俄罗斯、越南等地。

生物学特性：2~3 年 1 代，5—9 月灯下可见成虫。

榆木蠹蛾

5.2 芦笋木蠹蛾 *Hypopta sibirica* Alphéraky, 1895

别名：石刁柏蠹蛾。

体长 25~35 mm，翅展 30~45 mm。体浅黄色，头顶具褐色竖翅毛丛，胸部及领片毛粗厚；前翅淡黄褐色，前缘白色，中室下方及端部褐色，或呈成排的褐色短条。

寄主：芦笋。

分布：我国分布于北京、河北、甘肃、内蒙古、辽宁、吉林、黑龙江、山西、山东、江苏等地；国外见于俄罗斯、蒙古国。

生物学特性：幼虫钻蛀芦笋的地下部分。山东 1 年 1 代，以老熟幼虫越冬，5 月底至 6 月上旬，为羽化高峰期，成虫有趋光性。

芦笋木蠹蛾

第六章
卷蛾科 Tortricidae

小型至中型蛾类，多为褐、黄、棕、灰等色，并有条纹、斑纹或云斑。头部有粗糙的鳞片，下唇须第2节常被有厚鳞，第3节短小，末端钝。单眼明显。前翅略呈长方形，肩区发达，前缘弯曲，有的种类雄虫前缘向反面折叠，其中包括一些有发散气味的香鳞毛丛的前缘褶。静止时，两前翅平叠在背上，整体呈钟状。后翅呈亚四边形或宽卵圆形。除头部有竖立的鳞毛外，身上的鳞片平贴。全世界已知约9 000种，《中国动物志》记录有558种。本书记录8种。

6.1 榆白长翅卷蛾 *Acleris ulmicola* (Meyrick, 1930)

翅展16~17 mm。头、胸部及前翅白色、灰色或淡棕色。唇须直而下垂，外侧灰色，内侧灰白色，前伸，第3节小；前翅前缘中部中带和端纹的前半部组合形成近三角形褐色斑，有时前翅前半部呈褐色。后翅灰褐色，缘毛淡白色。本种有多型现象，有时呈灰色或淡棕色。

寄主：多种榆树。

分布：我国分布于北京、天津、河北、陕西、甘肃、青海、宁夏、内蒙古、黑龙江、河南、山东、台湾、西藏等地；国外见于日本、朝鲜半岛、俄罗斯。

生物学特性：幼虫缀叶，取食多种榆树。沈阳1年1代，以蛹越冬，翌年6月下旬至7月上旬为羽化盛期。

榆白长翅卷蛾

6.2 棉褐带卷蛾 *Adoxophyes honmai* Yasuda, 1998

别名：苹卷叶蛾、橘（小黄）卷叶蛾、茶小卷叶蛾、网纹褐卷叶蛾、桑斜纹卷叶蛾、远东褐带卷叶蛾、棉小卷叶蛾。

翅展 13~23 mm。体背及翅黄褐色。唇须较长，向前伸，第 2 节背面呈弧状，末节稍向下垂。前翅淡棕至深黄色，斑纹褐色，前翅中部有明显的"h"形纹，弯曲分支延伸达臀角，有时交叉处前可缩小或断裂；雄蛾前翅前缘褶约占前缘的 1/2。后翅淡灰褐色，缘毛灰黄色。

寄主：棉、茶、柑橘等。

分布：我国除西北、云南、西藏外，其他各省（区、市）均有分布；国外见于欧洲、印度、日本等地。

生物学特性：辽宁地区 1 年 3 代，以幼龄幼虫潜伏树皮裂缝内越冬，6—9 月灯下可见成虫。

棉褐带卷蛾

6.3 棉（花）双斜卷蛾 *Clepsis pallidana* (Fabricius, 1776)

翅展 15~20 mm。体淡黄金色至金黄色。唇须前伸，末节下垂；前翅淡黄色至金黄色，具红褐色斜斑 2 条，一条从前缘 1/4 通向后缘 1/2 处，另一条从前缘的中部伸向近臀角处。后翅雄蛾为淡褐色，雌蛾呈黄白色。

寄主：棉花、洋麻、大麻、苜蓿、绣线菊、锦鸡儿等多种植物。

分布：我国分布于北京、天津、河北、陕西、甘肃、宁夏、青海、新疆、黑龙江、吉林、内蒙古、山东、四川等地；国外见于日本、朝鲜半岛、俄罗斯远东地区至欧洲。

生物学特性：幼虫取食寄主的顶芽和叶片。6—9月灯下可见成虫。

棉（花）双斜卷蛾

6.4 白钩小卷蛾 *Epiblema foenella* (Linnaeus, 1758)

翅展 17~26 mm。头黄白色至浅褐色，胸背及翅褐色至深褐色，带紫色光泽。前翅从后缘基部 1/3 处具 1 条白斑伸向翅中部，到中室前缘即折 90° 向臀角方向转，呈钩状，端部逐渐变细；前翅顶角处具 4 对钩状纹，臀角处白色。部分个体不呈钩状，有时白斑的"钩"柄短，有的"钩"柄很长，与翅缘白斑相连。后翅和缘毛皆呈褐色。

寄主：艾、芦蒿的茎和根。

分布：我国分布于北京、天津、河北、陕西、甘肃、宁夏、青海、内蒙古、黑龙江、吉林、山东、江苏、浙江、安徽、江西、福建、台湾、湖北、湖南、广西、四川、贵州、云南等地；国外见于日本、朝鲜半岛、俄罗斯、中亚、印度。

生物学特性：北方 5—8 月灯下可见成虫。

白钩小卷蛾

6.5 松线小卷蛾 *Zeiraphera griseana* (Hübner, 1799)

翅展 16~24 mm。下唇须前伸，第 2 节末端显著膨大，末节稍向下弯。前翅灰白色，基斑黑褐色，约占前翅的 1/3，斑纹中间外突，呈箭头状；基斑和中带之间银灰色，上下宽，中间窄；中带从前缘中部延伸至臀角；顶角银灰色，端纹明显。后翅灰褐色，缘毛黄褐色。

寄主： 油松、黑松、黄山松、马尾松等。

分布： 我国分布于北京、河北、吉林、甘肃、新疆的高海拔林区；国外见于日本、俄罗斯远东地区至欧洲、北美。

生物学特性： 幼虫蛀食寄主的嫩梢、叶丛或球果，1 年 1 代，以卵越冬，7 月灯下可见成虫。

松线小卷蛾

6.6 苹白小卷蛾 *Spilonota ocellana* (Denis & Schiffermüller, 1775)

别名： 苹芽小卷叶蛾、苹果白卷叶蛾。

翅展 12~17 mm。头部和胸部灰褐色。前翅长而宽，中部白色。基斑、中带和端纹暗褐色，基斑、端纹特别清楚，中带前半截不明显，后半截在后缘上方呈三角形，端纹近圆形，中间有黑斑点 3 枚，三角形与圆斑之间呈银灰色，前缘上有多对模糊的白色钩状纹。

寄主： 苹果、海棠、桃、樱桃、落叶松、桦、榛、柳、核桃等。

分布： 我国分布于东北、华北、华中、华东、华南等地；国外见于日本、朝鲜半岛、俄罗斯远东地区至欧洲、北美等。

生物学特性： 幼虫多食性，1 年 1 代，北方 7 月灯下可见成虫。

苹白小卷蛾

6.7 落黄卷蛾 *Archips issikii* Kodama, 1960

翅展 20~27 mm。雌蛾较大。头部、下唇须棕褐色。触角黄褐色。雄蛾前翅向后略宽，前缘由基部到中部强烈弯曲然后直，顶角短，外缘突出但不斜，前缘褶棕褐色，达前缘的 2/3。雌蛾前翅向后不扩展，前缘基部弯曲，顶角前不凹陷，顶角短，外缘不呈波状。前翅底色棕黄，斑纹褐色，基斑和中带近前缘短缺，中带宽、端纹沿外缘向臀角延伸，顶角深蓝褐色。后翅灰褐色，缘毛色淡。

寄主： 落叶松等松科植物。

分布： 我国分布于北京、黑龙江、辽宁、山东、陕西和新疆等地；国外见于日本、俄罗斯。

生物学特性： 5—8 月灯下可见成虫。

落黄卷蛾

6.8 麻小食心虫 *Grapholita delineana* (Walker, 1863)

别名：四纹小卷蛾。

翅展 11~15mm。雄蛾小于雌蛾，体色较雌蛾略深。体、翅茶褐色或灰褐色，有时翅中域具紫色光泽。前翅前缘淡黄色，有 9 条或 10 条黄白色钩形纹，后缘中部具 4 条黄白色或白色的平行弧状纹直达后缘。近臀角处另有 2 条不明显的灰纹，前后翅其余部分均黑褐色。足灰白色，跗节 5 节，越近端节越短。中后胸鳞毛暗褐色，细小而伏贴，腹部灰褐色。

寄主：大麻。

分布：我国分布于北京、黑龙江、河北、江西、浙江、四川；国外见于日本。

生物学特性：以幼虫越冬，1 年 2 代，6—7 月灯下可见成虫。

麻小食心虫

第七章
舞蛾科 Choreutidae

小型蛾类。蛾喙基部有鳞片，体色暗，前翅多带有金属光泽，后翅无透明区；成虫多在白天活动，停息时，翅张开，像孔雀开屏，并不停地在叶片背面打转。世界已知18属406种。本书记录1种。

7.1 苹果舞蛾 *Choreutis pariana* (Clerck, 1759)

别名：苹果雕蛾。

翅展11~15 mm。触角丝状，具黑白相间环纹；体背及前翅黄褐色，前翅短宽，具4条暗褐色横线（内横线、中横线、亚缘线和缘线）；前翅颜色和斑纹有变化。

寄主：苹果、山楂、海棠、槟沙果等。

分布：我国分布于北京、河北、陕西、甘肃、吉林、内蒙古、山西、四川等地；国外见于日本、朝鲜半岛、俄罗斯远东地区至欧洲、北美。

生物学特性：1年3~4代，幼虫卷叶，取食寄主叶肉，留下叶片下表皮，北方5—6月、8月灯下可见成虫。

苹果舞蛾

第八章
羽蛾科 Pterophoridae

小型至中型蛾类，体纤弱。前后翅深纵裂，前翅狭长，翅端分裂为2~4片，分裂达翅中部；后翅分裂为3片，常分裂达翅基部，每片均密生缘毛如羽毛状。体细瘦，常呈白、灰、褐等单一颜色，花斑多不明显。静止时前、后翅纵折重叠成1个窄条向前方斜伸，与瘦长的身体组成"Y"或"T"字形。成虫飞翔力强，有白天活动种类，也有傍晚或夜间活动的种类。羽蛾科世界已知90属1 318种，幼虫缀叶、潜叶、蛀茎（花或种实），成虫具趋光性。本书记录1种。

8.1 甘薯异羽蛾 *Emmelina monodactyla* (Linnaeus, 1758)

翅展 18~28 mm。触角基部间淡黄色或白色，触角可达前翅 2/3；胸部和翅基片灰白色至褐色。前翅灰白色至褐色，分为2支，具2个黑褐斑，1个位于中室的中央偏基部，1个位于两支分叉处；后翅分为3支；腹部前端具近三角形白斑，背线白线，两侧灰褐色，各节后缘具棕色点。

寄主：甘薯、旋花。

分布：我国分布于北京、天津、河北、陕西、甘肃、宁夏、青海、新疆、内蒙古、黑龙江、山西、山东、浙江、江西、福建、四川等地；国外见于日本、印度、中亚至欧洲、非洲、美洲等地。

生物学特性：北方7—10月灯下均可见成虫。

甘薯异羽蛾

第九章
巢蛾科 Yponomeutidae

9.1 苹果巢蛾 *Yponomeuta padellus* Linnaeus, 1758

别名： 苹果巢虫、苹果黑点巢蛾。

体长 9~10 mm，翅长 10 mm。头部、下唇须、胸部及腹部白色；胸部背面有 5 个黑点。前翅白色稍带灰色，尤其是前缘中部附近为灰白色。前翅上有 40 个左右的黑点，除翅端区有 10~12 个小黑点外，其余大致分 3 行排列，近前缘有 1 行，近后缘两行比较规则。外缘缘毛灰褐色；后翅灰褐色。雄性外生殖器的抱器瓣长为宽的 2.2 倍；阳茎长为囊形突长的 3.7 倍。尾突之间距离较宽。

寄主： 苹果、沙果、山楂、杏、海棠、梨、李等。

分布： 我国分布于北京、天津、河北、山西、内蒙古、黑龙江、吉林、辽宁、山东、陕西、甘肃、宁夏、青海、新疆等地；国外见于朝鲜半岛、日本、蒙古国、俄罗斯远东地区至欧洲、美洲等地。

生物学特性： 7 月灯下可见成虫。

苹果巢蛾

第十章
草蛾科 Ethmiidae

成虫头部光滑，无单眼，前翅有多个不等大的黑斑点，中室长，无副室，R_4 和 R_5 脉共柄，A 脉基部分叉，后翅 M_3 和 Cu_1 脉同出一点或共柄。全世界已知约 250 种，中国已知 30 余种，本书记录 1 种。

10.1 密云草蛾 *Ethmia cirrhocnemia* (Lederer, 1870)

前翅长 10~11.5 mm。下唇须黑色，头部灰黑色，胸部灰色，有 4 个黑色圆斑，腹部黄色，基部有斑。前翅灰黑色，翅面上 5 个黑色圆斑，从翅前缘端部开始，经顶角、外缘直到臀角，约有 11 个黑色圆斑。后翅灰黑色，较前翅略深。

寄主：紫草科植物。

分布：我国分布于北京、河北、内蒙古、陕西等地；国外见于蒙古国、伊朗、俄罗斯等。

生物学特性：8 月灯下可见成虫。

密云草蛾

第十一章
网蛾科 Thyrididae

小型至中型蛾类。色彩鲜明，带有银光或金色光泽。有听器，位于腹部背面，喙发达，下颚须退化。前翅外线分叉，翅外缘往往有缺刻，翅上有网状纹，少数有透明斑（窗斑），曾名窗蛾。世界记录约 600 种，中国已记录 30 多种。本书记录 1 种。

11.1 格线网蛾 *Striglina venia* Whalley, 1976

前翅长 10 mm。体翅红棕色，前后翅具网格，翅前翅多黑褐斑；休息时前后翅具相连的斜线，伸向顶角靠前缘一侧；前翅反面中部具 2 个黑褐斑，翅基具 1 个黑褐斑；后翅反面中部具断续的线。

寄主： 不详。

分布： 我国分布于北京、福建、台湾等地；国外见于日本、朝鲜半岛、俄罗斯。

生物学特性： 北方 6—8 月灯下可见成虫。

格线网蛾

第十二章
螟蛾科 Pyralidae

鳞翅目中的一个大科,世界已知1 055属5 921种,中国已知1 000余种,许多种类为农业上的重要害虫。小型至中型蛾类。身体细长,脆弱,腹部末端尖削。有单眼,触角细长,通常绒状,偶有栉状或双栉状。喙发达,基部被鳞。下唇须3节,前伸或上举。翅一般相当宽,有些种类窄。前翅呈长三角形,R_3 与 R_4 常在基部共柄,偶尔合并,第1臀脉消失。后翅 $Sc+R_1$ 与 Rs 在中室外短距离愈合或非常接近,M_1 与 M_2 基部远离,各出自中室上角和下角。腹部基部有鼓膜器。本书记录24种。

12.1 二点织螟 *Aphomia zelleri* (Joannis, 1932)

翅展20~37 mm。头、触角、胸部灰白色至灰褐色;前翅灰白色,被大量黑褐色鳞片,前缘及翅脉暗褐色,翅基片暗褐色,中室中央及端部各有1个圆形暗褐斑。缘毛灰褐色。后翅白色,翅外缘略带灰褐色。腹部灰褐色。雄蛾前翅红褐色,色泽比雌蛾鲜明,中室中央及末端的2个斑点比雌蛾小。

寄主:贮藏粮食、野外苔藓及杂草。

分布:我国分布于北京、天津、河北、陕西、青海、宁夏、新疆、内蒙古、吉林、河南、湖北、广东、四川等地;国外见于日本、朝鲜半岛、斯里兰卡、欧洲。

生物学特性:北方5—8月灯下可见成虫。

二点织螟

12.2 紫斑谷螟 *Pyralis farinalis* (Linnaeus, 1758)

别名：粉缟螟蛾、紫斑螟、大斑粉螟等。

体长 12~15 mm，翅展 17~25 mm。前、后翅宽大，前翅近基部及外缘各有 1 条白色波纹横线，外横线中段外突，两波纹中间为黄白色，其余紫褐色或灰褐色；后翅淡黑色，有 2 条白色横纹；双翅外缘有黑紫色斑。

寄主：幼虫取食贮藏的粮食及其制品、其他贮藏物及腐败的食物，用茶叶喂养，其粪即为虫茶。

分布：在我国，除西藏未见报道外，其余各省市均有分布；国外大部分国家都有分布。

生物学特性：以幼虫越冬，北方 4 月下旬灯下始见成虫，白天喜静伏在墙上。

紫斑谷螟

12.3 拟紫斑谷螟 *Pyralis lienigialis* (Zeller, 1843)

翅展 14~18 mm。头灰褐色，胸、腹部腹面及足淡黄褐色分布有黑色鳞片。前翅基部及外缘紫灰褐色，具 2 条灰白色横线，内线稍波形，外线大波形，两线之间上半部灰褐色，下半部带紫色；后翅灰白色，外横线白色弯曲，中室中央有暗色斑点。

寄主：贮藏粮食。

分布：我国分布于北京、河北、陕西、甘肃、山东、江苏、浙江、江西、福建、台湾、湖北、湖南、广东、广西、四川、云南等地；世界广泛分布。

生物学特性：北京春秋室内可见成虫，白天不活跃，北京 6—7 月灯下可见成虫。

拟紫斑谷螟

12.4 金黄螟 *Pyralis regalis* Denis & Schiffermüller, 1775

翅展 16~22 mm。额和头顶金黄色。前翅端部和基部紫褐色，有两条浅色横线，中域黄金色，前缘两白斑之间有 1 列小白点。后翅紫红色，有 2 条狭窄的横线。

寄主：茶树、山茶。

分布：我国大部分地区均有分布；国外见于日本、朝鲜半岛、俄罗斯、印度、欧洲。

生物学特性：北方 6—9 月灯下可见成虫。

金黄螟

12.5 暗纹紫褐螟 *Scenedra umbrosalis* (Wileman, 1911)

别名：黄头双带螟。

翅展 15~22 mm。体背及前翅紫褐色，下唇须金黄色，杂褐鳞；额及头顶金黄色；触角具众多细栉毛；前翅内外横线在前缘有橘黄斑，波状，内线外侧、外线内侧具大片黑鳞；缘线黑色，缘毛基半紫红色，端半黑褐色。

分布：我国见于北京；国外见于日本、俄罗斯。

生物学特性：北方 5—6 月灯下可见成虫。

暗纹紫褐螟

12.6 灰直纹螟 *Orthopygia glaucinalis* (Linnaeus, 1758)

别名：灰双纹螟、灰巢螟。

翅展 17~27 mm。头、胸及前翅灰色，前翅前缘及翅基部有黄白色横线，横线近前缘具黄斑；后翅灰褐色，也有 2 条灰白色横线。前、后翅缘毛灰白色，近基部灰褐色。

寄主：枯叶、谷物、干草及栎类叶片。

分布：我国分布于北京、天津、河北、陕西、青海、内蒙古、辽宁、吉林、黑龙江、河南、山东、江苏、浙江、江西、福建、台湾、湖北、湖南、广东、海南、四川、贵州、云南等地；国外见于日本、朝鲜半岛、欧洲。

生物学特性：北京 5—9 月灯下可见成虫。

灰直纹螟

12.7 赤双纹螟 *Herculia pelasgalis* (Walker, 1859)

别名： 赤巢螟。

翅展 18~29 mm。头圆形，混杂黄色及赤色鳞片，触角淡红色及黄色；体背及前翅红褐色，稍带紫色，腹面淡褐色，雌蛾腹部有黑色鳞片；前翅散布黑色鳞片，内横线淡黄色，前缘中部具 1 列黄斑点，外线淡黄色，前缘扩展为 1 枚三角形斑点，中室处具 1 个褐斑，有时不明显；缘毛黄色，但基部紫红色。

寄主： 茶树、栎树。

分布： 我国分布于北京、河北、陕西、河南、山东、台湾、湖北、湖南、广西、海南、四川、贵州、西藏等地；国外见于日本、朝鲜半岛、欧洲。

生物学特性： 北方 7 月灯下可见成虫。

赤双纹螟

12.8 艳双点螟 *Orybina regalis* (Leech, 1889)

翅展 24~30 mm。头和额顶红色；喙白色。下唇须外侧暗红色，内侧白色，第 3 节鸟喙状，略下弯，末端尖。触角深红色。领片灰褐色；胸部背面暗红色，腹面白色；翅基片暗红色。前翅朱红色，前缘和基部略带褐色；内横线深褐色，略外弯；中室端部有 1 枚椭圆形金黄色斑纹，镶黑色边，外侧有齿；外横线红色，锯齿状，向内倾斜，与外缘近平行；缘毛深红色。后翅砖红色，前缘略带白色；外横线深红色，不明显；缘毛深红色。腹部背面暗红色，腹面白色。

寄主： 不详。

分布： 我国分布于北京、湖南、陕西等地；国外见于日本、朝鲜半岛。

生物学特性： 北京 7 月灯下可见成虫。

艳双点螟

12.9 库氏歧角螟 *Endotricha kuznetzovi* Whalley, 1963

翅展 18~22 mm。体背及翅砖红色，胸部有时黄色；前翅前缘黑褐色，具许多小白斑；翅中具黄白色宽带，不达前缘，外角靠近前缘处另有 1 个黄白斑；亚外缘线较直，明显；外缘具间断的黑色缘线；后翅与前翅相似，但无亚外缘线。

寄主：不详。

分布：我国分布于北京、河北、黑龙江、福建等地；国外见于日本、朝鲜半岛、俄罗斯。

生物学特性：北京 7 月灯下可见成虫。

库氏歧角螟

12.10 榄绿歧角螟 *Endotricha olivacealis* (Bremer, 1864)

翅展 17~23 mm。下颚须细小，丝状。胸部背面橄榄黄，腹部红色，足黄褐色。前翅基域及外缘红褐色，前缘黑褐色具黄色斑点；中域具黄色宽带（或不显），伸达前缘；中室端斑黑褐色，月牙形；亚外缘线和外缘线黑色；缘毛暗红色，顶角处及臀角处缘毛黄色。后翅基域和外域红褐色，中部色淡，内横线黄色，外横线红褐色有黑色镶边，外缘线黑色。腹部末端有黄色毛丛。

分布： 我国分布于北京、天津、河北、陕西、甘肃、河南、山东、安徽、浙江、福建、江西、台湾、湖北、湖南、广东、广西、海南、四川、贵州、云南、西藏等地；国外见于日本、朝鲜半岛、俄罗斯、缅甸、尼泊尔、印度、印度尼西亚等地。

生物学特性： 成虫具趋光性，北方 5—9 月可见成虫。

榄绿歧角螟

12.11 双纹须歧角螟 *Trichophysetis cretacea* (Butler, 1879)

别名： 茉莉花蕾螟。

翅展 12~16 mm。头白色，下唇须暗褐色，长且突出前伸；胸部及腹部白色，但胸部后端及腹 3~6 节褐色；前翅白色，基线、内横线、外横线茶褐色，中室端具白色新月形斑，具褐色环；后翅内外横线黑褐色。

寄主： 茉莉花。

分布： 我国分布于北京、黑龙江、山东、江苏、浙江、福建、湖北、广东、广西、海南、四川、云南等地；国外见于日本、俄罗斯、澳大利亚。

生物学特性： 幼虫蛀食茉莉花蕾，是茉莉花产区的一种重要害虫，北京 6 月、8 月灯下可见成虫。

双纹须歧角螟

12.12 基黑纹丛螟 *Stericta kogii* Inoue & Sasaki, 1995

别名：柯基纹丛螟。

翅展 18~22 mm。额和头顶灰褐色，散布黑色和棕黄色鳞片。触角基部灰褐色，端部颜色渐浅，端部 1/4 浅黄褐色。胸部和翅基片灰褐色，散布黑色和少量灰白色鳞片。前翅基部黑色，中部黄白色，端部黑褐色，散布棕黄色鳞片，外横线灰白色。前缘内侧有 1 枚黑斑，前端和后端 1/3 处内凹，中部外弯，后端 3/4 内侧密被深褐色鳞片。外缘线淡黄色，均匀散布 1 列黑褐色斑点。后翅灰褐色，基部颜色较浅。腹部淡黄色，第 2 节和第 7~10 节黑褐色，腹面散布黑褐色鳞片。

寄主：不详。

分布：我国分布于北京、天津、河北、辽宁、河南、浙江、福建、湖北、广西、海南、贵州、甘肃等地；国外见于日本、俄罗斯。

生物学特性：7—8 月灯下可见成虫。

基黑纹丛螟

12.13 阿米网丛螟 *Teliphasa amica* (Butler, 1879)

翅展 36~40 mm。头灰黑色。胸、腹背黑褐色，腹部第 3~4 节白色。前翅基部及外缘黑褐色，中域白色或黄绿色混杂黑褐色鳞片，中室端有 1 个黑斑，外缘有 1 排黑斑，内横线黑色呈"Z"形弯曲，外横线黑色锯齿状，中部在 M_1 至 Cu_2 脉间向外弯曲，外侧有棕褐色边。双翅缘毛黄、黑色相间。

寄主：杨、板栗。

分布：我国分布于北京、天津、山东、河南、浙江、江西、福建、台湾、湖北、四川、云南等地；国外见于日本。

生物学特性：北方 8 月灯下可见成虫。

阿米网丛螟

12.14 垂斑纹丛螟 *Stericta flavopuncta* Inoue & Sasaki, 1995

翅展 21~25 mm。下唇须黑褐色，上伸达头顶；鳞突端部渐粗，达胸部；前翅基部和端部黑褐色，中部赭黄或黄白色，前缘具 2 枚黑色斑纹，其中外侧的斑纹实为外线的一部分，由外线断裂而成，中室端斑黑色，略内凹。外横线黄白色，中部显著外弯，内侧黑色镶边；外缘线淡黄色，均匀散布 1 列黑褐色斑点；缘毛灰褐色，基部黄白色。后翅灰色，基部颜色较浅；缘毛同前翅。腹部灰白色，第 7~10 节腹面散布灰褐色鳞片。

寄主：不详。

分布：我国分布于北京、河北、河南、广西、四川、贵州、云南等地；国外见于日本。

生物学特性：北方 8 月灯下可见成虫。

垂斑纹丛螟

12.15 白带网丛螟 *Teliphasa albifusa* (Hampson, 1896)

翅展 34~38 mm。头部黄色至土黄色。雄性下唇须白色,散布黄色鳞片;或者淡黄色,或者土黄色,散布淡黄色鳞片。雌性下唇须第 1 节黄色,或者棕黄色,或者土黄色。触角黄褐色或者黑褐色,向端部颜色逐渐减淡,雌性略细,长度短于雄性。胸部及翅基片淡黄色,或者黄色,掺杂棕黄色鳞片,或者土黄色,掺杂黑色及淡黄色鳞片。前翅基部淡黄色,或者黄色,掺杂黑色鳞片,或者黄褐色;中部白色,散布淡黄色或者黄色鳞片;端部灰褐色,散布淡黄色鳞片,或者黄褐色,散布黄色鳞。

寄主: 不详。

分布: 我国分布于北京、河北、台湾等地;国外见于日本和朝鲜半岛。

生物学特性: 6—7 月灯下可见成虫。

白带网丛螟

12.16 缀叶丛螟 *Locastra muscosalis* (Walker, 1865)

别名：核桃缀叶螟、核桃毛虫、木橑黏虫。

体长 14~20 mm，翅展 30~50 mm。头、胸及腹基部红褐色，腹大部分灰褐色；头、胸及足具厚毛丛；触角丝状，复眼绿褐色；雄蛾下唇须向上弯曲，第 2 节鳞片粗厚，雌蛾下唇须弯曲角度不大，略向前伸，第 2 节鳞片较薄；前翅暗褐色，翅基大部黑褐色，内横线深褐色，小锯齿弧形；外横线锯齿形，中部突出向外，呈半圆形。后翅暗褐色，外横线不明显。

寄主：核桃、胡桃楸、板栗、香椿、黄栌、火炬树等。

分布：我国分布于北京、河北、山东、浙江、福建、湖北、湖南、广东、广西、四川、云南等地；国外见于日本、印度和斯里兰卡等地。

生物学特性：1 年 1 代，幼虫取食寄主的叶片，群集，吐丝结网缀合小枝成巢，成虫具趋光，北京 6—8 月灯下可见成虫。

缀叶丛螟

12.17 巴塘暗斑螟 *Euzophera batangensis* Caradja, 1939

别名：皮暗斑螟。

翅展 13.5~20.0 mm。体色及斑纹变化较大，体及前翅常灰褐色，下唇须黑褐色，上卷，过头顶。前翅内横线近白色，内外具黑褐边，中部有 1 个向外弯曲的尖角；外横线灰白色，波状或锯齿状，中室端斑黑褐色；缘线由黑褐点组成。

寄主：枣、杏、核桃、刺槐、槐、柳、榆、枇杷、木麻黄、杉等多种树木的愈伤组织。

分布：我国分布于北京、天津、河北、陕西、山东、江苏、浙江、福建、湖北、湖南、广东、四川、云南等地；国外见于日本、朝鲜半岛。

生物学特性：北京 4—6 月、9 月灯下可见成虫。

巴塘暗斑螟

12.18 白条峰斑螟 *Acrobasis injunctella* (Christoph, 1881)

翅展 16~22 mm。头顶淡褐色，鳞片光滑。触角淡褐色。体背及前翅褐色或黑褐色，具金色鳞片；前翅内线白色，上半部较粗，下半部外侧灰黄色或黄棕色，中室斜上方具 1 个三角形白斑，中室端有时有 2 个黑点；外线白色，稍波形；缘毛灰褐色；后翅灰褐色，无斑。

寄主：苹果、海棠。

分布：我国分布于北京、天津、河北、陕西、辽宁、河南、山东、上海、江苏、江西、湖北、贵州等地；国外见于日本、朝鲜半岛。

生物学特性：北方 7—9 月灯下可见成虫。

白条峰斑螟

12.19 微红梢斑螟 *Dioryctria rubella* Hampson, 1901

别名：松梢螟。

体长 10~16 mm，翅展 26~30 mm。体灰褐色。触角丝状。前翅灰褐色，有 3 条灰白色波状横纹，中室有 1 个灰白色肾形斑，后缘近内横线内侧有 1 个黄斑，外缘黑色。后翅灰白色。足黑褐色。

寄主：油松、华山松、樟子松、云杉。

分布：我国分布于北京、天津、河北、辽宁、吉林、黑龙江、内蒙古、陕西、甘肃、河南、山东、江苏、浙江、安徽、江西、福建、台湾、湖北、湖南、广东、广西、海南、四川、贵州等地；国外见于日本、朝鲜半岛、菲律宾、俄罗斯远东地区至欧洲。

生物学特性：幼虫取食寄主的主梢及枝干，北方 6—9 月灯下可见成虫。

微红梢斑螟

12.20 豆荚斑螟 *Etiella zinckenella* (Treitschke, 1832)

翅展 22~24 mm。体灰褐色。前翅黑褐色与黄褐色鳞片混杂，近翅基色泽较暗，覆有褐色端部白色的鳞片。前翅前缘从基角至顶角为 1 条白色纵带，内线淡黄褐色，内侧红褐色或赭红色。后翅灰白色，外缘稍深，无明显斑纹。

寄主：大豆、绿豆、菜豆、扁豆、豌豆、刺槐种荚及豆科绿肥的种子。

分布：我国大部分地区均有分布；国外广泛分布。

生物学特性：北京 4—9 月灯下可见成虫。

豆荚斑螟

12.21 双裂类荚斑螟 *Etielloides bipartitella* (Leech, 1889)

别名：皮暗斑螟。

翅展 17~20 mm。头顶和胸部淡黄褐色至黄白色，领片及翅基片锈红色，前翅基半部红褐色，近中部带紫色。中部具白色横带，外半褐色，近中部具几条不明显的黑褐色斜纹。后翅灰褐色。

寄主：不详。

分布：我国分布于北京、陕西等地；国外见于日本、朝鲜半岛。

生物学特性：北方 5—6 月灯下可见成虫。

双裂类荚斑螟

12.22 山东云斑螟 *Nephopterix shantungella* Roesler, 1969

翅展 17.0~22.5 mm。体及前翅灰褐色，下唇须上举，略过头顶；雄性触角基部膨大；前翅内外横线波形，白色，白线内外具黑色边，其中内线内侧具黑色宽边，外线外侧黑线细，有时不明显；中室端斑黑色，呈棒形；缘线黑点列。

寄主：不详。

分布：我国分布于北京、天津、河北、陕西、内蒙古、吉林、河南、山东、安徽等地。

生物学特性：北京 4—6 月灯下可见成虫。

山东云斑螟

12.23 红云翅斑螟 *Oncocera semirubella* (Scopoli, 1763)

翅展 19~29 mm。头顶被淡黄色隆起鳞毛。触角淡黄褐色，柄节长为宽的 2 倍，雄性缺刻内鳞片簇上面灰褐色，下面黄白色。前翅前缘白色，后缘黄色，中部桃红色，有的中部为黄色和棕褐色纵带所替代；内、外横线均消失；缘毛红色。后翅茶褐色，缘毛黄白色，缘线黄褐色。

寄主： 苜蓿、百脉根。

分布： 我国分布于北京、天津、河北、陕西、甘肃、青海、宁夏、吉林、黑龙江、河南、山东、江苏、浙江、安徽、江西、福建、台湾、湖南、广东、四川、贵州、云南等地；国外见于日本、印度、俄罗斯远东地区至欧洲。

生物学特性： 幼虫取食寄主的根，北京 6—9 月灯下可见成虫。

红云翅斑螟

12.24 高粱穗隐斑螟 *Cryptoblabes gnidiella* (Millière, 1867)

别名：高粱穗螟、小穗螟。

体长 8~9 mm，翅展 11~16 mm。淡灰褐色。触角灰白色，丝状，各节端部黑色。前翅狭长，紫褐色，暗褐小点满布。前缘及中部白色鳞片尤多；中部有 2 条下凹的黑宽纵纹，分别自翅基沿中室上、下方向外伸延，止于中室外方；中室外方另具几条黑细纵纹，外横线白色，横跨纵纹内侧，外缘具 6 个黑点。后翅半透明，脉暗褐色，前缘有 1 条狭窄深色带。

寄主：高粱等。

分布：我国在华北、华东、华中、华南地区均有分布；国外见于日本。

生物学特性：幼虫为害籽粒，在淮河流域 1 年 3 代，以老熟幼虫在高粱穗内或叶鞘处结茧越冬。第一代幼虫于 7—8 月为害春高粱，第二、三代幼虫于 8—10 月为害夏高粱。成虫具趋光性。

高粱穗隐斑螟

第十三章
草螟科 Crambidae

小型至中型蛾类。身体细长,脆弱,腹部末端尖削。头顶被光滑或粗糙的鳞片。下唇须长,向外伸出,末端尖锐。下颚须三角形。喙发达。单眼有或缺失。有毛隆。前翅一般窄长,外缘常具微弱的缺刻。休息时翅会纵向收起或卷曲。前翅具 R_5 脉,R_{3+4} 和 R_{3-4} 脉共柄,M_2 和 M_3 脉偶尔合并。后翅 $Sc+R_1$ 与 R 脉部分汇合,M_2 脉有或无。全世界已记载草螟科昆虫约 1 020 属 9 655 种,中国已知约 220 种,许多种类为农业上的重要害虫。本书记录 45 种。

13.1 灰黑齿螟 *Clupeosoma cinereum* (Warren, 1892)

翅展 21~26 mm。头暗褐色至黑色,额平,两侧具白细条纹,体背灰褐色,腹面大多白色。前翅紫灰色,翅基及中部散布大片赭色鳞片,具蓝紫色闪光。内线赭色,向外倾斜;外线赭色,中部向外弯曲,中室外由前缘至后缘有 1 个纺锤形赭褐色斑纹。后翅紫褐色,外横线赭色平直,中室外有 1 个赭色斑纹。

寄主:瑞香、毛瑞香。
分布:我国分布于北京、陕西、山东、福建、台湾、湖北、四川、贵州等地;国外见于日本。
生物学特性:6—9 月灯下可见成虫。

灰黑齿螟

13.2 白眉野草螟 *Agriphila aeneociliella* (Eversmann, 1844)

翅展 22~29 mm。下唇须长，内侧黄白色，外侧杂有黑褐鳞片，胸部黄白色，翅展片淡黄色，前翅淡黄褐色，翅前缘和亚前缘脉之间具银白色纵带，纵带长占翅长的 4/5，基部宽，端部窄，上下侧散布黑褐色小点。后翅及腹部淡黄色。雌蛾比雄蛾颜色浅，呈灰黄色，体较为胖。

寄主： 小麦等禾本科植物。

分布： 我国分布于北京、河北、新疆、山东、山西、青海、陕西、甘肃、黑龙江等地；国外见于欧洲东部、朝鲜半岛、日本、俄罗斯。

生物学特性： 9 月灯下可见成虫。

白眉野草螟

13.3 黄纹髓草螟 *Calamotropha paludella* (Hübner, 1824)

翅展 19~35 mm。体色多变，雌雄二态，雄性体小，色深，但后翅均为白色。触角白色，有褐色环纹。雌蛾下唇须白色，前端两侧淡褐色；前翅白色，中室具黑点或无，具淡黄色竖鳞，略排成 3 横带。

寄主：香蒲。

分布：我国分布于北京、天津、河北、陕西、宁夏、新疆、内蒙古、黑龙江、山东、江苏、上海、安徽、浙江、江西、福建、台湾、湖北、湖南、广西、四川、云南等地；国外见日本、朝鲜半岛、俄罗斯远东地区至欧洲、非洲、澳大利亚。

生物学特性：7 月灯下可见成虫。

黄纹髓草螟

13.4 纯白草螟 *Pseudocatharylla simplex* (Zeller, 1877)

翅展 16~28 mm。体翅白色，下唇须外侧和腹面淡褐色，长约为复眼直径的 3 倍。触角外侧深褐色，内侧白色。胸、腹部白色，足黄褐色。前翅宽阔，雪白色，翅外缘黄褐色，缘毛浅黄色。后翅雪白色。

寄主：不详。

分布：我国分布于北京、天津、河北、陕西、甘肃、黑龙江、辽宁、河南、山东、江苏、浙江、福建、台湾、湖北、湖南、香港、广西、四川、贵州、西藏等地；国外见于日本、俄罗斯。

生物学特性：北方 7 月灯下可见成虫。

纯白草螟

13.5 银翅黄纹草螟 *Xanthocrambus argentarius* (Staudinger, 1867)

翅展 19~25 mm。头、胸和翅基片白色。额圆，在复眼后突出，白色。下唇须白色，基部黄色，长度为复眼直径的 3.5 倍。下颚须白色。触角黄色。前翅银白色；无中线；亚外缘线褐色，2 条，向外缘弯曲成 2 角；后中带褐色，向外缘弯成 2 角，到达亚外缘线；外缘线褐色，臀角处有 3 个小黑点；缘毛白色，有光泽。后翅污白色、无斑纹，缘毛白色。

寄主：不详。

分布：我国分布于北京、河北、陕西、青海、宁夏、甘肃、新疆、内蒙古、黑龙江、辽宁、山西、河南等地；国外见于俄罗斯、中亚。

生物学特性：北方 7—8 月灯下可见成虫。

银翅黄纹草螟

13.6 褐翅黄纹草螟 *Xanthocrambus lucellus* (Herrich-Schäffer, 1848)

翅展 18~30 mm。头顶前半黄棕色，后半白色，胸部黄褐色；前翅黄褐色，散布黑点，翅中具 2 条白色纵纹，一长一短，其外侧具数条短纵纹；亚外缘线白色，向外缘弯曲，其外的黑点明显比内侧的小，缘线具几个黑色斑点。

寄主：不详。

分布：我国分布于北京、天津、河北、陕西、青海、宁夏、黑龙江、辽宁、山西、山东、江苏、浙江、湖南、四川等地；国外见于日本、朝鲜半岛、蒙古国、中亚和欧洲。

生物学特性：北京 6 月灯下可见成虫。

褐翅黄纹草螟

13.7 稻筒水螟 *Parapoynx vittalis* (Bremer, 1864)

别名：稻筒螟、稻黄筒水螟。

翅展 14~22 mm。体白色，胸腹背面（除第 1 腹节和腹末）白色具黑色横带；前翅大部、后翅外缘黄色，具 3 条白色横纹或斜纹，白纹两侧围以黑色或黑褐色鳞片；前翅中室内具 2 个黑斑；前翅缘毛白色，基部具黑色小点列；后翅有 2 条斜纹，外缘有黑点列，缘毛基部具黑带列。

寄主：水稻、看麦娘、眼子菜等。

分布：我国分布于北京、天津、河北、陕西、宁夏、内蒙古、辽宁、吉林、黑龙江、山东、上海、江苏、浙江、江西、福建、台湾、湖北、湖南、四川、云南等地；国外见于日本、朝鲜半岛、印度、斯里兰卡、俄罗斯、非洲东部、澳大利亚。

生物学特性：北方 7 月灯下可见成虫。

稻筒水螟

13.8 茴香薄翅野螟 *Evergestis extimalis* Scopoli, 1763

体长 11~13 mm，翅展 28~30 mm。体黄褐色。头圆形黄褐色。触角微毛状。下唇须向前平伸，第 2、第 3 节末端具褐色鳞。下颚须白色。胸部、腹部背面浅黄色，下侧具白鳞。胸背黄白色，颈片较暗，肩片稍淡。腹部黄白色。前翅淡黄色，外缘顶角至 Cu_1 脉间有暗褐色斑，中室端有小暗斑；翅中部稍内在亚前缘、中室后缘及 2A 脉处各有 1 个小暗斑；外线黑褐点形，前缘至 M_2 脉间外斜。M_2 之后内斜；缘毛灰褐色。后翅白色微黄，外缘淡黄褐色，亚缘脉纹上有褐色小点列；缘毛灰黄色，中段稍暗。后翅浅黄褐色，边缘生褐曲线。

寄主：茴香、甜菜、白菜、油菜、荠菜、萝卜、甘蓝、芥菜等。

分布：我国分布于河北、山东、江苏、陕西、四川、宁夏、内蒙古、黑龙江、云南、青海、山西、广东等地；国外分布不详。

生物学特性：北方 1 年 2 代，6 月和 8 月为成虫高峰期。

茴香薄翅野螟

13.9 白桦角须野螟 *Agrotera nemoralis* (Scopoli, 1763)

翅展 16~22 mm。头茶褐色，顶部赭色。触角黑褐色。胸、腹基部和前翅基部白色，散布橙黄色鳞片，腹端部及翅大部黄褐色或暗褐色，内、外横线黑褐色，外横线波纹状，中室端斑细线状，黑褐色，外围以锈黄色大斑；前翅外缘近顶角处内凹，此处缘毛白色。后翅淡黄带暗褐色，有 2 条暗色线。

寄主： 白桦、千金榆、鹅耳枥。

分布： 我国分布于北京、天津、河北、黑龙江、山东、江苏、浙江、福建、广西、四川、贵州、台湾等地；国外见于日本、朝鲜半岛、俄罗斯远东地区至欧洲。

生物学特性： 北方 6—7 月灯下可见成虫。

白桦角须野螟

13.10 褐翅棘趾野螟 *Anania egentalis* (Christoph, 1881)

翅展 21.5~24.0 mm。与元参棘趾野螟形态类似，前翅外线外突部分锯齿形，似"W"形，前翅缘毛以暗褐为主，后翅缘毛以灰白色为主。

寄主： 不详。

分布： 我国分布于北京、河北、河南、湖北、四川、贵州等地；国外见于日本、俄罗斯。

生物学特性： 北方 6—8 月灯下可见成虫。

褐翅棘趾野螟

13.11 元参棘趾野螟 *Anania verbascalis* (Denis & Schiffermüller, 1775)

翅展 20~22 mm。前翅内线在中后部曲折，外线前半部钩形，后稍波形伸达后缘；中室有 1 点形黑斑，中室端斑条状，其外侧常具云状不规则黑褐色纹；亚缘线锯齿形，有时亚缘线以外黑褐色，可见黄色的窗形纹；缘毛白色，基小部或大部黑褐色。后翅沿翅基深暗褐色，有深褐色弯曲外横线，向外曲折然后收缩至翅角，亚缘线不明显，缘线深褐色，缘毛浅褐色。腹部有淡褐黄环。与褐翅棘趾野螟类似。

寄主：菊类、元参、藿香等植物。

分布：我国分布于北京、天津、河北、陕西、青海、山西、河南、江苏、安徽、福建、湖南、广东、四川、贵州、云南等地；国外见于日本、朝鲜半岛、印度、斯里兰卡、西亚、俄罗斯远东地区至欧洲。

生物学特性：北方 6—9 月灯下可见成虫。

元参棘趾野螟

13.12 黄翅缀叶野螟 *Botyodes diniasalis* (Walker, 1859)

别名：杨黄卷叶螟、杨卷叶螟。

翅展 30 mm。黄色或鲜黄色，头额两侧具白条纹；前翅亚基线不明显，内横线褐色，断续，中室中央具小黑点，或不明显，中室端具褐色肾形斑，内具白色新月斑；外横线波形，前半部向外弯曲；外缘 1/3 后具较宽的红褐色带，后半部分向内突出。

寄主：杨、柳等树木。

分布：我国分布于北京、河北、陕西、宁夏、辽宁、吉林、黑龙江、河南、山东、江苏、浙江、湖北、福建、台湾、四川、云南等地；国外见于日本、朝鲜半岛、缅甸、印度。

生物学特性：幼虫缀叶做巢为害，北方 7—10 月灯下可见成虫。

黄翅缀叶野螟

13.13 横线镰翅野螟 *Circobotys heterogenalis* (Bremer, 1864)

翅展 19~26 mm。头部橙黄色，额两侧有白线条。体背及翅橙黄色至黄褐色，腹节后缘具白环。雄性前翅较尖。前翅外缘稍褐，内横线黑色稍波形，外横线黑色前大部锯齿形，后向内直伸再折向后缘，中室及末端各有 1 褐斑；后翅具外横线，其外褐色。

寄主：竹。

分布：我国分布于北京、河北、山西、河南、山东、江苏、江西、福建、湖南、贵州等地；国外见于日本、朝鲜半岛、俄罗斯。

生物学特性：北方 4 月、7 月灯下可见成虫。

横线镰翅野螟

13.14 白点暗野螟 *Bradina atopalis* (Walker, 1859)

翅展 19~24 mm。体背淡褐色，腹部各节后缘色稍淡。翅暗灰褐色，前翅中室内具 1 个黑褐色小点，中室端具新月形黑褐斑，外侧具圆形白斑。内、外横线和缘线黑褐色。双翅缘毛端大部灰白色，基部黑褐色。雄性腹部细长。

寄主： 水稻。

分布： 我国分布于北京、天津、河北、陕西、辽宁、河南、山东、上海、浙江、福建、台湾、广东、广西、四川、云南等地；国外见于日本。

生物学特性： 北方 7 月灯下可见成虫。

白点暗野螟

13.15 长须曲角水螟 *Camptomastix hisbonalis* (Walker, 1859)

翅展 18~22 mm。头、胸部暗赤褐色。下唇须向前平伸，长；雄蛾触角基部 1/3 弯曲，多毛。前翅暗赤褐色，内外横线暗褐色，内线的内侧和外线的外侧衬灰白边，中室端有 1 个白斑。后翅暗褐色。双翅缘毛淡褐色。

寄主：不详。

分布：我国分布于北京、山东、山西、福建、台湾、湖北、湖南、广东、香港、四川、云南等地；国外见于日本、印度、加里曼丹。

生物学特性：北方 7 月灯下可见成虫。

长须曲角水螟

13.16 稻纵卷叶螟 *Cnaphalocrocis medinalis* (Guenée, 1854)

翅展 18~20 mm。头部黄白，两侧白色。触角褐色。下唇须向上斜伸。体背淡黄褐色，腹部末端具白、黑鳞毛；翅黄褐色，前后翅外缘具黑褐色宽边，前翅前缘黑褐色，具 3 条横线，但中线很短，雄蛾前缘近中部具 1 黑褐色毛丛。

寄主：水稻等禾本科植物。

分布：我国分布于北京、天津、河北、内蒙古、山西、陕西、黑龙江、吉林、辽宁等地；国外见于日本、朝鲜半岛、东南亚至澳大利亚。

生物学特性：成虫具有远距离迁飞习性，北方 8—9 月灯下可见成虫。

稻纵卷叶螟（雄）

13.17 桃蛀螟 *Conogethes punctiferalis* (Guenée, 1854)

体长约 12 mm，翅展 22~25 mm。黄至橙黄色，体、翅表面具许多黑斑点似豹纹，胸背有 7 个；腹背第 1 节和第 3~6 节各有 3 个横列，第 7 节有时只有 1 个，第 2 节、第 8 节无黑点，前翅 25~28 个黑点，后翅 15~16 个黑点，雄蛾第 9 节末端黑色，雌蛾不明显。

寄主：桃、苹果、梨、柑橘、杏、李、梅、樱桃、柿、山楂、枇杷、荔枝、龙眼、无花果、杧果、石榴、向日葵、玉米等。

分布：我国分布于北京、天津、河北、陕西、甘肃、辽宁、山西、河南、山东、江苏、安徽、浙江、江西、福建、台湾、湖北、湖南、广东、广西、四川、云南、贵州、西藏等地；国外见于日本、朝鲜半岛、东南亚、澳大利亚。

生物学特性：幼虫蛀食。北方 5—10 月灯下均可见成虫。

桃蛀螟（左：雄，右：雌）

13.18 白斑黑野螟 *Pygospila tyres* (Cramer & Stoll, [1780])

翅展 40~45 mm。翅膀表面黑色，具有许多白色块状斑纹。雌雄差异不大。胸、腹部背面有 4 条白色纵条纹，雄蛾腹部末端有成丛黑褐色鳞毛。

寄主： 不详。

分布： 我国分布于北京、甘肃、福建、台湾、广东、海南、贵州、云南；国外见于日本、越南、缅甸、印度、斯里兰卡、菲律宾、印度尼西亚、澳大利亚。

生物学特性： 北京 7 月灯下可见成虫。

白斑黑野螟

13.19 黄杨绢野螟 *Cydalima perspectalis* (Walker, 1859)

翅展 32~48 mm。体背白色，头部暗褐色，头顶触角间鳞毛白色，触角褐色，胸基部及前侧、腹端几节黑褐色。前翅周缘黑褐色，具闪光，翅中央白色。中室内有 1 个白斑，中室端具白色新月形斑。后翅外缘黑褐色，余白色半透明。前后缘毛灰褐色。

寄主：小叶黄杨、雀舌黄杨、黄杨木等。

分布：我国分布于北京、陕西、江苏、浙江、湖北、湖南、福建、广东、四川、西藏等地；国外日本、朝鲜半岛、印度和（入侵）欧洲。

生物学特性：幼虫取食寄主叶片，吐丝缀叶做巢，北方 8—9 月灯下可见成虫。

黄杨绢野螟

13.20 瓜绢野螟 *Diaphania indica* (Saunders, 1851)

别名：瓜绢螟。

翅展 24~28 mm。头、触角黑褐色，下唇须下部白色，胸部背面黑褐色；腹部背面 1~4 节白色，5~6 节黑褐色；前翅沿前缘与后翅外缘宽黑色，翅面白色丝绢般闪光。与黄杨绢野螟体形有些类似。

寄主：棉花、木槿、大豆、黄瓜、丝瓜、西瓜、梧桐、桑、葵等。

分布：我国分布于北京、天津、河北、河南、山东、江苏、浙江、安徽、福建、台湾、广东、广西、湖北、重庆、四川、贵州、云南等地；国外见于日本、朝鲜半岛、东南亚、印度、法国、澳大利亚和非洲。

生物学特性：幼虫为害瓜类叶片时吐丝缀合潜居叶间取食，有时只剩叶脉。1年1~3代，幼虫越冬。翌年6月发生第一代成虫。北方在9月灯下可见成虫。

成虫

幼虫

卵

瓜绢野螟

13.21 旱柳原野螟 *Euclasta stoetzneri* (Caradja, 1927)

翅展 26~38 mm。体翅灰白色，头部褐色，具白色纵条，触角细环状。前翅底色棕褐色，中部具 1 条纵向雪白色宽带，翅外缘和后缘翅脉间染有白色，脉纹深褐色，缘线黑褐色，缘毛基部白色，端部褐色。后翅雪白，近顶角处褐色。

寄主： 旱柳。

分布： 我国分布于北京、天津、河北、陕西、甘肃、宁夏、内蒙古、吉林、黑龙江、山西、河南、山东、福建、湖北、四川、西藏等地；国外见于蒙古国。

生物学特性： 北方 4—8 月灯下可见成虫。

旱柳原野螟

13.22 桑绢野螟 *Glyphodes pyloalis* Walker, 1859

别名：桑螟。

翅展 21~24 mm。体及翅白色有绢丝闪光，胸部背面中央暗褐。翅白色，前翅外缘、中央及翅基有棕褐色带，中室内具 1 小黑点或无，中室端具 1 条褐色宽带，上部具新月形斑，下部具眼斑。后翅白色，外缘暗褐色。

寄主：桑。

分布：我国分布于北京、河北、陕西、辽宁、山东、江苏、浙江、福建、广东、台湾、湖北、四川、贵州、云南等地；国外见于日本、朝鲜半岛、东南亚和南亚。

生物学特性：幼虫为害桑叶，缀叶取食，只剩叶脉。江苏、浙江及四川 1 年 4~5 代，北京 1 年 2 代，以老熟幼虫在树缝落叶及束草间吐丝结茧越冬。北方 6 月、8 月、9 月灯下可见成虫。

桑绢野螟

13.23 四斑绢野螟 *Glyphodes quadrimaculalis* (Bremer & Grey, 1853)

翅展 33~37 mm。头部淡黑褐色，两侧有细白条。触角黑褐色。下唇须向上伸下侧白色，其他黑褐色。胸部及腹部黑色，两侧白色。前翅黑色，具 4 个白斑，顶角处的白斑下方有 5 个白点组成纵列或呈 1 白色横带伸达翅后缘。后翅白色，外缘具黑色宽带。缘毛黑褐色，后角处缘毛白色。

寄主：杨。

分布：我国分布于北京、天津、河北、陕西、宁夏、辽宁、吉林、黑龙江、河南、山东、浙江、福建、湖北、广东、四川、云南、贵州等地；国外见于日本、朝鲜半岛、俄罗斯。

生物学特性：北京 6—9 月灯下可见成虫。

四斑绢野螟

13.24 棉褐环野螟 *Haritalodes derogata* (Fabricius, 1775)

别名：棉大卷叶野螟。

翅展 22~34 mm。胸部及腹基部具黑斑，腹大部具黑色或黑褐色横条。前后翅内、外横线和亚缘线褐色，波状纹。缘线黑褐色，弧形。前翅中室内和外侧具黑褐色纹，形状近似于"OR"。雄蛾腹末节基部有 1 黑色横纹。

寄主：棉花、木槿、苘麻、蜀葵等。

分布：我国分布于北京、天津、河北、陕西、内蒙古、山西、河南、山东、江苏、浙江、安徽、江西、福建、台湾、湖北、湖南、广东、广西、四川、贵州、云南等地；国外见于日本、朝鲜半岛、东南亚、印度、非洲和南美洲。

生物学特性：幼虫卷叶取食，成虫具趋光性，北方 7—9 月灯下可见成虫。

棉褐环野螟

13.25 菜螟 *Hellula undalis* (Fabricius, 1794)

别名：菜心野螟、萝卜螟、甘蓝螟、白菜螟等。

翅展 15~20 mm。前翅黄褐色，密布褐色鳞片，亚基线锯齿状，内横线波纹状弯曲，具暗褐色镶边，中室端有 1 个黑色肾形斑，外横线淡黄色，近中部向外弧形突出，翅顶角有 1 个暗褐色斑纹。

寄主：十字花科蔬菜，如白菜、甘蓝、萝卜、花椰菜、芥菜、油菜等。

分布：我国分布于北京、河北、陕西、甘肃、内蒙古、山西、河南、山东、江苏、浙江、安徽、江西、福建、台湾、湖北、湖南、广东、广西、四川、云南等地；国外见于日本、东南亚、南亚、欧洲、非洲和澳大利亚。

生物学特性：1 年 3~4 代，成虫有趋光性，卵散产于心叶间。初孵幼虫潜叶，2 龄在叶面活动，3 龄缀叶，4~5 龄潜入心叶或叶柄。北方 8—10 月灯下可见成虫。

菜螟

13.26 葡萄切叶野螟 *Herpetogramma luctuosalis* (Guenée, 1854)

翅展 22~30 mm。胸腹棕褐色。前翅黑褐色，中部具 3 个明显的淡黄色斑，中室中央斑方形，中室端外斑肾形，最大，达翅前缘，另一斑位于上两斑之间的下方，新月形，小；后翅黑褐色，中室具小黄点，外缘黄色，宽大，似由 2 个斑组成。

寄主：葡萄。

分布：我国分布于北京、河北、陕西、黑龙江、江苏、浙江、福建、台湾、广东、四川、贵州、云南等地；国外见于日本、朝鲜半岛、俄罗斯、越南、尼泊尔、不丹、印度尼西亚、印度、斯里兰卡、欧洲南部和非洲东部。

生物学特性：幼虫取食叶片，北方 7 月灯下可见成虫。

葡萄切叶野螟

13.27 草地螟 *Loxostege sticticalis* (Linnaeus, 1761)

别名：网锥额野螟、黄缘条螟、黄绿条螟。

体长 8~10 mm，翅展 20~26 mm。前翅灰褐色，翅中央稍近前缘有 1 个淡黄色方形斑，外缘有淡黄色点状条纹，有时上述斑纹较小或不甚明显；后翅淡灰褐色，沿外缘有 2 条波状纹。

寄主：50 科 300 余种植物，主要为灰藜、猪毛菜和蒿类等双子叶植物。

分布：我国分布于北京、河北、新疆、内蒙古、辽宁、吉林、黑龙江、山西等地；国外见于日本、朝鲜半岛、蒙古国、哈萨克斯坦至欧洲及北美。

生物学特性：大发生时，幼虫可从野生寄主向农田转移，取食多种农作物，如大豆、玉米、向日葵、甜菜等。成虫具有远距离迁飞习性和很强的趋光性，北方 5—9 月灯下可见成虫，7—8 月是主要的迁飞期。

草地螟

13.28 艾锥额野螟 *Loxostege aeruginalis* (Hübner, 1796)

翅展 22~27 mm。体及翅白色，具烟黑色斑纹。前翅中室内具 1 个长卵形斑，内后侧具 1 个斜生"V"形斑，外侧另有 1 个大斑；亚缘线和缘线明显。后翅白色，具外线、亚缘线和缘线。

寄主：艾叶。

分布：我国分布于北京、天津、河北、陕西、青海、山西、河南、湖北等地；国外见于日本、朝鲜半岛、俄罗斯远东地区至欧洲。

生物学特性：幼虫吐丝缀叶取食，北方 5—8 月灯下可见成虫。

艾锥额野螟

13.29 二点额野螟 *Loxostege rhabdalis* (Hampson, 1900)

前翅长 11~13 mm。前翅底色黄褐色并混杂黑色鳞片，中室具 2 个黑色圆斑和 2 个黄白斑，翅中近后缘有 1 个白色带，不达外缘，外侧有斜带，亚外缘线淡黄色，外缘线黑色。缘毛黑褐色。后翅褐色，中室具 1 个黑斑，中线灰褐色，亚外缘线黄色，外缘线黑色。

寄主：不详。

分布：目前我国北京、新疆、宁夏有记录。

生物学特性：北方 6 月灯下可见成虫。

二点额野螟

13.30 黑斑蚀叶野螟 *Lamprosema sibirialis* (Milliére, 1879)

别名：黑斑网脉野螟。

翅展 17~22 mm。额淡黄色。下唇须腹面淡黄色，背面深褐色，第 3 节细长。体背及翅淡黄色，具黑褐色斑纹。前翅前缘除横线和翅端黑褐色外，其余黄色；缘毛灰白色，基部黑褐色，但后角处具白色缘毛。

寄主：不详。

分布：我国分布于北京、河北、黑龙江、湖北、江西、福建、四川、贵州等地；国外见于日本、朝鲜半岛。

生物学特性：北京 6—7 月灯下可见成虫。

黑斑蚀叶野螟

13.31 豆荚野螟 *Maruca vitrata* (Fabricius, 1787)

别名： 大豆卷叶螟。

翅展 22~30 mm。体背茶褐色。前翅暗褐色，前缘中基部及外缘茶褐色，中室斑白色，透明，下缘常半圆形内凹，中室斑内侧下方具 1 个小白斑，中室斑外侧具 1 个大型透明斑。后翅白色，外缘暗褐色，内侧半透明，具不明显的波形横线，钝锯齿形，不达后角；中室具环形斑。

寄主： 大豆、豇豆、田菁等豆科植物叶片。

分布： 我国分布于北京、天津、河北、陕西、内蒙古、山西、河南、山东、江苏、浙江、福建、台湾、湖北、湖南、广东、广西、海南、四川、贵州、云南等地；国外见于日本、朝鲜半岛、印度、斯里兰卡、非洲。

生物学特性： 北方 8—9 月灯下可见成虫，有时虫量较高。

豆荚野螟

13.32 麦牧野螟 *Nomophila noctuella* (Denis & Schiffermüller, 1775)

别名：麦螟。

翅展 23~34 mm。体翅灰褐色或棕褐色，具黑色或黑褐色斑纹，前翅中室中部和端部各有 1 个圆形或肾形纹，前缘中部外至顶角具 5 个黑褐斑，有时这些斑均明显。后翅灰白色，外侧稍深。

寄主：小麦、柳、苜蓿等。

分布：我国分布于北京、天津、河北、陕西、宁夏、河南、山东、江苏、福建、台湾、广东、四川、云南、贵州、西藏等地；国外见于日本、印度、俄罗斯远东地区至欧洲、北美。

生物学特性：北方 7—10 月灯下可见成虫。

麦牧野螟

13.33 白点黑翅野螟 *Heliothela nigralbata* Leech, 1889

翅展 10~13 mm。体黑色，前后翅黑褐色，后翅更浓。前翅前缘顶角前具 1 个黄白色斑，后翅基部中央具 1 个近圆形白斑，这 2 个斑在翅的背面均可见。

寄主：不详。

分布：我国分布于北京、河北、江苏、浙江等地；国外见于日本、朝鲜半岛、俄罗斯。

生物学特性：北京 4 月、7 月灯下可见成虫。

白点黑翅野螟

13.34 玉米螟 *Ostrinia furnacalis* (Guenée, 1854)

别名：亚洲玉米螟、姜螟。

翅展 24~35 mm。雌蛾体翅鲜黄色或黄褐色，内线波形，中室中部及端部具褐斑，外线锯齿形，后半部分弯向内侧，亚缘线锯齿形。雄蛾色较深，前翅内外线之间、翅外缘褐色，中足胫节大于后足，但不及 2 倍粗。后翅淡褐色，中央有 1 条浅色宽带。

寄主：玉米、高粱、谷子、生姜等作物。

分布：我国大部分玉米种植区均有分布；国外见于日本、朝鲜半岛、俄罗斯、南亚、东南亚至澳大利亚。

生物学特性：1 年多代，4—9 月灯下可见成虫。

玉米螟

13.35 白蜡卷须野螟 *Palpita nigropunctalis* (Bremer, 1864)

翅展 28~36 mm。体翅白色，触角内侧白色，背侧黄褐色。前翅前缘棕黄色，其内侧具 3 个小黑点，中室下角具 1 个小黑点。后翅中室端有黑色斜斑纹，中室下方有 1 个黑点。前、后翅亚外缘线暗褐色，与翅外缘平行。各脉端有黑点，缘毛白色。

寄主：白蜡、女贞、丁香等。

分布：我国分布于北京、河北、陕西、辽宁、吉林、黑龙江、河南、江苏、浙江、福建、台湾、广东、湖北、四川、贵州、云南等地；国外见于日本、越南、印度尼西亚、菲律宾、印度、斯里兰卡。

生物学特性：北方 5 月、8—9 月灯下可见成虫。

白蜡卷须野螟

13.36 紫苏野螟 *Pyrausta panopealis* (Walker, 1859)

别名： 山香野螟、紫苏红粉野螟、紫苏卷叶虫。

翅展 13~15 mm。头部橘黄色，两侧具白条纹。胸腹部背面深黄色，腹面白色。前翅深黄色，内线细，紫褐色，小波浪形，外线粗壮，似由4个相连的紫褐斑组成，其中第2斑明显外突，并与外侧的紫褐色横纹相连或接近，第4斑与内横线相接。后翅顶角深红或褐色，由前缘至臀角上侧有1条斜线。

寄主： 紫苏、薄荷、丹参、泽兰等叶片。

分布： 我国分布于北京、河北、河南、江西、浙江、湖北、福建、台湾、海南等地；国外见于日本、印度、东南亚、澳大利亚、非洲、美洲。

生物学特性： 1年多代，北方4月、6月、8月灯下可见成虫。

紫苏野螟

13.37 楸蠹野螟 *Sinomphisa plagialis* (Wileman, 1911)

别名： 楸螟。

翅展 33~36 mm。体及翅灰白色，头胸、腹各节边缘略带褐色。下唇须黑褐色，前伸。前后翅翅脉褐色，翅基有黑褐色锯齿状二重线，前翅中室下方具褐色方形大斑，内横线、外横线黑褐色波纹状。后翅中室端有黑褐色横线，外缘有黑褐色线。

寄主： 楸树、梓树。

分布： 我国分布于北京、天津、河北、陕西、辽宁、河南、山东、江苏、浙江、安徽、湖北、四川、贵州等地；国外见于日本、朝鲜半岛。

生物学特性： 幼虫为害寄主梢部，以老熟幼虫在 2~3 年生枝条内越冬，北方 7—8 月灯下可见成虫。

楸蠹野螟

13.38 甜菜白带野螟 *Spoladea recurvalis* (Fabricius, 1775)

别名：甜菜青野螟、甜菜叶螟。

翅展 24~26 mm。体翅棕褐色，具白色斑纹，头、复眼两侧和头后具白纹，腹部具白色环纹。前、后翅中部具横带，前翅外横线处具 1 条短白带及 2 个小白点。前翅缘毛与翅同色，中、后部各具 1 白斑。后翅缘毛端半部白色，基半部棕褐色，中、后部各具 1 个白斑。

寄主：甜菜、藜、苋菜、向日葵、棉花等。

分布：我国分布于北京、天津、河北、陕西、内蒙古、辽宁、吉林、黑龙江、山西、山东、江西、安徽、福建、台湾、湖北、广东、广西、四川、贵州、云南、西藏等地；国外见于日本、朝鲜半岛、东南亚、南亚、非洲、澳大利亚、美洲。

生物学特性：吐丝卷叶为害，以老熟幼虫入土化蛹越冬。华北地区一般在 8 月底或 9 月初灯下或花上可见成虫。

甜菜白带野螟

13.39 尖锥额野螟 *Sitochroa verticalis* (Linnaeus, 1758)

别名：黄草地螟、甜菜野螟、尖双突野螟。

翅展 26~32 mm。淡黄色，头、胸、腹部褐色，下唇须下侧白色。前翅各脉纹颜色较暗，内横线倾斜弯曲，中室内和中室端具斑纹，外线和亚缘线小锯齿状，两线的纹路较为一致；后翅具浅褐色的外线和亚缘线。前、后翅反面具明显而大的黑褐纹。

寄主：大豆、苜蓿、甜菜、紫苜蓿等。

分布：我国分布于北京、天津、河北、陕西、甘肃、青海、宁夏、新疆、内蒙古、黑龙江、辽宁、山西、山东、江苏、四川、云南、西藏等地；国外见于日本、朝鲜半岛、印度、俄罗斯远东地区至欧洲。

生物学特性：幼虫缀叶取食叶片，北方 5 月、7 月、9 月灯下可见成虫。

尖锥额野螟

13.40 细条纹野螟 *Tabidia strigiferalis* Hampson, 1900

本种与桃蛀螟有些类似，但身体上的斑纹不同。翅展 20~24 mm。前足腿节具黑色条纹，胫节近中部具黑环。腹部背面无黑点，或除末节外各节具黑色纵条。前翅基部、中室内、中室端及中室下各有 1 黑斑，中室外侧具 1 排黑色短纵纹，排列呈圆弧形。亚外缘线由黑斑排列成弧形，但最后 2 个斑不在弧线中。

寄主：柳树。

分布：我国分布于北京、河北、陕西、甘肃、黑龙江、浙江、安徽、福建、海南、四川等地；国外见于朝鲜半岛、俄罗斯。

生物学特性：北方 8 月灯下可见成虫。

细条纹野螟

13.41 三环狭野螟 *Mabra charonialis* (Walker, 1859)

翅展 17~20 mm。胸腹背黄色至黄褐色，前翅底色黄褐色，内、外横线黑褐色，其中外线在近后缘时曲折向内；前缘内外横线间具 2 个黑环纹，中室内具 1 个黑环纹，与内横线相接。中室外具 1 个斜向近长方形斑，3 条边黑褐色，此纹内侧下方具 1 个圆形黑环纹。前后翅缘毛白色，基半部黑褐色。

寄主：花生。

分布：我国分布于北京、河北、黑龙江、山东、江苏、浙江、湖南、福建、四川等地；国外见于日本、朝鲜半岛。

生物学特性：北方 7 月灯下可见成虫。

三环狭野螟

13.42 贯众伸喙野螟 *Uresiphita gracilis* (Butler, 1879)

翅展 20~24 mm。头部黄褐色，两侧有白条。下唇须向前伸，上半褐色，下半白色。下颚须褐色。翅黄色、黄褐色或红褐色，前翅前缘和外缘褐色，中室内、中室下和中室端各有 1 个圆形褐色环纹。后翅内横线及外横线弯曲如波纹，外缘有褐色宽带。前后翅缘毛淡黄色，基部黑褐色。

寄主：贯众。

分布：我国分布于北京、天津、河北、黑龙江、河南、山东、安徽、江西、福建、台湾、湖北等地；国外见于日本、朝鲜半岛、俄罗斯。

生物学特性：北京 5—8 月灯下可见成虫。

贯众伸喙野螟

13.43 褐小野螟 *Pyrausta despicata* (Scopoli, 1763)

翅展 14~21 mm。前翅褐色，散布浅黄褐色鳞片。中横线为浅黄色带，出自前缘 1/3 处，略向外倾斜呈锯齿状，达 2A 脉后向内倾斜，达后缘 1/3 处。中室圆斑和中室端脉斑褐色，二者之间是淡黄色方形斑；后中线为淡黄色带，在翅前缘和后缘处加宽，出自前缘 3/4 处，在 R_5 脉上形成 1 个内凹的锐角，与外缘近平行，达后缘 2/3 处。后翅黑褐色，翅基部和后中线之间有黄色鳞片，这些鳞片有时形成形状不规则的斑块。后翅中线为黄色宽带，出自前缘 2/3 处，与外缘平行。前、后翅缘毛浅褐色和深褐色相间。

寄主：车前类。
分布：我国分布于北京、天津、河北等地；国外见于欧洲。
生物学特性：国外报道幼虫有聚集为害习性，1 年 2 代。8—9 月灯下可见成虫。

褐小野螟

13.44 黄绒野螟 *Crocidophora auratalis* (Warren, 1895)

翅展 19~23 mm。头部黄色，额两侧有乳白色纵条纹，触角黄褐色。翅黄色，雄性颜色较雌性暗，近黄褐色，斑纹黑色。前翅内横线稍弧形，中室端斑直，外横线自前缘 3/4 处，近前缘的 2/3 圆弧形，后内折直伸达后缘 2/3 处。后翅后中线与前翅相似，前半部稍直。前、后翅缘毛基半部黑褐色，端半部白色。

寄主： 日本紫珠。

分布： 我国分布于北京、天津、河北、河南、广东、贵州等地；国外见于日本。

生物学特性： 8月灯下可见成虫。

黄绒野螟

13.45 眼斑脊野螟 *Proteurrhypara ocellalis* (Warren, 1892)

翅展约 32 mm。体翅灰褐色。前翅中室圆斑和中室端斑黑褐色，之间有黄色斑。后中线浅黄色，锯齿形，在前缘处常有扩大斑。

寄主：不详。

分布：我国分布于北京、天津、黑龙江等地；国外见于日本、朝鲜半岛。

生物学特性：6—7月灯下可见成虫。

眼斑脊野螟

大蛾类

- 第 十 四 章　枯叶蛾科 Lasiocampidae
- 第 十 五 章　蚕蛾科 Bombycidae
- 第 十 六 章　大蚕蛾科 Saturniidae
- 第 十 七 章　箩纹蛾科 Brahmaeidae
- 第 十 八 章　天蛾科 Sphingidae
- 第 十 九 章　波纹蛾科 Thyatiridae
- 第 二 十 章　燕蛾科 Uraniidae
- 第二十一章　尺蛾科 Geometridae
- 第二十二章　舟蛾科 Notodontidae
- 第二十三章　毒蛾科 Lymantriidae
- 第二十四章　灯蛾科 Arctiidae
- 第二十五章　鹿蛾科 Amatidae
- 第二十六章　瘤蛾科 Nolidae
- 第二十七章　虎蛾科 Agaristidae
- 第二十八章　夜蛾科 Noctuidae
- 第二十九章　斑蛾科 Zygaenidae

第十四章
枯叶蛾科 Lasiocampidae

中型至大型蛾类，雄蛾小于雌蛾。体粗壮多毛，触角双栉齿形，眼有毛，喙不发达，后翅肩叶发达，因不少种类静止时如枯叶状而得名。幼虫大型，胸部第 2~3 背板上被毒毛，不少种类是林业上的重大害虫。目前，世界已知 224 属 1 952 种。本书记录 8 种。

14.1 杨树枯叶蛾 *Gastropacha populifolia* Esper, 1784

雌蛾翅展 54~96 mm，雄蛾 38~63 mm。体翅黄褐色、黄色或深黄褐色，体色及前翅斑纹变化较大，部分个体斑纹模糊或消失。前翅窄长，内缘短，外缘呈弧形波状。前翅具 5 条波状横纹，有时不明显，近中室端具 1 黑褐点。后翅有 3 条明显的黑色斑纹，前缘橙黄色，后缘浅黄色。前、后翅散布有少数黑色鳞毛。

寄主：杨、柳、苹果、桃、杏、梨、李、栎等。

分布：我国分布于北京、河北、陕西、甘肃、青海、辽宁、山西、河南、山东、安徽、湖北等地；国外见于日本、朝鲜半岛、俄罗斯远东地区至欧洲。

生物学特性：幼虫具伪装色，不易被发现，北京 1 年 1 代，6—8 月灯下可见成虫，11 月低龄幼虫开始越冬。

杨树枯叶蛾

14.2 李枯叶蛾 *Gastropacha quercifolia* Linnaeus, 1758

雌蛾翅展 60~84 mm，雄蛾 40~68 mm。体翅黄褐色、褐色或赤褐色等。唇须前伸，长，蓝黑色。前翅外缘和后缘波浪形。前翅具 3 条波状横带，外线色淡，有时不明显，翅外缘弧形，呈齿状，缘毛蓝黑色。近中室端具 1 个黑褐点。后翅有 2 条蓝褐色斑纹，前缘区橙黄色。

寄主： 李、苹果、桃、梨、柳等。

分布： 我国分布于北京、河北、陕西、青海、甘肃、内蒙古、辽宁、吉林、黑龙江、河南、山东、安徽、江苏、浙江、江西、福建、台湾、湖南、广西等地；国外见于日本、朝鲜半岛、俄罗斯远东地区至欧洲。

生物学特性： 我国北方地区 1 年 1 代，以低龄幼虫在树皮缝中越冬，7 月灯下可见成虫。

李枯叶蛾

14.3 苹果枯叶蛾 *Odonestis pruni* (Linnaeus, 1758)

别名：苹毛虫。

雌蛾翅展 40~65mm，雄蛾 37~51 mm。体翅黄褐色至红褐色；前翅内外横线褐色或黑褐色，两线内有 1 个近圆形白斑。亚端线淡褐色，波状。翅缘褐色，钝锯齿形。后翅色泽较浅，有 2 条不太明显的深褐色斑纹。

寄主：苹果、李、樱桃、梨、梅、榆、柳、桦等。

分布：我国分布于北京、河北、内蒙古、辽宁、吉林、黑龙江、山西、河南、山东、安徽、江苏、江西、浙江、福建、台湾、湖北、湖南、四川等地；国外见于日本、朝鲜半岛、蒙古国至欧洲。

生物学特性：北方 1 年 1 代，以幼虫在树皮缝、枯叶内越冬，北方 6—8 月灯下可见成虫。

苹果枯叶蛾

14.4 棕线枯叶蛾 *Arguda insulindiana* Lajonquiere, 1977

别名： 棕脊枯叶蛾。

翅展 44~66 mm。体及前翅淡黄褐色，前翅散布褐色鳞片，胸部背面中间有棕色直纹。下唇须黑褐色，向前伸。触角梗节黄褐色，羽枝灰褐色。前翅由前缘至后缘有 3 条褐色斜线，中、内 2 条内侧夹以淡黄褐色线纹，外缘和顶角区密布灰褐色鳞片，中室端黑点明显。后翅前半部色深，后半部浅赤褐色，无斑纹。

寄主： 不详。

分布： 我国分布于北京、云南、福建、海南等地；国外见于印度尼西亚。

生物学特性： 10 月灯下可见成虫。

棕线枯叶蛾

14.5 油松毛虫 *Dendrolimus tabulaeformis* Tsai & Liu, 1962

雄蛾翅展 45~63 mm，雌蛾 57~83 mm。体色多变，基色有棕、褐、灰褐、灰白等色，触角由淡黄到褐色。前翅花纹较清楚，中室端有 1 个小白斑，内线和中线靠近，外线由 2 条组成，亚端线由 9 个黑褐斑组成（内侧衬淡棕色斑），其中后 3 斑斜列。

寄主： 油松、赤松、马尾松针。

分布： 我国分布于北京、天津、河北、辽宁、陕西、甘肃、山西、河南、山东、四川、重庆、贵州等地。

生物学特性： 在我国华北地区 1 年 1~2 代，3 月下旬至 4 月上旬幼虫上树为害，7—8 月灯下可见成虫，10 月下旬以 4~5 龄幼虫在树干基部的树皮缝或土层裂缝处越冬。

油松毛虫

14.6 西伯利亚松毛虫 *Dendrolimus sibiricus* (Tschetverikov, 1908)

别名：落叶松毛虫。

雄蛾体长 25~35 mm，翅展 57~72 mm；雌蛾体长 28~38 mm，翅展 69~85 mm。体灰白色至黑褐色。前翅内、外及亚端缘线深褐色或黑色，外横线锯齿状，中室端白斑大而明显；亚缘线有时由 1 列黑斑组成，其中近后角的 1 个斑明显外移。

寄主：落叶松、红松、云杉、冷杉等多种针叶树。

分布：我国分布于北京、河北、内蒙古、辽宁、吉林、黑龙江、新疆等地；国外见于朝鲜半岛、蒙古国、俄罗斯、哈萨克斯坦。

生物学特性：在我国东北地区，由北到南为每 2 年 1 代、3 年 2 代或 1 年 1 代。4—5 月幼虫上树取食松针，7—8 月成虫出现，9—10 月幼虫开始下到落叶层下越冬。

西伯利亚松毛虫

14.7 东北栎毛虫 *Paralebeda femorata* (Ménétriés, 1858)

雄蛾体长 27~36 mm，翅展 58~76 mm；雌蛾体长 33~48 mm，翅展 76~100 mm。体翅灰褐色至赤褐色。唇须短粗，前伸。前翅中部具 1 个棕色或红棕色腿状大斑，内、外线从大斑伸向后缘；亚缘线黑色，后半部锯齿形，并在臀角处形成 1 个圆形黑斑，有时亚缘线不明显。

寄主：落叶松、杨、榛、栎、板栗等。

分布：我国分布于北京、河北、陕西、甘肃、内蒙古、辽宁、吉林、黑龙江、河南、山东、浙江、江西、台湾、湖北、湖南、广东、广西、四川、贵州、云南等地；国外见于朝鲜半岛、俄罗斯、蒙古国、越南、尼泊尔、巴基斯坦、印度。

生物学特性：北京 7 月灯下可见成虫。

东北栎毛虫

14.8 天幕毛虫 *Malacosoma neustria* (Linnaeus, 1758)

雄蛾翅展 15~33 mm，雌蛾翅展 31~46 mm。雄蛾体翅黄褐色，前翅中央具 2 条平行的褐色横线，横线间颜色较深。缘毛部分白色，部分褐色。后翅中部具 1 条不完整的褐带，缘毛大部分褐色。雌蛾体翅褐色，前翅中部两横带的内外侧衬淡黄褐色，后翅的斑纹不明显。

寄主：红叶李、苹果、梨、山楂、杏、桃、月季、沙果、杨、榆等多种果树和园林绿化树木。

分布：我国分布于北京、河北、河南、陕西、甘肃、内蒙古、辽宁、吉林、黑龙江、山西、山东、江苏、安徽、江西、湖北、湖南、四川等地；国外见于日本、朝鲜半岛、俄罗斯远东地区至欧洲。

生物学特性：低龄幼虫在树杈或树干上做网巢，群集居住；1 年 1 代，北方 5—7 月可见成虫。

天幕毛虫

第十五章
蚕蛾科 Bombycidae

中型蛾类。无喙。前翅顶角多呈钩状突出，胫节无距。触角双栉齿状。前翅 R 脉 5 条基部共柄，后翅无翅缰，Sc+R$_1$ 脉与中室由 1 条横脉相连。蚕蛾科世界已知 26 属 185 种。本书记录 1 种。

15.1 野蚕 *Bombyx mandarina* (Moore, 1872)

体长 10~20 mm，翅展 31~47 mm。体翅灰褐色，前翅横线明显，中室处具肾形纹，外缘顶角下方向内凹陷，内线及外线色稍浓，棕褐色，亚缘线棕褐色较细，下方微向内倾斜，顶角下方至外缘中部有较大的深棕色斑。后翅后缘中央具新月形黑色或棕黑色斑，外围白色。雄蛾比雌蛾色深，身上各线及斑均较明显。

寄主：桑。

分布：我国分布于北京、河北、陕西、甘肃、内蒙古、辽宁、吉林、黑龙江、山西、河南、山东、江苏、安徽、浙江、江西、台湾、湖北、湖南、广东、广西、云南、西藏等地；国外见于日本、朝鲜半岛。

生物学特性：北京 1 年 2 代，6—7 月及 8—10 月初灯下可见成虫。

野蚕

第十六章
大蚕蛾科 Saturniidae

也称天蚕蛾科，属于重要的产丝昆虫。蛾大型，体型粗大，色泽鲜艳。翅上一般有眼状斑，喙不发达，无翅僵，后翅肩角发达，某些种类的后翅上有飘带状燕尾。一般雄蛾稍小，雌蛾飞行能力不强。世界已知169属2 349种。本书记录5种。

16.1 绿尾大蚕蛾 *Actias ningpoana* C. Felder & R. Felder, 1862

休息时翅平展，翅展115~126 mm。体粉绿白色，翅粉绿色，基部有白色绒毛，翅前缘及胸部具1条紫红色横带，带的前缘色浅，后缘色深。前后翅中央横脉处具1个眼斑，外半侧淡黄褐色，中间透明，内侧由几条色带组成。眼斑外侧具1条或2条淡褐色细纹。前翅的外缘黄褐色，外线黄褐色不明显。后翅后角尾状突出，长约4 cm。

寄主：柳、枫杨、栗、火炬树、核桃、苹果、梨等。

分布：我国分布于北京、河北、河南、陕西、甘肃、吉林、辽宁、山东、江苏、浙江、江西、福建、台湾、湖北、湖南、广东、香港、海南、四川、云南、西藏等地；国外见于俄罗斯。

生物学特性：1年2代，北京4月、5月、7月灯下可见成虫。

绿尾大蚕蛾

16.2 雾灵豹蚕蛾 *Loepa wlingana* Yang, 1978

前翅长约 45 mm。黄色，前翅前缘基半部紫褐色，与肩板相连。内线波状，黑褐色，眼纹上半围以黑褐边，并延伸至内线基部。顶角外具桃红色斑，中间具白色闪电状纹，下方具黑褐色斑。

寄主：不详。

分布：我国分布于北京、河北；国外分布信息不详。

生物学特性：北京 7 月灯下可见成虫。

雾灵豹蚕蛾（摄影：甲方）

16.3 樗蚕 *Samia cynthia* (Drurvy, 1773)

体长 25~33 mm，翅展 120~135 mm。体青褐色。头部四周、颈板前端、前胸后缘、腹部背面、侧线及末端都为白色。前翅顶角外突，粉紫色，雄蛾更明显，下方具 1 个黑眼斑，上缘白色。前后翅翅中央具眉形斑，内具细窄的透明带或无。前后翅中部具白色横带，外衬淡红棕色至紫红色。

寄主： 臭椿（樗）、香椿、悬铃木、核桃、刺槐、花椒、泡桐、乌桕、樟等，有时会在行道树上大发生。

分布： 我国分布于北京、河北、辽宁、吉林、黑龙江、山西、山东、江苏、上海、浙江、江西等地；国外见于朝鲜半岛，曾被引入日本、印度、澳大利亚、美洲、欧洲、突尼斯进行饲养。

生物学特性： 1 年 1~2 代，成虫 5—9 月出现，在寄主枝叶间结黄褐色丝茧化蛹过冬。

樗蚕

16.4 合目天蚕蛾 *Saturnia boisduvali* Everismann, 1846

翅展 75~95 mm。体黄褐色，颈板灰白色，胸部前缘白色，后端色稍淡。前翅前缘褐色，杂有白色鳞片，基部及内线褐紫色，外线暗褐色，接近后缘处与内线靠近，似仅前半可见。前后翅中室端各具1个紫褐色眼斑，黑边，内缘具白带、棕红带。前翅顶角具1个黑斑。

寄主：栎、椴、榛、胡枝子、核桃楸等植物。

分布：我国分布于北京、河北、陕西、甘肃、青海、内蒙古、黑龙江、辽宁、山西等地；国外见于俄罗斯。

生物学特性：1年1代，以卵越冬，北方10月灯下可见成虫。

合目天蚕蛾

16.5 冬青大蚕蛾 *Archaeoattacus edwardsii* (White, 1859)

别名：蛇头蛾。

翅展 210 mm 左右。体翅棕色，头橘黄色，胸部有较厚的棕色鳞毛，腹部第一节白色，形成一个腰间白环。腹部背线两侧各有白色纵行条纹，腹端有白色毛丛。前翅顶角明显突出，极像"蛇头"，外缘黄色，内侧有斜向排列的黑斑 3 块，上面 2 块有白色闪电纹；内线及外线呈较宽的白色带，内线两侧深棕色，外线内侧深棕色，外侧赭红色，亚外缘线锯齿状黑色，内侧枯黄色，外线与亚外缘线间赭红色，中间有白色粉状横带。中室端有长三角形半透明白色斑，斑周围有黄色边缘，上方的边缘宽大。后翅基部和前缘白色，外线和内线相连呈耳朵形，外缘线垛口状，中室端的三角斑较狭窄，足橘黄色，跗节间有白环。

寄主：樟、冬青、柳。

分布：我国分布于云南、西藏。该物种已被列入《国家保护的有益的或者有重要经济、科学研究价值的陆生野生动物名录》。

注：冬青大蚕蛾在北方没有分布，本图片来自一个藏友的标本。因有识别需要，故本书收录。

冬青大蚕蛾

第十七章
箩纹蛾科 Brahmaeidae

大型蛾类，种类比较少见。喙发达，下唇须长大，向上伸，触角两性均为双栉形。翅色浓厚，有许多箩筐条纹或波状纹。本书记录1种。

17.1 黄褐箩纹蛾 *Brahmaea certhia* (Fabricius, 1793)

别名：水蜡蛾。

翅展 124~137 mm。棕褐色，头部及胸部棕色褐边，腹部背面棕色。前翅中带由 10 个长卵形横纹组成，中带内侧为 7 条波浪纹，褐色间棕色，翅基菱形，棕底褐边，中带外侧有 6 条箩筐编织纹，浅褐间棕色，翅顶淡褐色有 4 条灰白色间断的线点，外缘浅褐色，有 1 列半球形灰褐色斑。后翅中线白色，中线内侧棕色，外侧有 8 条箩筐纹，外缘褐色间黑色。

寄主：丁香、女贞、桂花、小蜡等植物。

分布：我国分布于北京、河北、内蒙古、黑龙江、山西、浙江、湖北、湖南、四川、云南等地；国外见于朝鲜半岛。

生物学特性：1 年 1 代，北京 7 月灯下可见成虫。

黄褐箩纹蛾

第十八章
天蛾科 Sphingidae

中型至大型蛾类，身体粗壮，躯干纺锤形，末端尖。头较大，复眼明显，无单眼，喙通常较发达。触角中部加粗，尖端弯曲有小钩。前翅狭长，顶角尖且向外倾斜，部分种类有缺刻，颜色一般较艳。后翅较小，近三角形，色较暗，被有厚鳞，翅缰发达。有些种类的前翅或后翅上局部无鳞而透明。前后翅均没有 1A 脉，前翅 M 脉从 R_3 脉的柄上生出，后翅 Sc+R 脉与中室平行。成虫大都夜间活动，飞行迅速，能悬停于空中，少数白天活动。全世界已知 206 属 1 463 种，其中我国已知将近 150 种。本书记录 29 种。

18.1 日本鹰翅天蛾 *Ambulyx japonica* Rothschild, 1894

翅展 100 mm 左右。体翅粉灰色。胸部两侧深绿褐色，腹部背线不显著，第 6~7 节两侧有绿褐色斑。前翅基部有 1 个墨绿色小点，内线呈褐绿色宽带，中线由 3 条较细的波状纹组成，外线黑褐色，外线至外缘间呈弓形灰褐色宽带，中室端横脉上有 1 个小黑点；后翅灰橙色，有棕黑色横线，后缘呈棕黑色宽带。

寄主：槭科树木。
分布：我国分布于北京、河北、陕西、台湾、海南、四川等地；国外见于日本、朝鲜半岛。
生物学特性：北方 1 年 1 代，以蛹过冬，5—7 月灯下可见成虫。

日本鹰翅天蛾

18.2 核桃鹰翅天蛾 *Ambulyx schauffelbergeri* (Bremer & Grey, 1853)

翅展 88~124 mm。头顶及颜面灰白色，与头顶交界处绿褐色。胸部两侧绿褐色；腹部中线不明显，第 6 节两侧及第 8 节背面有褐色斑。前翅基部附近，前缘和第 1 脉室有绿褐色圆形纹，中线及外线微暗褐不明显，外线内侧有波状细纹，亚外缘线棕褐色，顶角弓形纹向后角弯曲，中翅横脉上有 1 个棕黑色斑。后翅茶褐色，布满暗褐色斑纹。前、后翅反面橙褐色，散布暗色斑点。

寄主：核桃、栎、枫杨、橄榄、乌榄等植物。

分布：我国大部分地区均有分布；国外见于朝鲜半岛、日本、印度、越南。

生物学特性：华北 1 年 2 代，北方 4 月和 8 月灯下可见。

核桃鹰翅天蛾

18.3 灰斑豆天蛾 *Clanis undulosa* Moore, 1879

别名：洋槐天蛾、拟豆天蛾。

翅展 100~120 mm。头顶黄褐色，胸部背面赭黄色，背线棕黑色，腹部背面赭色，有不甚显著的褐色背线。前翅赭黄色，具 6 条或 7 条波状纹，前缘中央具半圆形浅色斑。后翅中部棕黑色，前缘及内缘黄色，外侧具波形纹。

寄主：胡枝子。

分布：我国分布于河北、陕西、辽宁、山西、浙江、台湾、湖北、四川等地；国外见于朝鲜半岛、俄罗斯、东南亚。

生物学特性：北方 1 年 1 代，以蛹过冬，7—8 月见成虫。

灰斑豆天蛾

18.4 豆天蛾 *Clanis bilineata tsingtauica* Mell, 1922

别名：豆虫、豆丹。

体长 40~45 mm，翅展 100~120 mm。体、翅黄褐色，多绒毛。头、胸部背有较细的暗褐色背线。腹部背面各节后缘具棕黑色横纹。前翅狭长，前缘近中央有较大的半圆形淡白色斑，翅面上可见 6 条波状横纹，顶角有 1 条暗褐色斜纹。后翅小，暗褐色，基部上方有色斑，臀角附近黄褐色。

寄主：大豆、绿豆和豇豆，还为害刺槐、爬山虎、地锦、藤萝、泡桐、女贞、柳、榆等。

分布：我国除西藏外，其他地区广泛分布；国外见于日本、朝鲜半岛、印度。

生物学特性：幼虫取食大豆叶片，轻则吃成网孔、缺刻，重则将豆株吃成光秆，以致不能结实而颗粒无收。在北京 1 年 1 代，以老熟幼虫在 9~12 cm 土层中越冬。翌春移至表土层。1 代发生区，一般在 6 月中旬化蛹，7 月上旬羽化盛期，7 月中下旬至 8 月上旬为成虫产卵盛期，7 月下旬至 8 月下旬为幼虫发生盛期，9 月上旬老熟幼虫入土越冬。成虫昼伏夜出。飞翔力强，喜食花蜜，有较强趋光性。

豆天蛾

18.5 栗六点天蛾 *Marumba sperchius* (Ménéntriés, 1857)

体长 40~46 mm，翅展 88~138 mm。体翅淡褐色。从头顶至尾端有 1 条暗褐色背线。前翅基部色稍深，呈棕褐色。翅中部有 1 条淡色宽带，宽带两侧各有 4 条褐至暗褐色横线。近中室有不明显的新月形暗色纹。后缘近臀角处颜色较浓，其前方有 1 块褐色圆斑。后翅暗褐色，臀角处有 2 个褐色圆斑。

寄主：栗、栎、槠树、核桃、枇杷等。

分布：我国分布于东北地区及北京、河北、山东、山西、陕西、河南、安徽、湖北、湖南、江西、广东、广西、云南、贵州、江苏、浙江、福建、台湾等地；国外见于俄罗斯、朝鲜半岛、日本。

生物学特性：1 年 2 代，以蛹在浅土层由丝和土粒混合结成的茧中越冬。成虫发生期为 4—8 月，昼伏夜出，有趋光性，寿命平均 22 d。卵产于枝干上，以枝杈下部较多，散产或数粒产在一起。幼虫孵化后取食叶肉，食量随龄期增加而增大。

栗六点天蛾

18.6 椴六点天蛾 *Marumba dyras* (Walker, 1856)

翅展 90~125 mm。体、翅灰黄褐色，胸部、腹部背线呈深棕色细线，腹部各节间有棕色环，胸、腹部腹面赤色。前各横线深色，外缘齿状棕黑色，后角内侧有棕黑色斑。中室端有小白点 1 个，自点上方顺横间有向前上方伸展的深色月牙纹 1 个。后翅茶色，前稍黄，后角向内有棕黑色斑 2 个。前、后翅反面赤褐色，前翅中、外横线显著，顶角及后角呈鲜艳的茶褐色；后翅各横线棕黑色，后角黄褐色，缘毛白色。

寄主：椴树。

分布：我国分布于北京、河北、辽宁、江苏、江西、浙江、湖南、海南、云南等地。

生物学特性：北京 6—8 月灯下可见成虫。

椴六点天蛾

18.7 枣桃六点天蛾 *Marumba gaschkewitschi* (Bremer & Grey, 1853)

别名： 桃六点天蛾、枣天蛾、枣豆虫、桃雀蛾。

体长 36~46 mm，翅展 82~125 mm。头细小，体肥大，深褐色至灰紫色，背线棕色。触角栉齿状，米黄色，复眼紫黑色。前翅狭长，灰褐色，有数条较宽的深浅不同的褐色横带，外缘有 1 条深褐色宽带，后缘臀角处有 1 块黑斑，前方有 1 个黑点，前翅反面具紫红色长鳞毛。后翅近三角形，上有红色长毛，翅脉褐色，后缘臀角有 1 个灰黑色大斑，后翅反面灰褐色。

寄主： 桃、杏、枣、苹果、海棠、梨、葡萄等果树。

分布： 全国各地。

生物学特性： 1 年 2 代，以幼虫啃食叶片，发生严重时，常逐枝吃光叶片，甚至全树叶片被食殆尽，严重影响产量和树势。以蛹在地下 5~10 cm 深处的蛹室中越冬，越冬代成虫于 5 月中下旬出现，昼伏夜出，具趋光性。卵产于树枝阴暗处、树干裂缝内或叶片上，散产。每雌蛾产卵量为 170~500 粒。卵期约 7 d。第 1 代幼虫在 5 月下旬至 6 月发生为害。6 月下旬幼虫老熟后，入地作穴化蛹，7 月上旬出现第 1 代成虫，7 月下旬至 8 月上旬第 2 代幼虫开始为害，9 月上旬幼虫老熟，入地作茧化蛹越冬。

枣桃六点天蛾

18.8 锯翅天蛾 *Langia zenzeroides* Moore, 1872

别名：川锯翅天蛾。

体型巨大，翅展 100~156 mm。体翅闪蓝灰色光泽，胸部背板黄褐色，腹部灰色，近端部有 3 条灰色纵带，纵带下方有黑斑。前翅各横线不显著，自翅基至顶角有斜向的白色带，并散布有紫黑色细点，自顶角至后缘中央有 3 条断续的紫黑色斜纹；外缘锯齿状，缘毛灰褐色，外缘线呈波状紫黑色。中室端有 1 个三角形紫黑色斑。后翅褐灰色，近后角有白色和紫黑色条斑，外缘线黑紫色，缘毛黄色，端部灰黑色。前、后翅反面枯灰色，散点有紫色。

寄主：桃、杏、樱桃、李、梅等。

分布：我国分布于北京、河北、浙江、福建、台湾、湖北、广东、四川、云南、西藏等地；国外分布于日本、朝鲜半岛、泰国、尼泊尔、不丹、越南、巴基斯坦、印度。

生物学特性：幼虫取食寄主叶片，在北京 1 年 1 代，以蛹过冬，北京 5 月灯下可见成虫，不常见。

锯翅天蛾

18.9 钩月天蛾 *Parum colligata* (Walker, 1856)

翅展 65~90 mm。体翅褐绿色，胸部背板及肩板棕褐色。前翅亚基线灰褐色，内横线与外横线之间呈较宽的茶褐色横带，中室末端有 1 个小白点，外横线暗紫色，顶角有新月形暗紫色斑，四周白色。顶角至后角间有向内呈弓形的白色带；后翅浓绿色，外横线色较浅，后角有 1 块棕褐色月牙斑。

寄主：构树、桑树。

分布：我国分布于北京、河北、内蒙古、吉林、辽宁、河南、山东、陕西、青海、湖南、广东、海南、广西、贵州、四川、福建、台湾等地；国外见于朝鲜半岛、日本、俄罗斯。

生物学特性：北方 1 年 1 代，以蛹过冬，7 月灯下可见成虫。

钩月天蛾

18.10 榆绿天蛾 *Callambulyx tatarinovi* (Bremer & Crey, 1853)

别名：云纹天蛾。

翅展 57~82 mm。翅面深绿色，胸背具近菱形黑绿色斑，腹部背面粉绿色，每节后缘有 1 条棕黄色横纹，有时虫体失绿。前翅顶角有 1 块较大的三角形深绿色斑，内横线外侧有 1 块深绿色斑，外横线有 2 条弯曲波状纹，前翅反面近基部后缘淡红色。后翅大部分红色，近后缘墨绿色；后翅反面黄绿色。

寄主：榆树、柳树、杨树、槐树、构树、桑树等。

分布：我国分布于北京、河北、黑龙江、吉林、辽宁、内蒙古、山西、河南、山东、陕西、甘肃、宁夏、新疆、上海、浙江、湖南、湖北、四川、福建、西藏等地；国外见于蒙古国、朝鲜半岛、俄罗斯。

生物学特性：在北京 1 年 2 代，以蛹在土壤中越冬。翌年 5 月出现成虫，6—7 月为羽化高峰。成虫昼伏夜出，趋光性较强，卵散产在叶片背面。6 月上中旬见卵及幼虫，6—9 月为幼虫为害期，9—10 月老熟幼虫入土化蛹越冬。

榆绿天蛾

18.11 黄脉天蛾 *Laothoe amurensis* (Staudinger, 1892)

雌蛾体长 33~44 mm，翅展 89~95 mm；雄蛾体长 32~46 mm，翅展 88~92 mm。触角棕灰色，主干背面白色，长 12~13 mm，共 40 节。雌蛾触角细栉齿状，雄蛾较粗，双栉齿状。侧背片发达，胸背及翅基部被毛，蓬松且较长。雌蛾腹末锐尖，雄蛾腹末盾圆。前翅外缘波状，M_2 处凹入，臀角圆凸，中部具 1 条很宽的褐色带，翅脉黄色。后翅宽而略圆，外缘在 Rs 与 M_1 处凸出，停歇时半露于前翅外缘外。

寄主：杨、柳、桦、椴等。

分布：我国分布于东北、华北、内蒙古、四川、重庆、新疆等地；国外见于蒙古国、日本、俄罗斯。

生物学特性：在北京 1 年 1 代，以蛹过冬。

黄脉天蛾

18.12 盾天蛾 *Phyllosphingia dissimilis* (Bremer, 1861)

别名：核桃叶天蛾。

体长 33~37 mm，翅展 90~115 mm。下唇须红褐色。体翅灰褐色；胸部背中线棕黑色，较宽，腹部背中线紫黑色，较细。前翅基部色稍暗，内、外两线色稍深，前缘中央有较大的紫色盾形斑 1 块，周围色显著加深，外缘锯齿状色较深。后翅有 3 条波浪状横带，外缘紫灰色不整齐。停栖时后翅前缘凸出在前翅前方，雌雄差异不大。

寄主：核桃、山核桃。

分布：我国分布于北京、河北、陕西、甘肃、黑龙江、山东、浙江、湖南、台湾等地；国外见于朝鲜半岛、日本、俄罗斯。

生物学特性：北京 6—8 月灯下可见成虫。

盾天蛾

18.13 蓝目天蛾 *Smerinthus planus* Walker, 1856

别名：柳天蛾、蓝目灰天蛾。

体长 30~35 mm，翅展 66~106 mm。体翅灰黄色至淡褐色。触角淡黄色，复眼大，暗绿色。胸部背面中央有 1 个深褐色大斑。前翅顶角及臀角至中央有三角形浓淡相交暗色云状，外缘翅较直，近后角具 1 个小缺刻。后翅淡黄褐色，中央紫红色，有 1 个深蓝色圆形眼状斑，黑边内衬蓝色。

寄主：杨、柳、梅花、桃花、樱花等。

分布：我国分布于北京、河北、辽宁、吉林、黑龙江、内蒙古、河南、山东、江苏、上海、浙江、安徽、江西、陕西、宁夏、甘肃等地；国外见于蒙古国、朝鲜半岛、日本、俄罗斯。

生物学特性：在北京 1 年 2 代，以蛹在寄主根际土壤中越冬。翌年 5—6 月羽化为成虫，成虫昼伏夜出，有趋光性。卵多散产在叶背枝条上，每雌蛾可产卵 200~400 粒，卵经 7~14 d 孵化为幼虫。幼虫可将叶片吃成缺刻，严重时可吃尽叶片，仅留光枝。老熟幼虫在化蛹前 2~3 d，体背呈暗红色，从树上爬下，钻入土中 55~115 mm 处做成土室后即蜕皮化蛹越冬。

蓝目天蛾

18.14 甘薯天蛾 *Agrius convolvuli* (Linnaeus, 1758)

别名：旋花天蛾、白薯天蛾、甘薯叶天蛾。

体长 50 mm，翅展 80~120 mm。体翅暗灰色，肩板有黑色纵线。腹部背面灰色，两侧各节有白、红、黑 3 条横带组成的斑纹。前翅内横线、中横线及外横线各为 2 条深棕色的尖锯齿状带，顶角有黑色斜纹。后翅有条暗褐色横带，缘毛白色。

寄主：白薯、牵牛花、旋花、魔芋、蕹菜、扁豆、赤豆等。

分布：世界性分布。

生物学特性：在北京 1 年 1 代或 2 代，以老熟幼虫在土中 5~10 cm 深处作室化蛹越冬。成虫于 5 月或 10 月上旬出现，有趋光性，卵散产于叶背。在华南于 5 月底见幼虫为害，以 9—10 月发生数量较多，幼虫取食蕹菜叶片和嫩茎，高龄幼虫食量大，严重时可把叶食光，仅留老茎。北方 5 月下旬或 10 月上旬各有一个成虫高峰期。

甘薯天蛾

18.15 丁香天蛾 *Psilogramma increta* (Walker, 1865)

体长 32~38 mm，翅展 108~126 mm。前胸肩板两侧具黑色纵线，后缘具 1 对黑斑，内侧上方具白斑，白斑下具黄白色条斑。腹部背线黑色，两侧有较宽的棕黑色纵带，胸、腹部腹面白色。前翅灰白色，各横线不明显，中室有灰黄色小圆点，周围有较厚的黑色鳞，形成不规则的短横带。中部具 3 条黑色条纹，有时翅中的黑色条纹增加，或扩大成片状的黑色区域，顶角处具 1 条弯曲的黑纹。后翅棕黑色，外缘有白色断线，后角有两块椭圆形灰白色斑。

寄主： 丁香、梧桐、女贞、白蜡、梣树等。

分布： 我国分布于北京、河北、陕西、辽宁、山西、河南、山东、上海、江苏、浙江、江西、福建、湖北、湖南、广东、海南、四川、云南、贵州、香港、台湾等地；国外见于日本、朝鲜半岛。

生物学特性： 1 年 2 代，以蛹过冬。卵散产于寄主叶背或叶柄上。北京灯下 5—8 月灯下可见成虫。

丁香天蛾

18.16 松黑天蛾 *Hyloicus caligineus sinicus* Rothschild et Jordan, 1903

别名：华松天蛾。

翅展 60~80 mm。体翅灰褐色，胸部前缘及两侧具黑纹，前翅中部至少具 3 条黑纹，顶角具中断的黑纹，缘毛白色，具黑斑列。

寄主：多种松树。

分布：我国分布于北京、天津、河北、山东、陕西、江苏、上海、浙江、湖北、湖南、四川、广东、云南；国外见于朝鲜半岛。

生物学特性：北京 4、5、7、8 月灯下可见成虫。

松黑天蛾

18.17 红节天蛾 *Sphinx ligustri* Linnaeus, 1758

翅展 64~100 mm。头部灰褐色，胸部背面棕黑色，颈板及肩板两侧灰粉色，后胸后缘有丛状白梢毛。腹部背线黑色较细，各节两侧前半部粉红色，后半部有较窄的黑色横带斑。前翅灰黑色，亚前缘具白色纵带。后翅烟黑色，基部粉褐色，中央有 1 条前、后翅近似连接的黑色斜带，带的下方粉褐色。

寄主：水蜡树、丁香、梣皮、山梅、女贞等。

分布：我国东北、华北、西北和华中等地区均有分布；国外欧亚大陆等广泛分布。

生物学特性：1 年 1 代。老熟幼虫在寄主附近的浅土层、石块下或枯枝落叶层下结半丝半土的虫茧，并在茧内化蛹过冬，翌年 7 月羽化为成虫，产卵于寄主叶片上，卵分散单产。北京 5—8 月灯下可见。

红节天蛾

18.18 绒星天蛾 *Dolbina tancrei* Staudinger, 1887

别名：星绒天蛾。

翅展 50~82 mm。体灰褐色至黑褐色，体色变异较大，有时被绿色鳞片。腹部背线由较大的黑点组成，尾端成黑斑，胸、腹部的腹面黄白色，中央有几个较大的黑斑。前翅内、中、外线均由深色的波状纹组成，中室有 1 个明显的白星。后翅棕褐色，缘毛灰白色。

寄主：女贞、榛、白蜡树等。

分布：我国分布于北京、河北、辽宁、黑龙江、江苏、浙江、四川、云南等地；国外见于朝鲜半岛、日本、俄罗斯。

生物学特性：1 年 2 代，以蛹过冬。成虫具趋光性，4—8 月灯下可见成虫。

绒星天蛾

18.19 葡萄天蛾 *Ampelophaga rubiginosa* Bremer & Grey, 1853

翅展 72~110 mm，体肥大呈纺锤形，体翅茶褐色。体背中央自前胸到腹端有 1 条灰白色纵线，复眼后至前翅基部各有 1 条灰白色较宽纵线。前翅各横线均为暗茶褐色，中横线较宽，内横线次之，外横线较细呈波纹状，前缘近顶角处有 1 个暗色三角形斑，斑下接亚外缘线，亚外缘线呈波状，较外横线宽。后翅周缘棕褐色，中间大部分为黑褐色，缘毛色稍红。翅中部和外部各有 1 条暗茶褐色横线，翅展时前、后翅两线相接，外侧略呈波纹状。前、后翅反面红褐色。

寄主：葡萄、爬山虎、黄荆、乌蔹莓等。

分布：我国分布于北京、河北、河南、山西、山东，以及东北、西北、华南等区域。

生物学特性：1 年 2 代，以蛹于表土层内越冬。翌年 6 月中下旬为羽化盛期，成虫昼伏夜出，有趋光性。卵多产于叶背或嫩梢上，散产，每雌一般可产卵 400~500 粒。6 月中旬田间始见幼虫，幼虫活动迟缓，一枝叶片食光后再转移邻近枝。6—8 月灯下可见成虫。

葡萄天蛾

18.20 鼠天蛾 *Sphingulus mus* Staudinger, 1887

翅展 57~60 mm。体灰色，胸背无斑纹，腹背中线为不明显的灰褐色细线，两侧有褐斑列。前翅灰色，中室端具明显的白点，外横线呈锯齿状，有时不甚明显，缘毛白色有褐斑列。

寄主：暴马丁香。

分布：我国分布于北京、河北、陕西、甘肃、黑龙江、山西、河南、山东、浙江、湖北等地；国外见于朝鲜半岛和俄罗斯。

生物学特性：1 年 1 代，5—7 月灯下可见成虫。

鼠天蛾

18.21 葡萄缺角天蛾 *Acosmeryx naga* (Moore, 1858)

翅展 105~110 mm。体灰褐色，颈板及肩板边缘有白色鳞毛，腹部各节有棕色横带。前翅各横线棕褐色，亚外线伸达后角，在顶角缺失。顶角处有深棕色三角形斑及灰白色月牙形纹，中室端近前缘有灰褐色盾形斑。后翅前缘及内缘灰褐色，中部及外缘茶褐色，有棕色横带，翅反面锈红色，前缘及外缘灰褐色，后翅各横线明显赭褐色。

寄主：葡萄、蛇葡萄、猕猴桃、爬山虎、葛藤等。

分布：我国分布于北京、河北、浙江、湖北、湖南、海南、台湾等地；国外见于日本、朝鲜半岛和印度。

生物学特性：1年1代，4—7月灯下可见成虫。

葡萄缺角天蛾

18.22 喜马锤天蛾 *Neogurelca himachala sangaica* (Bulter, 1876)

别名：奇翅天蛾。

体长 20 mm 左右，翅展 34~46 mm。腹背两侧具片状外突的灰色鳞束。前翅狭长，外缘锯齿状，后翅前缘深度弯曲，具 2 个半圆形外突，停休时伸出前翅前缘之外。

寄主：茜草科牛皮冻。

分布：我国分布于北京、河北、陕西、上海、浙江、福建、台湾、湖南、广东、香港、西藏等地；国外见于日本和朝鲜半岛。

生物学特性：成虫善访花，其喙长约 15 mm。阴天或晴天清晨和傍晚时，悬停访花。成虫具趋光性和假死性，3 月和 7 月灯下可见成虫。

喜马锤天蛾

18.23 小豆长喙天蛾 *Macroglossum stellatarum* (Linnaeus, 1758)

体长 28~36 mm，翅展 40~74 mm。头、胸部背面灰褐色，腹部灰褐色，两侧有白色和黑色斑，末端具黑色毛丛。前翅灰黑色，内线和中线弯曲，黑褐色，外横线不甚明显，中室上有 1 个黑色小点，缘毛棕黄色。后翅橙黄色，基部及外缘有暗褐色带，翅的反面暗褐色并有橙色带，基部及后翅后缘黄色。

寄主： 豆科植物及土三七、蓬子菜等茜草科植物。

分布： 我国分布于北京、河北、吉林、辽宁、河南、山东、山西、陕西、青海、甘肃、内蒙古、新疆、四川、广东等地；国外见于日本、朝鲜半岛、东南亚、欧洲等地。

生物学特性： 1 年 1 代，以成虫在阳面沟壑缝隙及建筑物内越冬。翌年 5 月始见成虫白天访花，取食花蜜补充营养，盘旋飞翔时既能前进也能后退。4 月、7 月、9 月灯下可见成虫。

小豆长喙天蛾

18.24 深色白眉天蛾 *Hyles gallii* (Rottemburg, 1775)

翅展 65~85 mm。体翅墨绿色，胸部背面褐绿色，腹部背面两侧有黑、白色斑，腹面墨绿色，节间白色。前翅前缘墨绿色，翅基有白色鳞毛，自顶角至后缘基部有污黄色横带，亚外缘线至外缘呈灰褐色带。后翅基部黑色，中部有污黄色横带，后角内有白斑，斑外侧有暗红色斑。横带外侧黑色，外缘线黄褐，缘毛黄色。前、后翅反面灰褐色，前翅中室及后翅中部的横线及后角黑色，中部有污黄色近长三角形大斑。

寄主：茜草、凤仙、大戟、柳叶菜等植物。

分布：我国分布于北京、河北、陕西、甘肃、云南等地；国外见于日本、俄罗斯、尼泊尔、中亚至欧洲、北美。

生物学特性：1年1代，以蛹过冬。初龄幼虫常将叶片食成缺刻与孔洞，严重时仅留叶柄或部分粗叶脉。成虫具趋光性，5—8月灯下可见成虫。

深色白眉天蛾

18.25 八字白眉天蛾 *Hyles livornica* (Esper, 1780)

别名：白条赛天蛾、锦天蛾。

体长 31~39 mm，翅展 65~90 mm。前胸背部密披灰褐色鳞毛，并经触角之间向前延伸至头顶两端，两侧镶以白色鳞片带，中间有明显"八"字白色纹。腹部较胸部色淡，腹部 1~2 节侧面有黑、白色斑。前翅前缘茶褐色，翅后缘及外缘白色，从顶角向翅外缘基部有污黄色斜带，翅脉白色。后翅基部黑色，臀角处有 1 个大白斑。前、后翅反面灰黄色，前翅端黑条斑可见。

寄主：沙棘、沙枣。

分布：我国分布于北京、河北、黑龙江、山西、陕西、宁夏、甘肃、内蒙古、新疆、江西、浙江、台湾、湖南、四川、云南、西藏等地；国外见于蒙古国、日本、俄罗斯。

生物学特性：1 年 2 代，以蛹在土壤内越冬。翌年 5 月中旬羽化成虫，5 月下旬产卵，幼虫共有 5 龄，历期 20~30 d。6 月上旬为幼虫盛发期，6 月下旬幼虫入土化蛹。第 2 代幼虫 7 月中下旬盛发，8 月间入土化蛹越冬。越冬代蛹期长达 250 d。成虫具趋光性，5—6 月灯下可见成虫。

八字白眉天蛾

18.26 白环红天蛾 *Deilephila askoldensis* (Oberthür, 1879)

前翅长 25 mm 左右。体赤褐色，头至肩板四周有灰白色毛，颈后缘毛白色；腹部两侧橙黄色，各节间有白色环纹。前翅狭长，橙红色，内横线不明显，中线较宽棕绿色，外线呈较细的波状纹，顶角有 1 条向外倾斜的棕绿色斑，外缘锯齿形，各脉端部棕绿色。后翅基部及外缘棕褐色，中间有较宽的橙黄色纵带，后角向外突出。

寄主：山梅花、紫丁香、秦皮、梣皮、葡萄、鼠李。

分布：我国分布于北京、天津、河南、黑龙江等；国外见于日本、朝鲜半岛、俄罗斯。

生物学特性：1 年 1~2 代，5 月、8 月灯下可见成虫。

白环红天蛾

18.27 红天蛾 *Deilephila elpenor* (Linnaeus, 1758)

别名： 红夕天蛾、暗红天蛾、葡萄小天蛾、累氏红天蛾。

体长 33~40 mm，翅展 52~75 mm。体、翅以红色为主，有红绿色闪光，头部两侧及背部有两条红色纵带，腹部背线红色，两侧黄绿色，外侧红色，腹部第 1 节两侧有黑斑。前翅基部黑色，前缘及外横线、亚外缘线、外缘及缘毛为暗红色，外横线近顶角处较细，越向后缘越粗，中室有 1 个白色小点。后翅红色，靠近基半部黑色。翅反面色较鲜艳，前缘黄色。

寄主： 凤仙花、柳兰、忍冬、秋兰、茜草科、柳叶菜科、草花类、葡萄等。

分布： 我国分布于北京、河北、黑龙江、吉林、辽宁、四川、重庆、新疆、山东、陕西、山西、江苏、安徽、上海、浙江、湖北、云南、贵州、湖南、江西、福建等地；国外见于朝鲜半岛、日本、蒙古国、俄罗斯。

生物学特性： 1 年 2 代，以蛹在浅土层中过冬。成虫具趋光性，白天躲在树冠阴处和建筑物等处，傍晚出来活动、交尾、产卵。卵产在寄主花卉的嫩梢及叶片端部。

红天蛾

18.28 雀纹天蛾 *Theretra japonica* (Boisduval, 1869)

别名：爬山虎天蛾。

体长 27~38 mm，翅展 59~80 mm。体绿褐色，体背略呈棕褐色。头、胸部两侧及背部中央有灰白色绒毛，背线两侧有橙黄色纵线；腹部两侧橙黄色，背中线及两侧有数条不甚明显的灰褐色至暗褐色平行纵线。前翅黄褐色或灰褐色微带绿，后缘中部白色，中室上有 1 个小黑点，翅顶至后缘有 6~7 条暗褐色斜线，上面 1 条最显著，第 2 与第 4 条线之间色较淡；外缘有微紫色的带。后翅黑褐色，臀角附近有橙黄色的三角形斑，外缘灰褐色，有不明显的黑色横线，缘毛暗黄色。

寄主：爬山虎、常春藤、麻叶绣球、大绣球等。

分布：全国广泛分布；国外见于朝鲜半岛、日本、俄罗斯。

生物学特性：华北地区 1 年 1~2 代，以蛹越冬，翌年 6—7 月出现成虫，7—8 月幼虫陆续发生为害。10 月幼虫老熟，入土化蛹越冬。成虫具趋光性，飞翔力强，6—8 月灯下可见成虫，喜食糖蜜汁液。

雀纹天蛾

18.29 芝麻鬼脸天蛾 *Acherontia lachesis* (Fabricius, 1798)

别名：芝麻天蛾、人面天蛾、鬼面天蛾。

翅展 100~125 mm。胸部背面有鬼脸形斑纹，眼点斑以上有灰白色大斑，腹部黄色，各环节间有黑色横带，背线蓝色较宽。前翅黑色、青色、黄色相间，内横线、外横线各由数条深浅不同的波状线条组成，中室有 1 个灰白色点。后翅黄色，基部、中部及外缘处各有 1 条较宽的黑色带，后角附近有 1 块灰蓝色斑。

寄主：茄科、豆科、木犀科、紫葳科、胡麻科、唇形科等植物。

分布：我国分布于北京、河北、吉林、河南、山东、陕西、安徽、湖南、江西、海南、广东、广西、云南、浙江、福建、台湾等地；国外见于日本、俄罗斯。

生物学特性：1 年 1 代，以蛹越冬。7—8 月出现成虫，飞翔力不强，常隐蔽在寄主叶背，趋光性强。

芝麻鬼脸天蛾

第十九章
波纹蛾科 Thyatiridae

体中等大小。外形更似夜蛾,有单眼,下唇须小,喙发达,触角丝状。前翅中室后缘翅脉三叉式。后翅 Sc+R$_1$ 脉与中室前缘平行,在中室末端与 Rs 脉接近或接触,其基部与中室分离。爪形突三叉。休息时两翅常围在体侧呈筒形。本科广泛分布,以古北区和东洋区最为丰富,世界已知 200 多种,我国已知 80 多种。本书记录 5 种。

19.1 点太波纹蛾 *Tethea octogesima* (Butler, 1878)

翅展 39~44 mm。头和前胸浅灰色或黑棕色,胸部和腹部棕色。前翅短而宽,底色呈浅灰色至深灰色;中带明显,浅灰色,内有圆形斑和横脉斑,其中圆形斑白灰色具深棕色边,较大,椭圆形,中央有 1 个黑色小斑点;横脉斑呈狭长的椭圆形,白灰色具深棕色边,在其中间下方有 1 个较大的黑色斑点。外区白棕色。顶斑白灰色,翅顶有 1 条黑色斜纹。后翅浅棕色,有 1 条狭窄的不规则浅色外带。外带与翅外缘间区域深棕色。缘毛色浅。

寄主:栎属植物。
分布:我国分布于北京、黑龙江、浙江、湖北、四川、陕西、台湾等地;国外见于日本。
生物学特性:5—9 月灯下可见成虫。

点太波纹蛾

19.2 太波纹蛾 *Tethea ocularis* Linnaeus, 1767

别名：沤泊波纹蛾。

翅展 32~40 mm。头部暗灰褐色，颈板灰白色，前缘有 1 条黑褐色线，后缘有 1 条暗红褐色线，胸部灰棕色，前半部略带玫瑰棕色，腹部基部白棕灰色，腹部其余部分浅棕灰色。前翅白灰色，带玫瑰棕色，亚基线灰色，内线和外线双线在前缘相平行，翅顶角有 1 条黑色斜纹和 1 个灰白色斑，环纹淡黄白色，下半部中央有 1 个黑点，肾纹"8"字形，黄白色有 2 个黑点。后翅浅棕灰色，基半部色浅，外线呈灰色宽带，外缘褐色，缘毛白色。

寄主：杨、山杨等杨属植物。

分布：我国分布于北京、河北、内蒙古、黑龙江、吉林、辽宁、陕西、青海、新疆等地；国外见于朝鲜半岛、俄罗斯远东地区至欧洲。

生物学特性：5—7 月灯下可见成虫。

太波纹蛾

19.3 白太波纹蛾 *Tethea albicostata* (Bremer, 1861)

翅展 38~44 mm。头、触角和颈斑偏浅黑色，胸部灰棕色，腹部浅棕色。前翅灰褐色，带紫红色，前缘灰白色；内线外斜，中部向外弯曲，外线双线，内一线黑褐色。环纹、肾纹浅灰白色，黑褐边，内具黑褐斑，亚端线具不明显的向外剑纹。翅顶角有 1 条黑色斜纹，顶斑白色。

寄主：不详。

分布：我国分布于北京、河北、陕西、甘肃、辽宁、吉林、黑龙江、浙江、湖北、湖南、四川等地；国外见于日本、朝鲜半岛、俄罗斯。

生物学特性：北京 6—8 月灯下可见成虫。

白太波纹蛾

19.4 宽太波纹蛾 *Tethea ampliata* (Butler, 1878)

别名： 阿泊波纹蛾。

翅展 40~45 mm。头部暗黑褐色，颈板白棕黄色，其后缘有棕褐色纹，胸部褐灰色，腹部基部暗棕灰色，腹部黑褐色。前翅白灰或灰褐色，翅基部和中部白色，翅顶有 1 个近三角形白斑，斑的下方在翅脉上常具剑形黑褐斑，环纹小，肾纹长横圆形，黑褐边，下半部中间具 1 条黑褐色纵线。

寄主： 槲栎。

分布： 我国分布于北京、陕西、甘肃、内蒙古、辽宁、吉林、黑龙江、山西、山东、浙江、江西、台湾、湖北、湖南、四川、云南等地；国外见于日本、朝鲜半岛、俄罗斯。

生物学特性： 北京 6 月灯下可见成虫。

宽太波纹蛾

19.5 华波纹蛾 *Habrosyne pyritoides* (Hufnagel, 1766)

别名：浩波纹蛾。

翅展约 45 mm。头部黄棕色，有白色斑，颈板红褐色，前缘有 1 条白色带和 1 条褐黑色线；胸部黄棕色，有白色和黄色纹。前翅内区基部橄榄绿色，其余部分似珍珠灰色，微带黄红褐色。前缘白色，基部亚中褶上有 1 条由白色竖鳞组成的斜纹，有丝状光泽，内线白色，呈 45°角外斜，内线外侧有 3~4 条赤褐色微弯曲的斜线，后半部模糊，外线在 M_1 脉与 2A 脉间有 4 条赤褐色和白色"Z"字形折曲的线，环纹和肾纹赤褐色，白色边，肾纹中央有 1 条白色短纹，亚端线为白色带，从顶角内弯至臀角，前端加宽，端线为 1 列新月形白斑，缘毛黄棕色与白色相间。后翅暗浅褐色，缘毛白色。

寄主：山楂属、桤木属、覆盆子、黑莓、草莓、黄荆等。

分布：我国分布于北京、河北、黑龙江、吉林、辽宁、陕西等地；国外见于日本、朝鲜半岛、俄罗斯远东地区至欧洲。

生物学特性：黑龙江地区 1 年 1 代，6—7 月出现成虫，以蛹越冬。

华波纹蛾

第二十章
燕蛾科 Uraniidae

中至大型种类，体一般细长而翅宽大，触角线状，色泽鲜明美丽，一部分像凤蝶，一部分像尺蛾。该科种类多白天活动，也有趋光性。燕蛾科世界已知 90 属 686 种，不少种类非常漂亮。本书记录 3 种。

20.1　斜线燕蛾 *Acropteris iphiata* (Guenée, 1857)

翅展 25~32 mm。翅银白色，顶角略尖，具锈色斑。前后翅面斜纹相通，斜纹棕褐或褐色，分为 5 组，中间被 1 条斜白带相隔，斜白带前方为浓褐色，中室全被盖覆，斜白带后侧第 1 组为浓褐色。后翅上有许多线纹，第 2 组只有 2 条斜线，在后翅变宽，中间有褐色散点，最外 1 组由 2 条细线组成。缘毛褐色至黑褐色。

寄主：萝藦、七层楼等萝藦科植物。

分布：我国分布于北京、陕西、辽宁、吉林、黑龙江、江苏、浙江、福建、湖北、广西、四川、贵州、云南、西藏等地；国外见于日本、朝鲜半岛、印度。

生物学特性：北方 6—9 月可见成虫在白天活动，也具趋光性。

斜线燕蛾

20.2 冥两齿燕蛾 *Epiplema styx* (Butler, 1881)

翅展 17~18 mm。翅褐色至棕褐色，中区黄白色，外区棕褐色，中间嵌灰白色区域，前后翅贯通。后翅有突角，中横线在突角处突出为尖状。

寄主： 蔷薇科、木犀科植物。

分布： 我国分布于北京等地；国外见于日本。

生物学特性： 7—8 月灯下可见成虫。

冥两齿燕蛾

20.3 黄纹双尾燕蛾 *Dysaethria flavistriga* (Warren, 1901)

翅面黄白色,外缘波形,顶角至外缘有褐色斑分布,后翅中央的黑色横斑内具白色纵向条纹。

寄主: 不详。

分布: 我国分布于北京、台湾等地;国外见于印度北部。

生物学特性: 北方成虫具趋光性,8—9月灯下可见成虫。

黄纹双尾燕蛾

第二十一章
尺蛾科 Geometridae

尺蛾科是鳞翅目中仅次于夜蛾科的大科。成虫小型至大型，通常中型。身体一般细长，翅宽较薄，静止时翅平展在身体两侧，常有细波纹。少数种类雌蛾的翅退化或消失。通常无单眼，毛隆小。喙发达。前翅有 1~2 个副室，R_5 与 R_3、R_4 共柄，M_2 通常靠近 M_1，但也有的居中。后翅 Sc 基部常强烈弯曲，与 Rs 靠近或部分合并。足细长，具毛或鳞，少数种的中足胫节偏宽，有毛刷。腹部细长，鼓膜器位于第 1 腹板两侧。成虫大部分夜行性，有趋光性，但有少数种类会在白天活动。尺蛾幼虫又称为"尺蠖"，俗称"步曲虫"或"弓腰虫"。其腹部只在第 6 节和末节上各有 1 对足，行动时身体一屈一伸，如同人用手量尺一样，由此而得名。休息时用腹足固定，身体前面部分伸直，与植物形成一角度，拟态如植物的枝条。目前，世界已知尺蛾科有 2 002 属 23 000 余种，中国有 2 000 多种，多数为农林业害虫。本书记录 83 种。

21.1 女贞尺蛾 *Naxa seriaria* (Motschulsky, 1866)

别名： 丁香尺蛾。

翅展 31~46 mm。体翅白色，微灰，具丝质光泽。前翅前缘近基部约 1/3 黑色，前后翅具黑点，内线 3 个，中室端 1 个，亚缘线 8 个，缘线 7 个。

寄主： 女贞、丁香、白蜡、水曲柳等多种植物。

分布： 我国分布于北京、河北、陕西、甘肃、宁夏、黑龙江、吉林、辽宁、山西、浙江、江西、湖北、湖南、福建、广西、四川等地；国外见于日本、朝鲜半岛、俄罗斯。

生物学特性： 幼虫结丝网，以 3~4 龄幼虫在树枝虫巢内越冬。成虫具趋光性，北京 7 月灯下可见。

女贞尺蛾

21.2 枯斑翠尺蛾 *Eucyclodes difficta* (Walker, 1861)

前翅长 14~19 mm。雄蛾触角双栉形，末端线形；雌蛾触角线形。胸部和腹部第 1 节背面绿色，腹部其余部分白色带黄褐色。翅绿色，外缘灰白色，后翅外部约有 1/3 为灰白色，满布枯褐色碎条纹。

寄主：柳、杨、桦等。

分布：我国分布于北京、河北、陕西、甘肃、内蒙古、辽宁、吉林、黑龙江、河南、江苏、上海、浙江、安徽、江西、台湾、湖北、湖南、重庆、云南等地；国外见于日本、朝鲜半岛、俄罗斯。

生物学特性：以卵越冬，1 年 1 代，幼虫体形似叶芽，老熟幼虫在叶片间结茧化蛹。北京 8 月灯下可见成虫。

枯斑翠尺蛾

21.3 赞青尺蛾 *Xenozancla vericolor* Warren, 1893

别名：枣灰银尺蛾。

体长 7~8 mm，翅展 18~24 mm。胸腹背面红褐色，腹部第 2~4 节背面有立毛簇。翅银灰色，具红褐色鳞片，外线呈黑点状，在前翅近后缘和后翅近前角呈黑线状。

寄主：枣。

分布：我国分布于北京、河北、河南、山东、陕西、湖北、广西、四川等地；国外见于印度。

生物学特性：5—9 月灯下可见成虫。

赞青尺蛾

21.4 青辐射尺蛾 *Iotaphora admirabilis* (Oberthür, 1884)

别名：华丽尺蛾。

翅展 45~53 mm。雄蛾触角双栉状，雌蛾微锯齿状。体翅青灰色，前翅近基部具黄色弧形斑纹，中室斑黑色，亚外缘为黄色带，之外为宽大的白色宽带，内有密集排列的黑色纵纹。

寄主：核桃、核桃楸。

分布：我国分布于北京、河北、陕西、甘肃、辽宁、吉林、黑龙江、山西、河南、浙江、江西、台湾、湖北、湖南、福建、广西、四川、云南等地；国外见于俄罗斯、越南。

生物学特性：以蛹越冬，翌年7—8月羽化。北京7月灯下可见成虫。

青辐射尺蛾

21.5 白带青尺蛾 *Geometra sponsaria* (Bremer, 1864)

翅展 34~43 mm。体翅绿或淡绿色，额棕色，头顶白色。雄蛾触角双栉形，雌蛾触角线形。前翅前缘淡黄褐色，内外横线直，淡黄褐色。后翅顶角圆，外线直，后翅中央具 1 条直的横线，较前翅粗壮，亚缘线波状或不明显。前后翅缘线黄褐色，缘毛白色。

寄主：槲树。

分布：我国分布于北京、甘肃、内蒙古、黑龙江、上海、浙江、湖南、四川等地；国外见于日本、俄罗斯。

生物学特性：北京 8 月灯下可见成虫。

白带青尺蛾

21.6 直脉青尺蛾 *Geometra valida* Felder & Rogenhofer, 1875

翅展 45~53 mm。翅绿色，有时前翅大部分绿色消失。前翅前缘灰白色，内线和外线白色，外线细，较直。后翅中部有 1 条线从前缘中部达后缘中部，亚端线细而不明显，尾突较为显著。

寄主： 栎、檫树、板栗、橡等。

分布： 我国分布于北京、河北、陕西、甘肃、宁夏、内蒙古、辽宁、吉林、黑龙江、山西、山东、湖南、四川、云南等地；国外见于日本、朝鲜半岛、俄罗斯。

生物学特性： 北京 6—7 月灯下可见成虫。

直脉青尺蛾

21.7 肾纹绿尺蛾 *Comibaena procumbaria* (Pryer, 1877)

翅展 20~25 mm。体背及翅绿色，有时体及翅灰白色。前翅前缘白色，臀角处具 1 个褐边白斑，后翅顶角处也有类似白斑，中间有 2 条褐线。前后翅外缘具波浪形褐线，中室各有 1 个黑点，有时前翅可见 2 条白色横线。

寄主： 荆条、胡枝子、茶、罗汉松、杨梅等植物。

分布： 我国分布于北京、河北、甘肃、山西、河南、山东、上海、浙江、江西、湖北、湖南、福建、台湾、广西、四川等地；国外见于日本、朝鲜半岛。

生物学特性： 北京 6—8 月灯下可见成虫。

肾纹绿尺蛾

21.8 肖二线绿尺蛾 *Thetidia chlorophyllaria* (Hedemann, 1879)

翅展约 23 mm。体背及翅绿色，前翅具 2 条白色细横线。后翅绿色，前缘具较宽的白色区域。

寄主：不详。

分布：我国分布于北京、河北、黑龙江、内蒙古、山东、青海、四川、陕西等地；国外见于蒙古国、俄罗斯。

生物学特性：北京 8 月灯下可见成虫。

肖二线绿尺蛾

21.9 细线无缰青尺蛾 *Hemistola tenuilinea* (Alphéraky, 1897)

前翅长 17~19 mm。雄雌触角均双栉形。体背面及翅绿色，腹部 3~5 节各具 1 个褐色毛丛。前翅前缘黄褐色，内线和外线淡黄色，波形或锯齿形。前后翅中部各具 1 个黄褐色点，周围有黄圈。后翅中部有锯齿形波浪线，外缘中部向外凸尖。前后翅缘线黑褐色，缘毛黄白色，翅脉端黑褐色。

寄主：多种栎属植物。

分布：我国分布于北京、黑龙江、辽宁、河南、湖北、湖南、广西、台湾等地；国外见于日本、朝鲜半岛。

生物学特性：北京 7 月灯下可见成虫。

细线无缰青尺蛾

21.10 折无缰青尺蛾 *Hemistola zimmermanni* (Hedemann, 1879)

前翅长 14~17 mm。触角双栉形，雄蛾栉枝长约为触角的 2 倍，雌蛾约为 1.5 倍。前翅前缘黄棕色或黄白色，内线近后缘具向外突的尖角。外线与外缘平行，但近后缘时稍折向外。后翅外缘中部外突，中线在中部弧形弯曲。

寄主：不详。

分布：我国分布于北京、河北、陕西、甘肃、辽宁、吉林、黑龙江、山西等地；国外见于朝鲜半岛、俄罗斯。

生物学特性：北京 7—8 月灯下可见成虫。

折无缰青尺蛾

21.11 遗仿锈腰青尺蛾 *Chlorissa obliterata* (Walker, 1862)

别名：遗仿锈腰尺蛾。

前翅长 9~10 mm。胸部土黄色，翅黄绿色。前翅前缘土黄色，内外线白色，内线弯曲，外线斜直。后翅宽圆，具 1 条弯曲外线。

寄主：栎、毛果一枝黄花。

分布：我国分布于北京、河南、黑龙江、四川、福建、湖南、浙江、山东、上海、甘肃、山西、江苏等地；国外见于日本、朝鲜半岛、俄罗斯。

生物学特性：7 月灯下可见成虫。

遗仿锈腰青尺蛾

21.12 萝藦艳青尺蛾 *Agathia carissima* Butler, 1878

翅展 27~34 mm。体焦枯色，翅翠绿色，前翅基部褐色，前缘灰白色，中线灰褐色，外缘约 1/4 紫褐色，顶角处具翠绿色斑。后翅外缘亦为紫褐色宽带，散有小绿斑，中部具小尾突。

寄主： 萝藦、隔山消等植物。

分布： 我国分布于北京、河北、陕西、甘肃、内蒙古、辽宁、吉林、黑龙江、山西、浙江、四川等地；国外见于日本、朝鲜半岛、俄罗斯、印度。

生物学特性： 北京 5—8 月灯下可见成虫，比较常见。

萝藦艳青尺蛾

21.13 散黑尺蛾 *Anticypella diffusaria* (Leech, 1897)

翅展 56~72 mm。雄蛾触角双栉形，末端一小段无栉枝，雌蛾线形。翅宽大，外缘波状。前翅横纹微弱，内、中、外横线隐约可见，在前缘可见黑斑，中横线在后缘可见黑斑，亚缘线呈大的暗褐斑，尤其在近臀角最为明显。

寄主：不详。

分布：我国分布于北京、甘肃、黑龙江、辽宁、河南、四川等地；国外见于朝鲜半岛、俄罗斯。

生物学特性：北京 7—8 月灯下可见成虫。

散黑尺蛾

21.14 黄缘伯尺蛾 *Diaprepesilla flavomarginaria* (Bremer, 1864)

前翅长约 21 mm。雄蛾触角双栉形，雌蛾触角线形。头胸黄色，胸部各节具 2 个黑斑，腹部浅灰黄色。翅白色，具众多灰黑斑，前后翅基部和外缘黄色，外缘黄色区内散布灰黑色小斑，缘毛黄黑相间。

寄主：不详。

分布：我国分布于北京、甘肃、内蒙古、辽宁、吉林、黑龙江、山西、湖南等地；国外见于朝鲜半岛、俄罗斯。

生物学特性：北京 7—8 月灯下可见成虫。

黄缘伯尺蛾

21.15 斑雅尺蛾 *Apocolotois arnoldiaria* (Oberthür, 1912)

雌雄二型。雌蛾无翅，体长 15~18 mm，棕褐色，胸部颜色较深。雄蛾前翅长约 25 mm，触角长，双栉齿状，前翅外带宽，中部具 2 个白点，外缘端部杏黄色；前后翅中室上各有 1 个暗点。

寄主： 水蜡、女贞、山杏、绣线菊、榆等。

分布： 我国分布于北京、青海、内蒙古、辽宁、吉林、黑龙江等地；国外见于俄罗斯。

生物学特性： 在东北地区 1 年 1 代，以卵越冬，9—10 月灯下可见成虫。

斑雅尺蛾

21.16 枯黄惑尺蛾 *Epholca auratilis* (Prout, 1934)

翅展 34~36 mm。体翅枯黄色，雄蛾色深，前翅具 3 条褐横线，外线与亚缘线在前半几乎相接，后半弧形分开，翅顶角处具 2 个白斑。后翅亚缘线大波浪形，在中部呈角形外突。

寄主：不详。

分布：我国分布于北京、陕西、甘肃、浙江、湖北、广西、四川、云南等地。

生物学特性：北京 7 月灯下可见成虫。

枯黄惑尺蛾

21.17 朝尺蛾 *Devenilia corearia* (Leceh, 1891)

翅展 24~27 mm。体翅黄褐色，翅面布褐色短碎纹，前翅顶角处颜色较浅，翅中部的褐带较宽。两翅反面中部均具较宽的褐带，前翅外缘褐色带较宽。

寄主：不详。

分布：我国分布于北京、河北、台湾等地；国外见于朝鲜半岛、俄罗斯。

生物学特性：北京 6—7 月灯下可见成虫。

朝尺蛾

21.18 桑尺蛾 *Phthonandria atrilineata* (Butler, 1881)

前翅长 19~22 mm，触角双栉状。体黄褐色，翅上密布黑褐色细横短纹，色斑变化大，前翅均可见 2 条细而曲折的黑色横线，其中外线在顶角下外突。后翅仅 1 条较直的横线。

寄主：桑。

分布：我国分布于北京、陕西、河北、河南、山东、江苏、浙江、安徽、江西、台湾、湖北、广东、四川、贵州等地；国外见于日本、朝鲜半岛。

生物学特性：幼虫取食桑叶，在江苏、浙江 1 年 4 代，以第 4 代幼虫潜入树隙或平伏枝上越冬。成虫具趋光性，北京 5 月、6 月、8 月灯下可见成虫。

桑尺蛾

21.19 角顶尺蛾 *Phthonandria emaria* (Bremer, 1864)

前翅长 18~20 mm。雌蛾触角线状，雄蛾触角双栉状。体背灰褐色至红褐色，胸部的颜色较深。前翅具 2 条黑褐色横线，内线在中部外突，外线波浪形，两线之间色较浅，与体腹同色，内线内侧和外线外侧常与胸背同色。后翅外线黑色，外侧褐色，端缘灰褐色，外缘锯齿形。

寄主： 女贞、丁香等。

分布： 我国分布于北京、河北、辽宁、吉林、黑龙江、内蒙古、山西、江西、湖南等地；国外见于日本、朝鲜半岛、俄罗斯。

生物学特性： 北京 5—8 月灯下可见成虫。

角顶尺蛾

21.20 苹烟尺蛾 *Phthonosema tendinosarium* (Bremer, 1864)

翅展 45~58 mm。雄蛾触角双栉齿状，雌蛾触角丝状。翅灰褐色，内、外横线茶褐色，中线不明显或端室处具 1 个茶褐斑；翅基及臀角外有明显带红褐色斑纹，有时不明显。

寄主：柳、水青冈、榆、桑、大波斯菊、蔷薇及枫属、杜鹃花属的多种植物。

分布：我国分布于北京、河北、陕西、甘肃、内蒙古、辽宁、吉林、黑龙江、山东、河南、四川等地；国外见于日本、朝鲜半岛、俄罗斯。

生物学特性：北京 6—8 月灯下可见成虫。

苹烟尺蛾

21.21 锯线尺蛾 *Phthonosema serratilinearia* (Leech, 1897)

雄蛾前翅长 25~31 mm，雌蛾前翅长 38 mm。雄蛾触角双栉形，端部无栉齿部分的长约为总长的 1/3。前翅灰色，中线可辨，在后缘处稍接近外线，外线深锯齿状，齿尖尖锐。前翅内线内侧和外线外侧明显黄褐色，外线外侧近后缘处常有 1 个黄褐色斑，缘线为 1 列黑点，有时消失。

分布：我国分布于北京、陕西、甘肃、山东、江苏、浙江、湖北、湖南、四川、贵州等地；国外见于朝鲜半岛、不丹。

生物学特性：北京 7—8 月灯下可见成虫。

锯线尺蛾

21.22 丝棉木金星尺蛾 *Abraxas suspecta* Warren, 1894

别名：金星尺蛾。

翅展 37~43 mm。翅银白色，具暗灰色斑纹，前翅翅基、前后翅臀角处锈黄色，前翅端室附近的灰黑色斑中隐约可见圆形的不完整的黑褐色斑。腹部黄色，背中线为黑斑，两侧有黑点。

寄主：丝棉木、木槿、卫矛、大叶黄杨、女贞、七里香、扶芳藤、杨、柳、榆、槐等多种植物。

分布：我国分布于北京、河北、陕西、甘肃、山西、山东、上海、江苏、江西、湖南、湖北、台湾、四川等地；国外见于日本、朝鲜半岛、俄罗斯。

生物学特性：1 年可发生 3 代，以蛹在土中越冬，5—9 月灯下可见成虫。

丝棉木金星尺蛾

21.23 醋栗尺蛾 *Abraxas grossulariata* (Linnaeus, 1758)

别名：醋栗斑尺蛾。

体长 10~14 mm，翅展 35~43 mm。体橙黄色，胸部、腹部杏黄色，各节背部有近三角形黑斑，两侧有黑色小圆点。翅底白色，上具许多横向灰色斑。前翅基线及外线黄色，均围以卵形黑棕色斑。后翅基调白色，由椭圆形黑棕色斑组成 2 列粗纹，内侧的一条断续。前后翅外缘黑棕色，缘毛棕色。

寄主：鹅莓、黑醋栗、乌荆子、榛、李、山榆等。

分布：我国分布于北京、河北、山东、黑龙江、吉林、内蒙古等地。

生物学特性：1 年 1 代，以低龄幼虫在枯枝落叶、树皮缝隙、杂草中越冬，7—8 月为成虫期。

醋栗尺蛾

21.24 中华鳌尺蛾 *Ligdia sinica* Yang, 1978

翅展 21~25 mm。头胸部黑色，腹部白色具黑斑，末端黑褐色。翅白色，翅外缘具较宽的黑褐带，前翅基部 1/3 为大黑斑，中部具明显的黑点，其上方具黑褐斑。

寄主：不详。

分布：我国分布于北京、河北。

生物学特性：北京 5—8 月灯下可见成虫。

中华鳌尺蛾

21.25 环缘奄尺蛾 *Stegania cararia* (Hübner, [1790])

翅展 20~21 mm。翅面淡黄色，具锈黄色至锈褐色鳞片，前翅前缘褐色，中室端具暗褐斑，亚缘线暗褐色，并在近中部及近后角伸向外缘，围成 3 个小室，前 2 个大小相近，后 1 个很小。亚缘线内侧的翅脉上常具暗褐色短纹。后翅斑纹与前翅相近。

寄主：杨。

分布：我国分布于北京、河南；国外见于俄罗斯远东地区至欧洲。

生物学特性：北京 5 月、8 月灯下可见成虫。

环缘奄尺蛾

21.26 榆津尺蛾 *Astegania honesta* (Prout, 1908)

翅展 24~29 mm。雄蛾触角双栉状，雌蛾线状。体背及翅黄褐色、淡褐色或橙灰色。前翅前缘具 2 个明显黑斑，中线和外线浅黄褐色，外线先斜伸向外，后折向内侧。后翅仅具 1 条不明显的中横线。

寄主：榆。

分布：我国分布于北京、天津、河北、内蒙古、山东等地；国外见于俄罗斯。

生物学特性：北京 4—8 月灯下可见成虫。

榆津尺蛾

21.27 红双线免尺蛾 *Hyperythra obliqua* (Warren, 1894)

翅展 38~40 mm。雌蛾触角线形，雄蛾触角双栉状。体翅灰黄或黄色，下唇须约 1/3 伸出额外，基大部黄色，额中部黄色，边缘及下唇须端部、触角基部白色有红斑。体背灰黄色。前翅外缘微波曲；后翅外缘在 M_3 以上锯齿形。前翅臀褶近基部处有 1 束翘起的鳞片。翅面黄色，散布灰褐色鳞，前翅内线红褐色，中点微小，深灰褐色，前翅前缘外 1/4 处至后翅后缘中部有 2 条斜线，内侧 1 条红褐色，外侧 1 条深灰褐色，两线间色较浅，斜线外侧大部红褐色。翅反面鲜黄色，具 2 条斜线，内线内侧和外线外侧红色。

寄主：栎。

分布：我国分布于北京、河北、陕西、甘肃、山东、江苏、浙江、江西、福建、湖南、广东、广西、四川、贵州等地。

生物学特性：北京 4—6 月灯下可见成虫。

红双线免尺蛾

21.28 黄双线尺蛾 *Erastria perlutea* Wehrli, 1939

前翅长 18~19 mm。体背及翅鲜黄色，雄蛾触角双栉状，雌蛾触角线形。翅面具褐色小断纹，翅中部具 2 条平行褐色细横线，外线近端部外侧具黄褐色斑纹，前翅数个，而后翅仅 1 个，缘线具褐边，锯齿形，后翅尤为明显。翅反面鲜黄色，具 2 条斜线，前翅外线外全为褐色，后翅外线外褐斑不达翅缘。

寄主：栎。

分布：我国分布于北京、山西、山东、江苏等地。

生物学特性：北京 7—8 月灯下可见成虫。

黄双线尺蛾

21.29 灰蝶尺蛾 *Narraga fasciolaria* (Hufnagel, 1767)

翅展 18~21 mm。前翅底色为黄色，有 5 条暗褐色条纹，有些个体条纹消失或部分消失。后翅中间 2 条暗褐色条纹较明显，内线和外形不连续。前后翅缘毛暗黑和黄色相间，反面条纹与正面对应，且比正面清晰。腹部每节前缘有白环。

寄主： 荒野蒿。

分布： 我国分布于北京、河北；国外见于欧洲、朝鲜半岛、俄罗斯等。

生物学特性： 7—8 月灯下可见成虫。

灰蝶尺蛾

21.30 苜蓿尺蛾 *Isturgia arenacearia* (Denis & Schiffermüller, 1775)

翅展 24~26 mm。体翅褐色或浅褐色。前翅中点黑色，中线有时模糊，外线金黄色，把前翅分为两部分，内侧褐色，外侧深褐色。后翅褐色，密布黑点纹，外线褐色，外侧比内侧颜色深。

寄主：苜蓿。

分布：我国多见于北方地区；国外见于阿塞拜疆。

生物学特性：1 年 2 代，6—8 月灯下可见成虫。

苜蓿尺蛾

21.31 橙斑庶尺蛾 *Macaria liturata* (Clerck, 1759)

翅展 22~29 mm。体翅灰色，腹部第 1~6 节背中线两侧有黑斑，有时不清晰。前后翅内、中、外 3 线黑色，前翅各线在近前缘处膨大为黑斑。外缘线内侧橙色，前翅近前缘处膨大为橙色斑。

寄主：松、柏。

分布：我国分布于北京等北方地区；国外见于日本、俄罗斯远东地区至欧洲，甚至北极地区等。

生物学特性：国外研究表明该虫喜欢针阔混交林。5—9 月灯下可见成虫。

橙斑庶尺蛾

21.32 上海枝尺蛾 *Macaria shanghaisaria* Walker, 1861

别名：上海庶尺蛾。

翅展 21~25 mm。头和体背黄白至浅黄褐色。雄蛾触角短双栉形，雌蛾线形。翅面污白至浅污黄色。前翅顶角凸出，其下方凹入明显，外缘中部凸出，前翅内线纤细，上半段弧形弯曲；前后翅中线双线，在前翅前缘形成黑斑，外线纤细，其外侧紧邻 1 条深灰褐色带，该带在前翅前缘下方形成 2 个小黑斑，前翅顶角下方凹入处具黑褐色缘线。后翅外缘中部凸出成尖角。

寄主：柳、杨。

分布：我国分布于北京、黑龙江、吉林、辽宁、上海等地；国外见于日本、朝鲜半岛、俄罗斯。

生物学特性：北京 8 月灯下可见成虫。

上海枝尺蛾

21.33 槐尺蛾 *Chiasmia cinerearia* (Bremer & Grey, 1853)

翅展 30~45 mm。体翅灰白色至灰褐色，具黑褐色斑点。前翅具3条横线，其中外线明显，在近前缘断裂，裂前的斑纹呈三角形，裂后多由3列黑斑组成，并被灰褐色翅脉分开。后翅具2条横线，外线双线，线外常具深褐色不规则纹，前后翅具中室端斑，外缘锯齿状。

寄主： 国槐，偶尔龙爪槐、刺槐可见。

分布： 我国分布于北京、天津、河北、陕西、宁夏、甘肃、辽宁、吉林、黑龙江、山西、河南、山东、江苏、安徽、浙江、江西、湖北、台湾、广西、四川、西藏等地；国外见于日本、朝鲜半岛。

生物学特性： 北京1年3~4代，以蛹在土中越冬，4—5月成虫羽化，5—6月幼虫孵化，老熟时吐丝下垂，随风飘荡，故名"吊死鬼"。8—9月第3代幼虫成熟，入土化蛹。成虫具趋光性，4—8月可见，7—8月蛾量较大。

槐尺蛾

21.34 格庶尺蛾 *Chiasmia hebesata* (Walker, 1861)

前翅长 12~13 mm。体背及翅灰褐色，翅面着生许多小褐点，翅基较多。前翅具 3 条褐色横线，外线近顶端明显外突，臀角处常深褐色。后翅具 2 条横线，外线中部外侧常具褐斑，前后翅中室斑点明显。

寄主：胡枝子。

分布：我国分布于北京、河北、青海、甘肃、辽宁、山西、河南、江苏、浙江、湖南、福建、台湾、广西、贵州等地；国外见于日本、朝鲜半岛、俄罗斯。

生物学特性：北京 5—8 月灯下可见成虫。

格庶尺蛾

21.35 金盅尺蛾 *Calicha nooraria* (Bremer, 1864)

别名：诺咖尺蛾。

翅展约 40 mm。体翅褐色，前翅中部具 3 条黑色横线，中线和外线后半部分接近，翅顶角处具 1 个黑褐斑，臀角处具 1 个大的浅褐色斑。翅缘具 1 列黑斑，新月形。后翅斑纹与前翅相近，外缘波浪形，比前翅明显。

寄主：不详。

分布：我国分布于北京、黑龙江、广东、云南等地；国外见于日本、朝鲜半岛、俄罗斯。

生物学特性：北京 5—6 月和 8 月灯下可见成虫。

金盅尺蛾

21.36 核桃四星尺蛾 *Ophthalmitis albosignaria* (Bremer & Grey, 1853)

翅展 39~51 mm。体背及翅灰白色，具黑斑，雌蛾、雄蛾触角均为双栉齿状。前后翅中线近前缘具1个中心为白色的星状斑。翅反面白色至浅灰色，中点巨大，黑褐色。

寄主：核桃。

分布：我国分布于北京、河北、陕西、甘肃、内蒙古、辽宁、吉林、黑龙江、山西、河南、安徽、江苏、浙江、江西、台湾、湖北、湖南、广西、四川、贵州、云南等地；国外见于日本、朝鲜半岛、俄罗斯。

生物学特性：北京 7 月灯下可见成虫。

核桃四星尺蛾

21.37 四星尺蛾 *Ophthalmitis irrorataria* (Bremer & Grey, 1853)

与核桃四星尺蛾相似，但体较小，4个星斑也小。翅展39~43 mm。体绿褐色或青灰白色。前后翅具多条黑褐色锯齿状横线，翅中部具1条肾形黑纹，前后翅上各具1个星状斑。后翅内侧有1条污点带，翅反面布满污点，外缘黑带不间断。

寄主：苹果、柑橘、海棠、鼠李等。

分布：我国分布于北京、河北、陕西、宁夏、甘肃、辽宁、吉林、黑龙江、浙江、江西、湖南、福建、台湾、广西、四川、云南等地；国外见于日本、朝鲜半岛、俄罗斯、印度。

生物学特性：北京6—7月灯下可见成虫。

四星尺蛾

21.38 短刺四星尺蛾 *Ophthalmitis brevispina* Jiang, Xue & Han, 2011

前翅长 26~35 mm。雄蛾、雌蛾触角均双栉形，末端无栉齿；雌栉齿较短，末端无栉齿部分较长。下唇须深灰褐色，尖端伸达额外。前后翅中的眼斑较小，前翅前缘具 4 个黑斑，外线在脉上呈黑点，亚缘线在脉间呈箭头形，部分脉间消失。

寄主：不详。

分布：我国分布于北京、甘肃。

生物学特性：北京 6 月灯下可见成虫。

短刺四星尺蛾

21.39 掌尺蛾 *Amraica superans* (Butler, 1878)

前翅长 28~35 mm；体翅灰黄色至灰褐色。雄蛾触角单栉状，栉枝长，但端部 1/3 线状；雌蛾触角线状。前翅翅基及翅顶角处常锈红色，中室端点大椭圆形，褐色，内线深褐色，波状，中线弱，不清楚，外线黑褐色，锯齿形，亚缘线灰白色，锯齿形。后翅隐约可见内、外线的褐色波状纹。

寄主：大叶黄杨、卫矛等。

分布：我国分布于北京、河北、陕西、甘肃、辽宁、吉林、黑龙江、山西、河南、江苏、上海、浙江、安徽、福建、台湾、湖南、湖北、四川、重庆、贵州、云南等地；国外见于日本、朝鲜半岛、俄罗斯。

生物学特性：北京 5—7 月灯下可见成虫。

掌尺蛾

21.40 焦边尺蛾 *Bizia aexaria* Walker, 1860

前翅长 19~34 mm。头深褐色，胸、腹和翅黄白色。前翅前缘散布小褐点，前缘具 3 个较大深褐斑，有时近顶角处的斑较小，外缘具褐色焦边，其内侧具 1 列小褐点，中室端具 1 个不明显的灰褐斑。后翅外缘顶部具褐色焦边。

寄主：桑。

分布：我国广泛分布（除新疆、青海）；国外见于日本、朝鲜半岛、越南。

生物学特性：北京 7 月灯下可见成虫。

焦边尺蛾

21.41 焦点滨尺蛾 *Exangerona prattiaria* (Leech, 1891)

雄蛾翅展 34~41 mm，雌蛾翅展 32~50 mm。雌蛾触角线状，雄蛾触角双栉状。体翅颜色斑纹有变，多黄色，散布褐色鳞片，前翅具 3 条褐色横带，外缘具 1 大片褐色区，其中具 1 个白点，雌蛾的褐色区常较大，白点明显。

寄主：栎、槭、漆树等。

分布：我国分布于北京、陕西、甘肃、山西、湖北、四川、云南等地；国外见于日本、朝鲜半岛。

生物学特性：北京 7 月灯下可见成虫。

焦点滨尺蛾

21.42 文蟠尺蛾 *Eilicrinia wehrlii* Djakonov, 1933

翅展 27~37 mm。翅外线以内浅褐色，外线外近白色，有时有暗色雾点，顶角略呈钩状，中室斑黑色，较大，在 M_2 脉有齿状突。外缘顶角下有 1 个近三角形的暗褐色大斑。后翅白色。

寄主： 不详。

分布： 我国分布于北京、辽宁、吉林、黑龙江等地；国外见于朝鲜半岛、日本、俄罗斯。

生物学特性： 北京 6—7 月灯下可见成虫。

文蟠尺蛾

21.43 碎木纹尺蛾 *Plagodis pulveraria* (Linnaeus, 1758)

翅展 31~34 mm。翅黄褐色，布满碎木纹，前缘黄色，中带深黄褐色，两侧浅黄褐色。后翅与前翅斑纹接续。

寄主： 不详。

分布： 我国分布于北京；国外见于欧洲。

生物学特性： 北京 7—8 月灯下可见成虫。

碎木纹尺蛾

21.44 隐尺蛾 *Heterolocha* sp.

体、翅黄白色，带黑色碎屑状纹，中室端斑黑色，外横线黑色，较粗，中部间断。

寄主：不详。

分布：北京。

生物学特性：北京 7—8 月灯下可见成虫。

隐尺蛾

21.45 小秋黄尺蛾 *Ennomos infidelis* (Prout, 1929)

翅展 33~43 mm。体翅浅黄色。前翅中部具深灰色中线和外线，中线在近前缘具 1 个折角；后翅无中线，外线消失或仅中段可见。前后翅外缘近中部凸出 1 个尖角，缘毛黄白色，翅脉端褐色。

寄主： 不详。

分布： 我国分布于北京、甘肃、内蒙古、辽宁、湖北等地；国外见于日本、俄罗斯。

生物学特性： 北京 7 月灯下可见成虫。

小秋黄尺蛾

21.46 雪尾尺蛾 *Ourapteryx nivea* Bulter, 1884

前翅长 25~37 mm。头颜面橙褐色，体翅白色，有浅褐散条纹，斜线浅褐色，腹部后半浅褐色。后翅外缘近中部凸出成尾状，内侧具 2 个赭色斑点，外侧比内侧大，外缘毛赭色。

寄主：栓皮栎、冬青、朴等。

分布：我国分布于北京、河北、内蒙古、陕西、浙江、安徽、四川等地；国外见于日本。

生物学特性：成虫具趋光性，北京 6—8 月灯下可见成虫。

雪尾尺蛾

21.47 膜薄尺蛾 *Inurois membranaria* (Christoph, 1881)

别名：樱桃薄尺蛾。

雌蛾无翅。雄蛾前翅黄白色至灰褐色，布黑色碎屑点纹，中室端斑黑色，外线黑色，略粗。缘线黑色，缘点黑色，缘毛黄白色。

寄主：核桃科、桦树科、山毛榉科、枫科、杜鹃科的一些种类。

分布：我国北京、江苏有记录；国外见于日本。

生物学特性：北京 6 月灯下可偶见此蛾。

膜薄尺蛾

21.48 桑褶翅尺蛾 *Apochima excavata* (Dyar, 1905)

体长 12~15 mm，翅展 38~50 mm。体灰褐色，头胸部多毛。雌蛾触角丝状；雄蛾触角羽状。翅面灰褐色，有赤色和白色斑纹，静止时前后翅皱叠竖起，颇为特别。后足胫节端具 2 对距。雌蛾尾部有 2 簇毛，雄蛾末端有成撮毛丛。

寄主：苹果、梨、核桃、槐、山楂、桑、榆、杨、刺槐、桃、柽柳等多种树木。

分布：我国分布于北京、河北、陕西、宁夏、新疆、河南等地；国外见于日本、朝鲜半岛。

生物学特性：1 年 1 代，成虫 3—4 月灯下可见。幼虫停息时呈齿轮状，肉刺的颜色有变化。

桑褶翅尺蛾

21.49 粉褶尺蛾 *Lomographa pulverata* (Bang-Haas, 1910)

头和体背黄白色，布满黑褐色小点。前翅中线和外线由小黑点组成，在前缘处加深成黑斑，外线中部外突。后翅中线和外线也由小黑点组成，比前翅稍细。

寄主：不详。

分布：我国分布于北京、山东、四川、云南等地；国外见于朝鲜半岛、俄罗斯。

生物学特性：北京6月灯下可偶见此蛾。

粉褶尺蛾

21.50 泼墨尺蛾 *Ninodes splendens* (Butler, 1878)

别名：朴妮尺蛾。

成虫翅展 16~18 mm。体背灰黄色或黑褐色。翅灰黄色，前翅基半部在中室以下和后翅基半部黑色或黑褐色，深色区具有银色鳞片，有时鳞片相对密集，各线波浪形，部分黑色。

寄主：朴树。

分布：我国分布于北京、河北、甘肃、内蒙古、山东、上海、福建、台湾、湖北、湖南、四川、辽宁、吉林、黑龙江等地；国外见于日本、朝鲜半岛。

生物学特性：北方 6 月或 8 月灯下可见成虫。

泼墨尺蛾

21.51 黄截翅尺蛾 *Hypoxystis pulcheraria* (Herz, 1905)

别名：黑边截翅尺蛾。

翅展 21~30 mm。翅浅黄色。前翅顶角尖喙状，内横线不明显，中点黑色，外横线明显向后缘直线倾斜。后翅外横线明显，但比前翅细。前后翅缘毛黑色，中间夹杂黄色。

寄主：不详。

分布：我国分布于北京、辽宁、吉林、黑龙江、云南、贵州、四川等地；国外见于日本、朝鲜半岛、俄罗斯。

生物学特性：北京 8 月灯下可偶见此蛾。

黄截翅尺蛾

21.52 双斜线尺蛾 *Megaspilates mundataria* (Stoll, 1782)

翅展 28~36 mm。触角双栉形，触角干白色，栉枝褐色，雄蛾栉枝比雌性长且多。体背及翅白色，具丝质光泽。前翅前缘和外缘褐色，并具 2 个褐色斜条，缘毛白色。后翅外缘褐色，近外缘具 1 条褐色斜纹，较细。

寄主：不详。

分布：我国分布于北京、河北、陕西、黑龙江、辽宁、湖北、江西、江苏等地；国外见于日本、朝鲜半岛、俄罗斯、蒙古国、吉尔吉斯斯坦等。

生物学特性：北京 6 月灯下可见成虫。

双斜线尺蛾

21.53 山枝子尺蛾 *Aspitates geholaria* Oberthür, 1887

翅展 34~37 mm。体背及翅白色，具黑褐色条纹。腹部各节具横纹，前翅前缘散布深褐色碎斑，前翅具 3 条黑横纹，最外侧 1 条较宽，中室端具黑斑。后翅纹较细，中室端具 1 个黑斑。

寄主：山枝子、草苜蓿、刺槐等。

分布：我国分布于北京、河北、陕西、内蒙古、吉林、辽宁、山西、山东等地。

生物学特性：北京 7 月灯下可见成虫。

山枝子尺蛾

21.54 枯黄贡尺蛾 *Odontopera arida* (Butler, 1878)

翅展 42~49 mm。体土黄色或黄褐色，翅上散布灰褐色鳞斑，前翅中室端具 1 个灰褐色圆点，中心灰白色，外缘灰褐色，有 3 个锯齿，前面小后面大。

寄主： 壳斗科、蔷薇科、山茶科等植物。

分布： 我国分布于北京、河北；国外见于日本。

生物学特性： 北京 5 月、6 月、8 月灯下可见成虫，8 月蛾量较大。

枯黄贡尺蛾

21.55 春尺蠖 *Apocheima cinerarius* (Erschoff, 1874)

雌虫无翅，体长 7~19 mm，灰褐色；后胸及腹部 1~3 节背面具黑褐色小刺列。雄蛾具翅，翅展 28~37 mm，触角双栉状，头部密被细长毛，腹背基部具黑褐色小刺列；前翅灰褐至黑褐色，具内、中、外 3 条黑褐色横线，有时中线不明显。

寄主：杨、柳、榆、槐、沙枣、苹果、梨、沙柳等多种林木。

分布：我国分布于北京、河北、陕西、宁夏、青海、甘肃、新疆、内蒙古、黑龙江、山西、河南、四川等地；国外见于朝鲜半岛、俄罗斯及中亚地区。

生物学特性：1 年 1 代，以蛹越冬，北京 3 月可见成虫。

春尺蠖

21.56 桦尺蛾 *Biston betularia* (Linnaeus, 1758)

别名：椒花蛾、斑点蛾。

翅展 38~54 mm。体翅颜色变化较多，有黑化个体，常见个体灰褐色，布满黑色小点。前翅具 2 条明显黑色横线，内线近"M"形，外线前端近 1/3 处明显角形外突，内横线内侧和外侧具不明显的横线，后翅具 2 条横线，其中外线在中部角形外突。

寄主：桦、杨、椴、榆、法国梧桐、桦、栎、槐、柳、苹果、落叶松等。

分布：我国分布于北京、河北、陕西、甘肃、青海、内蒙古、云南、四川、西藏等地；国外见于日本、朝鲜半岛、俄罗斯远东地区至欧洲、印度、北美。

生物学特性：善于伪装，成虫具趋光性，北京 7 月灯下可见。

该物种是黑化原因研究的重要对象之一，在遗传学和进化生物学中有着重要的研究意义，《人蛾之间》等著作引发众多关注。

桦尺蛾

21.57 黄连木尺蛾 *Biston panterinaria* (Bremer & Grey, 1853)

别名：木橑尺蛾。

翅展 50~70 mm。雄蛾触角锯齿形，雌蛾线状。体黄白色，胸背具橙黄色毛。翅白色，散布大小不等的灰斑和橙斑，有时灰斑可连成大片。前翅基部有 1 个大圆橙斑，中室端具 1 个大灰斑。在前翅和后翅的外线上各有 1 串内橙外褐的圆斑。

寄主：黄连木、臭椿、刺槐、榆、槐、核桃、泡桐、侧柏、向日葵等多种植物。

分布：我国分布于北京、河北、陕西、内蒙古、山西、河南、山东、台湾、广西、四川、云南等地；国外见于日本、朝鲜半岛。

生物学特性：1 年 1 代，成虫 5—8 月灯下可见，在北方有进入玉米田和向日葵田为害的情况。

黄连木尺蛾

21.58 落叶松尺蛾 *Erannis ankeraria* (Staudinger, 1861)

别名： 落叶松双肩尺蛾。

雌蛾无翅，仅有鳞片状突起，体长 12~16 mm，灰白色，头黑褐色，顶部有 1 簇白色鳞毛。胸部背面每节各有 1 对黑斑，第一节上第 1 对黑斑特大。从头到尾有 1 条侧黑线。足细长黑色，各节有 1~2 节白色环斑。雄蛾体长 14~17 mm，翅展 38~42 mm。体浅黄褐色，复眼黑色，触角淡黄色，翅浅黄色。胸部密被长鳞毛，前翅密布褐色斑点，中带浅黄色，中线内侧和外线外侧褐色，外线中前段明显向外缘弯曲。

寄主： 落叶松、鼠李、胡枝子、杨、核桃楸、东北山梅花、五味子、忍冬等。

分布： 我国分布于北京、辽宁、吉林、山西、内蒙古等地；国外见于欧洲东南部、亚洲东部。

生物学特性： 1 年 1 代，以卵进行越冬，9 月为成虫羽化盛期。

落叶松尺蛾

21.59 褐线尺蛾 *Alcis castigataria* (Bremer, 1864)

翅展 33~34 mm。体翅灰白色至黄白色，翅上密布小褐点。黑褐色的外横线外具弧形突向内侧的亚缘线，两线间在中部呈褐带。后翅外横线明显，亚缘线明显或较淡。

寄主：不详。

分布：我国分布于北京、河北、吉林、甘肃等地；国外见于俄罗斯。

生物学特性：北京 6 月、8—9 月灯下可见成虫。

褐线尺蛾

21.60 满洲里歹尺蛾 *Deileptenia mandshuriaria* (Bremer, 1864)

别名：北莓尺蛾。

额和头顶深褐色，掺杂白色鳞毛。胸背深褐色，中胸立毛簇黑色。第1腹节背面黄白色，其余各腹节背面灰黄褐色至灰褐色。前翅灰色，个体之间有差异。翅基部有1个褐色斑，亚基线弧形，内线和外线之间深灰色，外缘线至亚缘线之间散布黑点，亚缘线两侧加深。后翅外线以内和亚缘线周围散布黑色点，并向内逐渐变浅。

寄主：不详。

分布：我国分布于北京、黑龙江；国外见于日本、朝鲜半岛、俄罗斯。

生物学特性：北京6月、9月灯下可见成虫。

满洲里歹尺蛾

21.61 大造桥虫 *Ascotis selenaria* (Denis & Schiffermüller, 1775)

体长 15~20 mm, 翅展 38~50 mm。触角双栉齿状, 但分支较短。体色变异较大, 有黄白、淡黄、淡褐、浅灰褐等色, 一般为浅灰褐色, 翅上的横线和斑纹均为黑色或暗褐色, 中室端具 1 个浅褐色斑, 围以黑色。亚基线和外横线锯齿线, 其间为灰黄色, 有的个体可见中横线及亚缘线。

寄主: 苹果、棉、梨、草莓、花生、小蓟、艾、漆树、黄檀、豆类等多种植物。

分布: 我国广泛分布; 国外见于日本、朝鲜半岛、印度、斯里兰卡、俄罗斯远东地区至欧洲, 并南至非洲。

生物学特性: 重要的农业害虫, 1 年多代, 以蛹在土中越冬, 北京 4—9 月可见成虫, 具趋光性。

大造桥虫

21.62 刺槐外斑尺蛾 *Ectropis excellens* (Butler, 1884)

翅展 33~43 mm。体翅灰褐色，触角线状，腹部第 2~3 节上常常具 2 对黑褐色毛丛。翅面散布褐色斑点，横线多条但常常不明显，外横线中部外侧常常具 1 个近圆形的黑褐斑，外缘有 1 列弧形黑褐色条斑，缘毛与翅面同色。后翅颜色、斑纹与前翅相近，无圆形斑。

寄主：刺槐、榆、杨、柳、栎、板栗、苹果、梨、花生、绿豆、苜蓿等多种植物。

分布：我国分布于北京、辽宁、吉林、黑龙江、河南、台湾、广东、四川等地；国外见于日本、朝鲜半岛、俄罗斯。

生物学特性：1 年 3~4 代，成虫趋光性强，北方 4 月、5 月、7—8 月灯下可见成虫。

刺槐外斑尺蛾

21.63 黄星尺蛾 *Arichanna melanaria* (Linnaeus, 1758)

翅展 34~38 mm。体灰色，中胸背面具 1 对黑斑或无，腹部背面无斑或具黑斑。前翅底色灰白色，前缘带及翅脉黄色，7 列黑斑组成横线，缘毛黑黄相间。后翅底色黄色，具黑色列点。

寄主：油松、杨、桦、椴木等植物。

分布：我国分布于北京、河北、陕西、甘肃、内蒙古、黑龙江、辽宁、山西、河南、湖南、福建、四川等地；国外见于日本、朝鲜半岛、蒙古国、俄罗斯远东地区至欧洲。

生物学特性：成虫具趋光性，北京 6—9 月灯下可见成虫。

黄星尺蛾

21.64 双珠严尺蛾 *Pylargosceles steganioides* (Butler, 1878)

翅展 19~24 mm。体翅灰褐色或黄色，具斑纹。前翅前缘色深，中点黑色，具3条横线，内线波形，常不明显，中线弧形，外线波形，顶角处形成2个小室，有时分隔不明显。后翅中线弧形，外线波浪形，有时不明显。

寄主：蔷薇、草莓、秋海棠、牛膝等。

分布：我国分布于北京、山东、江苏、江西、台湾、福建、湖南、香港等地；国外见于日本、韩国。

生物学特性：北京4月、7月灯下可见成虫。

双珠严尺蛾

21.65 小红姬尺蛾 *Idaea muricata* (Hufnagel, 1767)

前翅长 9 mm。体背桃红色，头额部、触角及足黄白色。翅粉红色，外缘及缘毛黄色，前翅基部 1 个黄斑，中部具 2 个黄斑。后翅中部有 1 个黄色斑。近外缘具暗褐色横线，有时不明显。

寄主：不详。

分布：我国分布于北京、河北、辽宁、山东、湖南等地；国外见于日本、朝鲜半岛、俄罗斯。

生物学特性：北京 6—8 月灯下可见成虫。

小红姬尺蛾

21.66 毛足姬尺蛾 *Idaea biselata* (Hufnagel, 1767)

翅展 14~20 mm。体土黄色，前翅具内、中、外横线，其中外线锯齿形，外侧常具褐色云纹，中室上方具褐色小圆点，缘毛土黄色，具褐点。后翅与前翅相近，内横线不明显。

寄主： 不详。

分布： 我国分布于北京、甘肃、山东等地；国外见于日本、朝鲜半岛、俄罗斯远东地区至欧洲。

生物学特性： 北京 6—9 月灯下可见成虫。

毛足姬尺蛾

21.67 超岩尺蛾 *Scopula superior* (Butler, 1878)

翅展 22~24 mm。额白色，体与翅白色，前翅前缘略带黑灰色。前、后翅均有黑色中室斑，前翅有4条、后翅有3条模糊的波状线。前翅反面浅灰褐色，中横线和外横线比正面明显，后翅反面白色，中点微小。

寄主：不详。

分布：我国分布于北京、湖南等地；国外见于日本、俄罗斯。

生物学特性：北京5—8月灯下偶见成虫。

超岩尺蛾

21.68 黑缘岩尺蛾 *Scopula virgulata* ([Denis & Schiffermüller], 1775)

翅展 20~22 mm。翅灰色，散布黑色小点。前、后翅均有黑色中室斑，较小，前、后翅各有 5~6 条褐色不清晰的波状线。

寄主：不详。

分布：我国分布于北京、河北、吉林、辽宁等地；国外见于朝鲜半岛、欧洲。

生物学特性：8 月灯下可见成虫。

黑缘岩尺蛾

21.69 水晶尺蛾 *Centronaxa montanaria* (Leech, 1897)

前翅长为 27~29 mm。雌蛾、雄蛾触角均为双栉形，雌蛾栉齿较雄短。翅灰白色，半透明。前翅前缘基部黑色，内线在各翅脉上和后缘各有 1 个黑点，其外侧在后缘上有 1 个黑点，中室较长，所以中点接近外缘，较小，亚缘线和缘线各由 1 列黑点组成。后翅后缘内 1/3 处有 1 个黑点，中点、亚缘线和缘线同前翅。

寄主：不详。
分布：我国分布于北京、湖北、湖南、四川、陕西等地。
生物学特性：7 月灯下可见成虫。

水晶尺蛾

21.70 猫眼尺蛾 *Problepsis superans* (Butler, 1885)

成虫翅展 54~58 mm。头顶白色。前翅前缘灰色狭窄，到达眼斑上方。眼斑大而圆，具黑圈，其上端开口，黑圈内有 1 个不完整的银圈，Cu_1 两侧有小黑斑，眼斑内有竖条状白色中点。眼斑下方靠近外缘处有褐色圆点。后翅眼斑色深，有时近黑灰色，略呈椭圆形，斑内散布银鳞，后缘的小斑与眼斑接触甚至融合，中心有银鳞。前后翅外线纤细，在前翅色浅淡，在后翅深灰色，紧邻眼斑，云纹发达，深灰色。缘线纤细深灰色。缘毛基半部灰白色，端半部在翅脉端白色，翅脉间深灰色。

寄主：小叶女贞。

分布：我国分布于北京、辽宁、陕西、湖北、湖南、台湾、西藏等地；国外见于日本、朝鲜半岛、俄罗斯。

生物学特性：以蛹越冬，7—8 月灯下可见成虫。

猫眼尺蛾

21.71 纹眼尺蛾 *Problepsis plagiata* (Butler, 1881)

成虫翅展 54~58 mm。头和胸部背面白色至污白色，腹部背面褐色至黑褐色。翅白色至乳白色，前缘黄褐色。前后翅中部各有 1 个大的暗色眼斑。中室端白色，位于前翅眼斑中央。后翅眼斑与外侧暗色影带明显分离。

寄主： 小叶女贞。

分布： 我国分布于北京、辽宁、陕西、湖北、湖南、台湾、西藏等地；国外见于日本、朝鲜半岛、俄罗斯。

生物学特性： 以蛹越冬，北京 7—8 月灯下可见成虫。

纹眼尺蛾

21.72 紫条尺蛾 *Timandra recompta* (Prout, 1930)

翅展 20~25 mm。前翅从顶角到后缘中部有 1 条紫红色斜线，停歇时与后翅中部紫红色斜线相连成为 1 条斜线，外侧有 1 较细的缘线；后翅中部外突呈角状，缘毛紫红色。

寄主： 萹蓄。

分布： 我国分布于北京、河北、黑龙江、河南、山东、湖北、湖南等地；国外见于日本、俄罗斯。

生物学特性： 北京 7—8 月灯下可见成虫。

紫条尺蛾

21.73 雀水尺蛾 *Hydrelia nisaria* (Christoph, 1881)

翅展 13~16 mm。头顶至第 1 腹节深灰褐色，第 2 腹节后灰白色，杂有深灰褐色毛。前翅基部至外线深褐至黑褐色，中线和外线黄褐色，基间翅脉呈黑短条纹，中点椭圆形黑色，外线中部突出，翅端部白色，具不完整的灰色带，缘线具 1 列黑短线，缘毛灰色，间有白毛。后翅白色，有 3~4 条深色波线和黑色中点，端部斑纹与前翅类似。

寄主： 见风干、地锦槭。

分布： 我国分布于北京、陕西、辽宁、湖北、湖南、四川等地；国外见于日本、朝鲜半岛、俄罗斯。

生物学特性： 北京 7 月灯下可见成虫。

雀水尺蛾

21.74 泛尺蛾 *Orthonama obstipata* (Fabricius, 1794)

前翅长 9~12 mm。体背灰黄褐色至灰褐色，雄蛾翅灰黄褐色，雌蛾翅灰红褐色至暗红褐色。前翅中部具 1 条灰黑色带，上中部外突，中点黑褐色，椭圆形，周围有白圈，位于带内；缘线在翅脉端两侧具 1 对小黑点。后翅外缘波曲，中部突出。

寄主：羊蹄叶。

分布：我国分布于北京、河北、甘肃、内蒙古、辽宁、山东、河南、上海、浙江、湖南、福建、广西、四川、云南、西藏等地；世界广泛分布。

生物学特性：北京 5 月、7—8 月灯下可见成虫。

泛尺蛾

21.75 荁草洲尺蛾 *Epirrhoe supergressa* (Prout, 1938)

前翅长 12~14 mm。额及头顶深褐色，胸部背面黄褐色，腹部浅白色，背中线两侧排列黑斑。前翅白色，亚基线深褐色，内线黑褐色，在前缘处宽且清晰，向下逐渐变淡变细。中线与外线之间为 1 条深褐色中带，略带红褐色，其间有一些黑褐色条纹，中点黑色，其上方散布着少量蓝白色鳞片，中带外缘有锯齿突，内外两侧的白色带清晰完整，其上各有 1 条纤细的波状线。翅端部蓝灰色，亚缘线白色波状，其内侧在前缘至 R_5 处有 1 个黑褐色斑，顶角前有 1 个三角形浅色斑，其下方是 1 个较大的三角形褐斑，伸达亚缘线内侧。缘线褐色点状，缘毛与其内侧翅面颜色相同。后翅白色，中点较前翅小，其下方由中室下缘至后缘有 3 条灰褐色线，翅端部同前翅，但无褐斑。

寄主：荁草。

分布：我国分布于北京、河北、黑龙江、吉林、内蒙古、山东、甘肃、青海等地；国外见于朝鲜半岛、日本、俄罗斯。

生物学特性：1 年 2 代。北方 5—9 月灯下可见成虫。

荁草洲尺蛾

21.76 驼尺蛾 *Pelurga comitata* (Linnaeus, 1758)

翅展 25~30 mm。体黄褐色，翅面颜色多变。额圆丘形突出，前胸前半部突起呈驼峰状，各腹节背面后缘具隆起的鳞片。前翅顶角弯，具 1 个灰褐色斑，外线中部具 1 个大锯齿，中带红黄褐色，中有不明显细线。

寄主：多种藜的花和果实。

分布：我国分布于北京、河北、甘肃、青海、新疆、内蒙古、辽宁、吉林、黑龙江、四川等地；国外见于日本、朝鲜半岛、蒙古国、俄罗斯远东地区至欧洲。

生物学特性：1 年 1 代，以蛹越冬。北京 6—9 月灯下可见成虫。

驼尺蛾

21.77 幔折线尺蛾 *Ecliptopera silaceata* (Denis & Schiffermüller, 1775)

前翅长 12~13 mm，翅展 23~27 mm。体背棕褐色，前翅暗褐色，内线黄白色，前缘斜出，后波折，中线与内线较近，中部具向外的突齿，较钝，外线前半较直，后半锯齿形，外缘前半具近三角形大黑褐斑。

寄主： 多种柳叶菜等。

分布： 我国分布于北京、内蒙古、黑龙江等地；国外见于日本、朝鲜半岛、俄罗斯远东地区至欧洲。

生物学特性： 欧洲 1 年 2 代，北京 6 月、8 月灯下可见成虫。

幔折线尺蛾

21.78 短带界尺蛾 *Horisme brevifasciaria* (Leech, 1897)

头和体背暗黄褐色。前翅暗黄褐色，亚基线浅弧形，中线和外线不规则波曲，外线上半段较直，中部突齿较大，尖而长，两线之间黑灰色带状，中室斑黑色短条形，中线内侧和外线外侧黄褐色。缘线黑褐色，在翅脉端间断，缘毛深褐色掺杂少量灰白色。后翅颜色较灰暗，基部至外线排列多条模糊波线，外线较清楚，中部外突，外侧有白色双线组成的细带。

寄主：不详。

分布：我国分布于北京、山东、四川、云南等地；国外分布不详。

生物学特性：7月灯下可见成虫。

短带界尺蛾

21.79 水界尺蛾 *Horisme aquata* (Hübner, 1813)

翅展 21~24 mm。额和下唇须深褐色，头顶和体背灰白色，中胸前端有 1 条深灰褐色横带。第 1 腹节后缘黑褐色，第 2、3 腹节背中线两侧散布黑褐色。翅白色至灰白色，斑纹深褐色至深灰褐色。前翅前缘黄褐色，排列深褐色斑点，前缘下方为 1 条白色纵带，由基部直达顶角，黑色中点位于白色纵带内，小而圆。白色纵带下方所有斑纹均向外倾斜并掺杂黄褐色，外线中部颜色沿着白色纵带下方向外扩散并与顶角外下方的深色斜线相接，外线下半段外侧有清晰白色波状双线。后翅斑纹与前翅连续，中点小，外线及其外侧线纹浅弧形弯曲。

寄主：不详。

分布：我国分布于北京、河北、黑龙江、内蒙古、甘肃、新疆等地；国外见于俄罗斯远东地区至欧洲。

生物学特性：北京 5 月灯下可见成虫。

水界尺蛾

21.80 黑岛尺蛾 *Melanthia procellata inexpectata* (Warnecke, 1938)

雌翅展 27~32 mm。头胸背面深褐色，第 1 腹节白色，后面的腹节污黄色至土褐色。前翅白色，翅基和中域各有 1 个深褐色大斑，外端具褐色宽带，在中部外侧具 1 个大白斑。后翅白色，外侧具 3 条黄褐色至深灰褐色弱波状线。

寄主： 铁线莲。

分布： 我国分布于北京、内蒙古、辽宁、吉林、黑龙江、山西、浙江、台湾、湖北、湖南、四川等地；国外见于日本、朝鲜半岛、俄罗斯。

生物学特性： 7 月灯下可见成虫。

黑岛尺蛾

21.81 四川轭尺蛾 *Physetobasis dentifascia mandarinaria* Leech, 1897

别名： 四川束大轭尺蛾。

前翅长 12~15 mm。前翅灰褐色至深灰褐色，略带红色，斑纹黑色。中线和外线靠近前缘扩大成黑斑。后翅颜色略浅，灰褐色或浅灰褐色，黑色外线和灰白色亚缘线清晰。

寄主： 不详。

分布： 我国分布于北京、山西、陕西、四川、云南、台湾等地；国外分布不详。

生物学特性： 北京 7—8 月灯下偶见成虫。

四川轭尺蛾

21.82 白点小花尺蛾 *Eupithecia tripunctaria* Herrich-Schäffer, 1852

翅展 15.5~19 mm。体翅褐色，翅有多条横纹，中室端斑肾形黑色，外缘线白色，波状，近后缘处有白色斑点。

寄主： 部分菊科植物。

分布： 我国北方多有分布；国外见于朝鲜半岛、日本、欧洲、北美洲。

生物学特性： 北京 5—9 月灯下可见成虫。

白点小花尺蛾

21.83 小花波尺蛾 *Eupithecia emanata* Dietze, 1908

翅展 15~21 mm。体灰褐色，胸部前后部各具 1 条黑色横带。前翅具基线、内线、中线和外线，内线和外线 3 线，外线外还具波状线，中室具长形黑斑，缘线黑色，间断。后翅具中室斑，仅外缘或臀角处显示线纹。

寄主： 日本落叶松。

分布： 我国分布于北京、陕西、山西、浙江、广东、西藏等地；国外见于日本、朝鲜半岛、俄罗斯。

生物学特性： 北京 5 月、8 月灯下可见成虫。

小花波尺蛾

第二十二章
舟蛾科 Notodontidae

中型蛾类，多为褐色或暗灰色，少数洁白或具鲜艳颜色，常与夜蛾科成虫很相似。雄蛾触角常为双栉形，部分栉齿形或锯齿形，具毛簇，少数为绒形或毛丛形。雌蛾触角常与雄蛾不同，一般为线形。胸部具听器，被浓厚毛和鳞，有些属背面中央有冠形毛簇。前翅 M_2 从中室端部中央伸出，肘脉似 3 叉，前翅后缘中央有 1 个齿形毛簇或呈月牙形缺刻，缺刻两侧具齿形或梳形毛簇，静止时两翅后折呈屋脊状，毛簇竖起如角。后翅 $Sc+R_1$ 与 Rs 靠近但不接触，或由 1 条短横脉相连。腹部粗壮，常伸过后翅臀角，有些种类基部背面或末端具毛簇。幼虫大多体色鲜艳并具斑纹，体背面平滑，胸足一般正常，少数种类中后足特别长，臀足退化或特化成 2 个较长且可翻缩的尾角。被惊扰时，头尾翘起抬起，以身体中央的 4 对腹足支撑身体，故称为"舟形毛虫"。幼虫取食多种乔木和灌木，通常有群集性。在茧内或土中化蛹。舟蛾科较大，世界已知 704 属 3 800 余种。本书记录 24 种。

22.1 黄二星舟蛾 *Euhampsonia cristata* (Butler, 1877)

翅展 65~88 mm。胸部具"人"字形冠状毛簇，端部黄褐色。前翅黄褐色，中部具 3 条横线，其中内外 2 条较明显，内线微曲，外线稍直，中线内侧近前缘具 2 个黄白色小圆点，外缘锯齿形。后翅褐黄色。

寄主： 柞树、蒙古栎。

分布： 我国分布于北京、河北、内蒙古、辽宁、吉林、黑龙江、山东、河南、陕西、江苏、浙江、安徽、江西、湖北、湖南、四川、海南、云南、台湾等地；国外见于日本、朝鲜半岛、俄罗斯、缅甸、老挝、泰国等。

生物学特性： 在东北 1 年 1 代，以蛹在土中越冬，北京 7—8 月灯下可见成虫。

黄二星舟蛾

22.2 杨二尾舟蛾 *Cerura menciana* Moore, 1877

别名：柳二尾舟蛾。

翅展 54~76 mm。触角双栉状，但雌蛾栉枝短。胸背具 6 个黑点，翅基片具 2 个黑点。腹部 1~6 节背面黑色，中央具灰白色纵带，两侧每节各具 1 个黑点，末端两节灰白色。前翅灰白微带紫褐色，翅脉黑褐色，斑纹黑色，基部具众多黑点，内线近后缘具 2 个"V"字纹，端线由脉间黑点组成。后翅灰白微带紫色，翅脉黑褐色，横脉纹黑色。

寄主：杨、柳。

分布：我国除新疆、贵州、广西以外，其他地区广泛分布；国外见于日本、朝鲜半岛、俄罗斯。

生物学特性：北方 1 年 2~3 代，以蛹在厚茧内越冬。

杨二尾舟蛾

22.3 燕尾舟蛾绯亚种 *Furcula furcula sangaica* (Moore, 1877)

别名：腰带燕尾舟蛾。

翅展 33~41 mm。胸部具 4 条黑带，间有赭黄色鳞毛。前翅灰白色，近中部具 1 条宽大的黑色横带，边缘赭黄色，外横带内侧具 2 条波浪形横纹，翅端部具 1 条从前缘伸达 M_3 脉的黑色短带，端线由翅脉间的黑点组成，缘毛灰白色。后翅白色，臀角处色暗。腹背黑色，每节后缘具灰白色横线。

寄主：杨、柳。

分布：我国分布于北京、河北、陕西、甘肃、新疆、内蒙古、黑龙江、吉林、江苏、浙江、四川、云南等地；国外见于日本、朝鲜半岛、俄罗斯。

生物学特性：北京 4 月、7—8 月灯下可见成虫。

燕尾舟蛾绯亚种

22.4 核桃美舟蛾 *Uropyia meticulodina* (Oberthür, 1884)

别名：核桃舟蛾。

翅展 44~63 mm。头部赭色，前翅暗红棕色，前后缘各有 1 大块黄褐色大斑（有时带绿色），前者几乎占满了中室以上的整个前缘区，呈大刀形，后者半椭圆形，每斑内各具 4 条暗褐色横线。后翅淡黄色，后缘稍较暗。

寄主：核桃、核桃楸、胡桃。

分布：我国分布于北京、河北、陕西、吉林、辽宁、山东、浙江、福建、江西、湖北、广西、四川、云南等地；国外见于日本、朝鲜半岛、俄罗斯。

生物学特性：在北京 1 年 2 代，入秋后老熟幼虫吐丝缀叶结茧化蛹越冬，北京 4—5 月、7—8 月灯下可见成虫。

核桃美舟蛾

22.5 栎纷舟蛾 *Fentonia ocypete* (Bremer, 1816)

翅展 44~52 mm。头和胸部褐色与灰白色混杂。腹部灰褐色。前翅暗灰褐色，内线双但模糊，黑色波浪形。内线以内的亚中褶上有 1 条黑色纵纹，外线黑色双股平行，从前缘到 Cu_2 脉浅锯齿形（有时平滑不呈锯齿形），向外弯曲，以后呈 2~3 个深锯齿形曲伸达后缘近臀角处，其中靠内面 1 条较模糊，外面 1 条外衬灰白边。横脉纹为 1 个褐色圆点，中央暗褐色，横脉纹与外线间有 1 个模糊的棕褐色至黑色椭圆形大斑。后翅苍灰褐色（有时灰白色），臀角有 1 个模糊的暗斑，外线为 1 个模糊的亮带。

寄主： 板栗、蒙古栎、辽东栎、麻栎、槲栎、榛、苹果、桦等。

分布： 我国分布于北京、山西、黑龙江、吉林、江苏、浙江、福建、江西、湖北、湖南、广西、重庆、四川等地；国外见于日本、朝鲜半岛、俄罗斯。

生物学特性： 在北京 1 年 1 代，以蛹在表层土的土室中越冬。7 月成虫期，8 月是幼虫为害盛期。

栎纷舟蛾

22.6 梨威舟蛾 *Wilemanus bidentatus* (Wileman, 1911)

翅展 35~40 mm。前翅灰白微带褐色，有 2 个醒目的暗褐色斑，一大一小，大斑几乎占满翅的内半部，在中室下呈双齿形分叉，外叉下缘具 1 黑色亚中褶纹，斑的内缘黑色外衬灰白边。小斑在前缘外线与亚端线之间，近三角形，内有 2 条黑色楔形纹。横脉纹黑色微弯。内线、外线和亚端线均为模糊的灰白色带，内线仅在大斑下的一段可见，呈内齿形曲，外线和亚端线锯齿形。后翅灰褐色，具 1 条模糊灰白色亮带，端线由脉间月牙形暗褐色线组成。缘毛暗褐色。

寄主：梨、苹果。

分布：我国分布于北京、河北、山西、辽宁、黑龙江、江苏、浙江、安徽、福建、江西、山东、湖北、湖南等地；国外见于日本、朝鲜半岛、俄罗斯。

生物学特性：北方 1 年 1 代，以老熟幼虫入土作茧化蛹越冬，翌年 6 月下旬开始羽化。幼虫散居，7—8 月为害。

梨威舟蛾

22.7 赭小内斑舟蛾 *Peridea graeseri* (Staudinger, 1892)

翅展 54~70 mm。头和胸背灰褐色，前翅灰褐色，齿形毛簇和亚基线与内线间暗褐色，亚基线以内的基部赭黄色，所有斑纹暗红褐色，亚基线双波形曲，从前缘伸至 A 脉，外衬黄色边。内线波浪形，内衬灰白边，横脉纹赭褐色，周围浅黄白色，外线锯齿形外衬灰白边，前缘近顶角处具 1 个赭褐色纺锤形大斑。亚端线模糊，外衬灰白边，端线细，缘毛灰白色。横脉纹赭褐色，周缘浅色。

寄主：春榆、榉树等。

分布：我国分布于北京、陕西、甘肃、黑龙江、吉林、山西、河南、台湾、湖北等地；国外见于日本、朝鲜半岛、俄罗斯。

生物学特性：北京 7 月、9 月灯下可见成虫。

赭小内斑舟蛾

22.8 榆白边舟蛾 *Nerice davidi* Oberthür, 1881

翅展 33~45 mm。头及前胸暗褐色，前翅前半部暗褐色，后半部在分界处白色，白色区内具 1 个月牙形暗褐色斑，外侧暗色斑尖形后突。

寄主：榆。

分布：我国分布于北京、河北、陕西、甘肃、黑龙江、吉林、内蒙古、山东、山西、江苏等地；国外见于日本、朝鲜半岛、俄罗斯。

生物学特性：在北京 1 年 2 代，陕西 1 年 4 代，以蛹在树下周围土内越冬。北京 5—9 月灯下可见成虫。

榆白边舟蛾

22.9 仿白边舟蛾 *Nerice hoenei* (Kiriakoff, 1963)

翅展 49~61 mm。头及前胸暗褐色，前翅前半部暗褐色，后半部在分界处白色，后渐变成灰褐色，中部具 1 个黑褐色梯形斑。

寄主：桃、苹果。

分布：我国分布于北京、河北、陕西、甘肃、吉林、辽宁、山西、山东等地；国外见于朝鲜半岛。

生物学特性：北京 7—8 月灯下可见成虫。

仿白边舟蛾

22.10 杨剑舟蛾 *Pheosia rimosa* Packard, 1864

别名：杨白剑舟蛾。

翅展 43~57 mm。头暗褐色，颈板和胸背灰色，腹背灰褐色，近基部黄褐色。前翅中央从基部到翅顶具 1 条宽的灰白色带。后翅灰白带褐色，臀角灰黑色内有 1 条灰白色横线。

寄主：杨。

分布：我国分布于北京、河北、新疆、内蒙古、陕西、甘肃、黑龙江、吉林、山西、台湾等地；国外见于日本、朝鲜半岛、俄罗斯。

生物学特性：北京 7—8 月灯下可见成虫。

杨剑舟蛾

22.11 槐羽舟蛾 *Pterostoma sinicum* Moore, 1877

翅展 56~80 mm。头和胸背稻黄带褐色，下唇须浅灰黄色，长度与胸部相近。胸部的冠状毛簇大部黑褐色，前端浅灰黄色。前翅浅灰黄色，可见波形横带，翅脉黑色，脉间具褐色纹。

寄主： 槐、洋槐、多花紫藤、朝鲜槐。

分布： 我国分布于北京、河北、陕西、甘肃、辽宁、山西、上海、江苏、浙江、安徽、湖南、广西、云南等地；国外见于日本、朝鲜半岛、俄罗斯。

生物学特性： 北京 1 年 2 代，9 月以后老熟幼虫入土吐丝结茧化蛹越冬，5 月和 7 月可见成虫。

槐羽舟蛾

22.12 灰羽舟蛾 *Pterostoma griseum* (Bulter, 1861)

翅展 52~68 mm。头、胸部褐黄色。下唇须灰褐色，长度与胸部相近。前翅灰褐色，翅尖较灰白，翅脉黑褐色，后缘具锈红色斑，有时此斑不明显，内栉形毛簇黑色。

寄主：山杨、朝鲜槐。

分布：我国分布于北京、陕西、甘肃、黑龙江、吉林、内蒙古、四川等地；国外见于日本、朝鲜半岛、俄罗斯。

生物学特性：北京 4—7 月灯下可见成虫。

灰羽舟蛾

22.13 冠齿舟蛾 *Lophontosia cuculus* (Staudinger, 1887)

体长约 13 mm，翅展约 34 mm。头和胸部背面暗褐色，腹部暗灰褐色。前翅暗褐灰色，翅基片灰褐色，横线黑色，内、外线之间暗灰褐色，齿形毛簇灰黑色，基线不清晰的波浪形，内线不规则的波浪形，亚端线为 1 条很模糊的灰色带，其中在 M_1、M_3 脉端部各呈 1 个大齿形曲，缘毛较暗。后翅褐灰色，臀角黑斑上有 2 条白色的短横线。

分布：我国分布于北京、黑龙江、吉林、山西、陕西、江苏、浙江等地；国外见于日本、朝鲜半岛、俄罗斯。

生物学特性：北京 8 月灯下偶见成虫。

冠齿舟蛾

22.14 苹掌舟蛾 *Phalera flavescens* (Bremer & Grey, 1852)

翅展 34~66 mm。前翅黄白色，无顶角斑，翅基具 1 个圆形灰褐色斑，外衬半月形黑褐色斑，中间相隔 1 条红褐色纹。近外缘具 5 个灰褐色斑，呈带形，从臀角至 M_1 脉逐渐变细，内衬锈红色斑，越接近后缘的越大。

寄主：苹果、杏、梨、桃、海棠、榆叶梅、榆等植物。

分布：我国分布于北京、河北、陕西、甘肃、黑龙江、辽宁、山西、山东、上海、江苏、浙江、江西、福建、湖北、湖南、广东、广西、海南、云南、贵州等地；国外见于日本、朝鲜半岛、俄罗斯、缅甸。

生物学特性：北方 1 年 1 代，以老熟幼虫入土化蛹越冬。北京 7—9 月灯下可见成虫。

苹掌舟蛾

22.15 榆掌舟蛾 *Phalera takasagoensis* Matsumura, 1919

翅展 42~60 mm。下唇须及额棕色,胸部前半部黄褐色,后半部灰白色。前翅顶角斑淡黄白色,掌形,前缘具 3 个暗褐色斜点,中室内和横脉上各有 1 个淡黄色环纹,外线在顶角斑处呈黑色。

寄主:榆、栎属。

分布:我国分布于北京、河北、陕西、甘肃、山东、江苏、湖南、台湾等地;国外见于日本、朝鲜半岛。

生物学特性:北方 1 年 1 代,8 月下旬至 9 月以后老熟幼虫沿寄主植物下行至根部周围入土化蛹越冬,翌年 7 中旬开始羽化,羽化期可持续到 9 月上旬。

榆掌舟蛾

22.16 窄掌舟蛾 *Phalera angustipennis* Matsumura, 1919

翅展 50~66 mm。前翅掌纹较窄长，内侧具黑色鳞片，中室具大小白斑各 1 个，外线在近后缘呈内突黑纹，其内侧呈黑褐大斑。

寄主： 柞树、糙叶树。

分布： 我国分布于北京、辽宁、河南、台湾等地；国外见于日本、朝鲜半岛。

生物学特性： 北京 7—8 月灯下可见成虫。

窄掌舟蛾

22.17 刺槐掌舟蛾 *Phalera grotei* Moore, 1860

翅展 62~106 mm。触角基及头顶具白色毛簇，颈板黄褐色。前翅顶角斑暗棕色，掌形，外线在掌形纹旁呈弧形，下方波浪形。

寄主：刺槐、刺桐、胡枝子等。

分布：我国分布于北京、辽宁、山东、江苏、浙江、安徽、江西、湖北、湖南、广西、海南、四川、云南、贵州等地；国外见于朝鲜半岛、印度、东南亚。

生物学特性：北京 7—8 月灯下可见成虫。

刺槐掌舟蛾

22.18 姹羽舟蛾 *Pterotes eugenia* Staudinger, 1896

雄蛾前翅长 16.0~17.5 mm，雌蛾 18.5~20.0 mm。头淡黄褐色，触角灰白色，下唇须暗红褐色，胸部翅基片基半部暗褐色，端半部土黄色，中胸有 2 黑点。前翅红褐色，被白色鳞片，从基部中央到中室外和外线外侧各有 1 条灰白色纵纹和横纹。内、外线黑色，间断，呈"V"形连接，端线黑色。

寄主：不详。

分布：我国分布于内蒙古、陕西；国外见于蒙古国。

生物学特性：内蒙古 7 月灯下可见成虫。

姹羽舟蛾

22.19 丽金舟蛾 *Spatalia dives* Oberthür, 1884

翅展 38~54 mm。头和胸背暗红褐色，后胸背有 2 个白点，腹背灰褐色。前翅暗红褐色，翅脉黑色，近基部具 3 个横向排列的多角形银斑，前两个银斑内侧具 2 个或 3 个小银点，银斑外侧具波浪形银线。后翅浅黄灰带褐色。

寄主：蒙古栎。

分布：我国分布于北京、河北、陕西、辽宁、吉林、黑龙江、台湾、湖北、湖南、贵州等地；国外见于日本、朝鲜半岛、俄罗斯。

生物学特性：北京 7 月灯下可见成虫。

丽金舟蛾

22.20 艳金舟蛾 *Spatalia doerriesi* Graeser, 1888

翅展 39~48 mm。头和颈板暗灰褐色，胸部两侧毛丛通常为赭红色。前翅暗灰褐或黄褐色，前翅后缘具纵向排列的银斑，中间 1 个大三角形，两侧上下端共伴有 4 个银点，上端的较大，外上端的斑在 Cu 脉基部呈双齿形。前缘中央稍呈灰白色，有 2~3 条斜伸的影状暗带。外线只有从前缘到 M_3 脉一段可见，灰黄白色，向内斜伸，两侧具暗边，亚端线灰黄白色，锯齿形外衬暗边，在 M_1 脉端部开始呈楔形纹状。外线和亚端线之间有 1 条模糊的暗带，端线黑色，缘毛灰黄褐色，脉端部黑色。后翅暗灰褐色，缘毛灰黄色。

寄主：蒙古栎、紫椴。

分布：我国分布于北京、陕西、内蒙古、黑龙江、吉林、湖北、四川等地；国外见于日本、朝鲜半岛、俄罗斯。

生物学特性：北京 7 月灯下偶见成虫。

艳金舟蛾

22.21 角翅舟蛾 *Gonoclostera timoniourm* (Bremer, 1861)

翅展 29~33 mm。胸部棕褐至深棕褐色，前翅褐黄至棕褐色。内、外线之间具暗褐色三角形斑，斑尖接近翅后缘，离内线越近颜色越浅，内线仅在后缘一段可见。

寄主：多种柳树。

分布：我国分布于北京、陕西、甘肃、辽宁、吉林、黑龙江、山东、江苏、上海、安徽、浙江、江西、湖北、湖南等地；国外见于日本、朝鲜半岛、俄罗斯。

生物学特性：北京 5 月、7—8 月灯下可见成虫。

角翅舟蛾

22.22 杨扇舟蛾 *Clostera anachoreta* (Denis & Schiffermüller, 1775)

翅展 26~43 mm。前翅灰褐色至褐色，具 3 条灰白色横线，外线和横线之间尚有 1 条横线，但不达前缘。顶角处具大型暗褐色斑，扇形，外线穿过此斑，外衬锈红色斑。亚端线由 1 列黑点组成，其中以 Cu_2-Cu_1 脉间的点较大。后翅褐灰色。

寄主：多种杨、柳。

分布：我国广泛分布；国外见于日本、朝鲜半岛、越南、印度尼西亚、印度、斯里兰卡、欧洲。

生物学特性：北京 3—11 月灯下可见成虫。

杨扇舟蛾

22.23 短扇舟蛾 *Clostera albosigma curtuloides* (Erschoff, 1870)

翅展 27~38 mm。头顶和胸部中央具 1 个暗棕红色斑，臀毛簇棕黑色或暗棕红色。前翅灰红褐色，顶角处具大型暗红色斑，斑的内缘具白色边缘。

寄主： 山杨、日本山杨。

分布： 我国分布于北京、陕西、甘肃、青海、黑龙江、吉林、山西、云南等地；国外见于日本、朝鲜半岛、俄罗斯、北美。

生物学特性： 北京 4—8 月灯下可见成虫。

短扇舟蛾

22.24 杨小舟蛾 *Micromelalopha sieversi* (Staudinger, 1892)

翅展 22~26 mm。体色多变，赭黄色、黄褐色、红褐色或暗褐色等。前翅具 3 条灰白色细横线，其中中间 1 条在后半部呈屋脊状分叉，外叉不如内叉清晰。亚端线由脉间黑点组成波浪形，横脉纹为 1 个小黑点。后翅臀角有 1 个赭色或红褐色小斑。

寄主：杨、柳。

分布：我国分布于北京、黑龙江、吉林、山东、江苏、浙江、安徽、江西、湖北、湖南、四川、云南、西藏等地；国外见于日本、朝鲜半岛、俄罗斯。

生物学特性：1 年 2~3 代，结茧化蛹越冬。北京 5—8 月灯下可见成虫。

杨小舟蛾

第二十三章
毒蛾科 Lymantriidae

成虫中型至大型。无单眼，触角双栉齿状，雌蛾栉齿长，喙不发达或消失。胸、腹部被长鳞毛，雌蛾腹部末端有肛毛簇。有鼓膜器。翅发达，大部分种类翅面被鳞片和细毛，有些种类雌蛾翅退化或仅留残迹或完全无翅。幼虫具毒毛与翻缩腺，有群集和吐丝下垂习性，多数是农林牧业的重要害虫，部分种类可以捕食蚜虫或介壳虫。全世界已知约 2 785 种，中国约 360 种。在我国多数毒蛾种类分布在长江以南，西南和华南地区种类最多，西北地区较少。本书记录 15 种。

23.1 连丽毒蛾 *Calliteara conjuncta* (Wileman, 1911)

雄蛾翅展 37~42 mm，雌蛾 42~50 mm。头、胸部黑灰色带棕色；腹部黑灰色，基部灰白色带棕色；下胸和足灰黑色，胫节、跗节有黑环。前翅黑灰色，中区前半部灰白色，亚基线双线黑色，内横线前缘黑色，曲折明显，外横线双线，内线黑色，外线灰褐色，中室后具 1 条纵线，连接内、外横线；端线黑色，上半部较直，后半部锯齿形。缘毛棕色与黑色相间。

寄主：栎、刺槐、杨、椴、枫香、重阳木、相思、木荷、马尾松等。

分布：我国分布于北京、河北、陕西、内蒙古、辽宁、吉林、黑龙江、河南、山东、安徽、福建、江西、湖北、湖南、四川、云南等地；国外见于日本、朝鲜半岛、俄罗斯。

生物学特性：北京 5—6 月灯下可见成虫。

连丽毒蛾

23.2 丽毒蛾 *Calliteara pudibunda* (Linnaeus, 1758)

雄蛾翅展 35~45 mm，雌蛾 45~60 mm。头、胸和腹部褐色，胸部常有黑毛丛；体下白黄色；足黄白色，胫节、跗节有黑斑。雄蛾前翅灰白色，带黑色和褐色鳞片，内区灰白色明显，中区色较暗；亚基线黑色，微波浪形；内线黑色；横脉纹黑褐色带黑边；外线双线黑色，外线色浅，大波浪形；亚端线黑褐色，不完整；端线为 1 列黑褐色点，有黑褐色斑。后翅白色带黑褐色鳞片和毛，横脉纹和外线黑褐色。缘毛灰白色。雌蛾色浅，内线、外线清晰，亚端线、端线模糊。

寄主：苹果、梨、山楂、桦、栎、杨、柳等多种林木。

分布：我国分布于北京、河北、陕西、辽宁、吉林、黑龙江、山西、河南、山东、台湾等地；国外见于朝鲜半岛、俄罗斯远东地区至欧洲。

生物学特性：东北地区 1 年 1 代，以幼虫越冬，有时发生量大。北京 6—7 月灯下可见成虫。

丽毒蛾

23.3 合台毒蛾 *Teia convergens* (Collenette, 1938)

雄蛾翅展 26~29 mm。头部浅棕黄色；胸部至腹部黄色至浅黄棕色；足浅棕黄色。前翅红棕色至暗棕色，可见 3 条暗褐色线，形成 2 条横带，中部外突，2 条带在后缘靠近或有些距离，有时在外带前缘的内外侧分布白色鳞片。

寄主： 不详。

分布： 我国分布于北京、陕西、内蒙古、云南等地。

生物学特性： 北京 7—9 月灯下可见成虫。

合台毒蛾

23.4 角斑台毒蛾 *Orgyia recens* (Hübner, [1819])

别名：杨白纹毒蛾、囊尾毒蛾、角斑古毒蛾。

雌雄二型。雄蛾翅展 25~36 mm，前翅暗红棕色，基部有 1 个具白边的棕色圆斑，外线和内线黑棕色，横脉纹具白色边，外线前缘外侧具 1 个橙色斑，亚端线白色，不完整，在前缘和臀角处具白斑。后翅黑棕色。雌蛾无翅，体长 12~25 mm，被灰白或淡黄色绒毛。

寄主：杨、柳、榆、苹果、枣、月季、绣线菊、蜀葵、大豆等。

分布：我国分布于北京、河北、陕西、甘肃、宁夏、内蒙古、辽宁、吉林、黑龙江、河南、江苏、浙江、湖北、湖南、贵州等地；国外见于日本、朝鲜半岛、俄罗斯远东地区至欧洲。

生物学特性：东北地区 1 年 1 代，以幼虫越冬。北京 5 月、7—9 月灯下可见成虫。

角斑台毒蛾

23.5 舞毒蛾 *Lymantria dispar* (Linnaeus, 1758)

别名： 松针黄毒蛾、秋千毛虫、杨树毛虫、柿毛虫。

雌雄二型，雄蛾翅展 40~45 mm，雌蛾 45~75 mm。雄蛾体背褐色，前翅黄褐色，布褐棕色鳞，具褐色和黑褐色斑纹，有 4~5 条波状横带，基线由 2 个黑褐色斑点组成，亚基线、内线和中线波浪形，中室中央具 1 个黑点，横脉纹弯月形，外线锯齿形；后翅黄棕色，横脉纹和外缘色暗，缘毛棕黄色。雌蛾黄白色，具黑褐色斑纹，纹路同雄蛾；后翅横脉纹和亚端线棕色，端线为 1 列棕色小点。

寄主： 栎、柞、杨、柳、椴、核桃、桦、榆、苹果、山楂、水稻、麦类等 500 多种植物。

分布： 我国分布于北京、河北、陕西、内蒙古、辽宁、吉林、黑龙江、河南、山东、安徽、福建、江西、湖北、湖南、四川、云南等地；国外见于日本、朝鲜半岛、俄罗斯。

生物学特性： 东北地区 1 年 1 代，以卵越冬。北京 7 月灯下可见成虫。

雄蛾

雌蛾

舞毒蛾

23.6 肘纹毒蛾 *Lymantria bantaizana* Matsumura, 1933

雄蛾翅展 32~42 mm，雌蛾 50~60 mm。体背褐色，前翅褐白色，布黑褐色鳞片，内线外斜，前半清晰，后半的外侧（或有时内侧）具由黑鳞组成的斑纹。缘毛浅褐色与黑褐色相间。

寄主：桃楸、核桃、水胡桃等。

分布：我国分布于北京、陕西、甘肃、河北等地；国外见于日本。

生物学特性：1 年 1 代，以 5~6 龄幼虫越冬。北京 7 月灯下可见成虫。

肘纹毒蛾

23.7 白毒蛾 *Arctornis l-nigrum* (Müller, 1764)

别名：弯纹白毒蛾。

雄蛾翅展 30~40 mm，雌蛾 40~50 mm。触角干白色，栉齿黄色，体白色，前中足胫节具黑斑，跗节和末节黑色。翅白色，有时染有粉绿，横脉纹黑色，呈"<"形。后翅白色。

寄主：栎类、桦、苹果、山楂、杨、柳等多种阔叶树。

分布：我国分布于北京、河北、陕西、内蒙古、辽宁、吉林、黑龙江、山西、河南、山东等地；国外见于日本、朝鲜半岛、俄罗斯远东地区至欧洲。

生物学特性：东北地区1年1代，以三龄幼虫单独卷叶越冬，7—8月灯下可见成虫。

白毒蛾

23.8 杨雪毒蛾 *Leucoma candida* (Staudinger, 1892)

别名：柳毒蛾。

本种成虫外形与雪毒蛾十分相似，雄蛾翅展 35~42 mm，雌蛾 48~52 mm。体白色，触角干白色，间有黑褐色，栉齿黑褐色；下唇须黑色；足白色具黑环。翅白色，鳞片排列密，不透明。

寄主：杨、柳。

分布：我国分布于北京、河北、陕西、青海、甘肃、辽宁、吉林、黑龙江、山西、河南、山东、江苏、浙江、安徽、福建、江西、湖北、湖南、四川、云南等地；国外见于日本、朝鲜半岛、俄罗斯。

生物学特性：北京 1 年 2 代，低龄幼虫越冬，6—9 月灯下可见成虫。

杨雪毒蛾

23.9 榆黄足毒蛾 *Ivela ochropoda* (Eversmann, 1847)

别名：榆毒蛾。

雄蛾翅展 25~30 mm，雌蛾 32~40 mm。体及翅白色，触角干白色，栉齿黑色；前足腿节端半部、胫节和跗节鲜黄色，中后足胫节端半部和跗节鲜黄色。

寄主：榆。

分布：我国分布于北京、河北、陕西、内蒙古、辽宁、吉林、黑龙江、山西、河南、山东等地；国外见于日本、朝鲜半岛、俄罗斯。

生物学特性：北京 1 年 2 代，以低龄幼虫越冬，成虫具趋光性，5 月、7—9 月灯下可见。

榆黄足毒蛾

23.10 戟盗毒蛾 *Euproctis pulverea* (Leech, 1889)

别名：碎黄毒蛾、黑衣黄毒蛾。

雄蛾翅展 20~22 mm，雌蛾 30~33 mm。头部橙黄色，胸部灰棕色，触角干橙黄色，栉齿褐色，足黄色，腹部灰棕色带黄色。前翅黄褐色，前缘和外缘淡橙黄色，黄褐色部分布满黑褐色鳞片，外缘部分鳞片带银色反光，并在端部和中部向外突出，或达外缘。后翅黄色，基半部棕色或黄色。

寄主：刺槐、苹果、榆、茶等叶片。

分布：我国分布于北京、河北、山东、江苏、浙江、安徽、福建、台湾、湖北、湖南、广西、四川等地；国外见于日本、朝鲜半岛、俄罗斯。

生物学特性：北京 4—6 月、8—9 月灯下可见成虫。

戟盗毒蛾

23.11 日本羽毒蛾 *Pida niphonis* (Butler, 1881)

别名： 云星黄毒蛾。

翅展 32~47 mm。体黄色，触角栉节黑褐色，头胸部散生黑色毛。前翅黄色，后翅中间大部至翅中密布黑色鳞片，并散布至近顶角的前缘。中室端具黑点。后翅黄色，后缘具黑鳞。

寄主： 榛、白桦、赤杨、醋栗、锥栗、刺槐等。

分布： 我国分布于北京、河北、陕西、甘肃、内蒙古、辽宁、吉林、黑龙江、山西、河南、山东、浙江、湖北、湖南、广东、四川等地；国外见于日本、朝鲜半岛、俄罗斯。

生物学特性： 北京 7 月灯下可见成虫。

日本羽毒蛾

23.12 盗毒蛾 *Porthesia similis* (Fuessly, 1775)

别名： 金毛虫、黄尾毒蛾。

翅展 30~45 mm。触角干白色，栉齿黄棕色，腹端半部黄色。前翅基部有时具 1 个黑斑，后缘近臀角处具 2 个黑斑，有时不明显或消失。

寄主： 杨、柳、槐、栎类、桦、蔷薇、李、梨、苹果、山楂、桑等多种阔叶树。

分布： 我国分布于北京、河北、陕西、青海、内蒙古、辽宁、吉林、黑龙江、山东、江苏、上海、浙江、福建、台湾、湖北、湖南、广西等地；国外见于日本、朝鲜半岛、俄罗斯远东地区至欧洲。

生物学特性： 华北地区 1 年 2 代，以 3 龄幼虫在树皮缝隙中或枯枝落叶层内作茧越冬。北京 6—9 月灯下可见成虫。

盗毒蛾

23.13 折带黄毒蛾 *Euproctis flava* (Bremer, 1861)

别名：黄毒蛾、柿叶毒蛾、杉皮毒蛾。

雄蛾翅展 25~33 mm，雌蛾 35~42 mm。体黄色，前翅黄色，内线和外线浅黄色，两者在近中部弯折，两线之间布黄褐色鳞片，顶角处具 2 个黑褐色斑点，有时 1 个消失或 2 个均消失。

寄主：樱桃、梨、苹果、桃、梅、李、海棠、柿、蔷薇、栎类、石榴、茶、槭、刺槐、柏、松等多种树木。

分布：我国分布于北京、河北、陕西、甘肃、内蒙古、辽宁、吉林、黑龙江、山西、河南、山东、江苏、安徽、浙江、福建、湖北、湖南、广东、广西、四川、贵州、云南等地；国外见于日本、朝鲜半岛、俄罗斯。

生物学特性：华北地区 1 年 2 代，以低龄幼虫群集越冬。北京 6—7 月灯下可见成虫。

折带黄毒蛾

23.14 幻带黄毒蛾 *Euproctis varians* (Walker, 1855)

雄蛾翅展约 18 mm，雌蛾约 30 mm。体橙黄色。触角干黄白色，栉齿灰黄棕色；足浅橙黄色。前翅黄色，内横线和外横线黄白色，近平行，外弯，两线间色较浓。后翅浅黄色。

寄主：柑橘、茶、油茶。

分布：我国分布于北京、河北、山西、上海、江苏、浙江、安徽、福建、江西、山东、河南、湖北、湖南、广东、广西、四川、云南、陕西、台湾；国外见于马来西亚、印度。

生物学特性：北方 1 年 2 代，6 月、8 月灯下可见成虫。

幻带黄毒蛾

23.15 云黄毒蛾 *Euproctis xuthonepha* Collenette, 1938

雄蛾翅展 34~36 mm。触角干白色,栉齿粉浅黄色,胸部白橙黄色,腹部白粉浅黄色,肛毛簇黄褐色。前翅白橙黄色,沿前缘色浅。内线呈宽带状,黄棕色或橙黄色,从亚前缘达翅后缘,外线呈宽带状,黄棕色或橙黄色,从前缘达翅后缘,两带与翅外缘近平行。缘毛白橙黄色。后翅浅黄白色或白浅黄色。

寄主: 不详。
分布: 我国分布于北京、河北、四川、陕西等地。
生物学特性: 北京 8 月灯下可见成虫。

云黄毒蛾

第二十四章
灯蛾科 Arctiidae

中型蛾类，外形与夜蛾科相似，体色鲜艳，通常有红、黄、白、黑色，多条纹斑点。前翅最多有12条翅脉，最少有9条翅脉。全世界已知有11 000种，我国已记录558种，多分布于热带和亚热带地区。本书记录27种。

24.1 明痣苔蛾 *Stigmatophora micans* (Bremer & Grey, 1852)

翅展32~42 mm。体白色，头、颈板、腹部染橙黄色，足胫节与跗节具黑带。前翅淡黄白色，前缘及外缘橙黄色，翅基有1个黑点外，外侧具3列黑点，有时部分斑点会变小或消失。

寄主：不详。

分布：我国分布于北京、河北、陕西、甘肃、辽宁、吉林、黑龙江、内蒙古、山西、河南、山东、江苏、湖北、四川等地；国外见于朝鲜半岛。

生物学特性：北京7月灯下可见成虫。

明痣苔蛾

24.2 黄痣苔蛾 *Stigmatophora flava* (Bremer & Grey, 1852)

翅展 32~42 mm。体黄色，头、颈板和翅基片色稍深。前翅前缘区橙黄色，基部具 1 个黑点，内线处具 3 个黑点，外线处 6 个或 7 个黑点，亚外线通常具 2 个黑点，有时会增加几个。

寄主：桑、高粱、玉米。

分布：我国分布于北京、河北、陕西、甘肃、新疆、辽宁、吉林、黑龙江、山西、河南、山东、江苏、浙江、江西、福建、台湾、湖北、湖南、广东、四川、贵州、云南等地；国外见于日本、朝鲜半岛。

生物学特性：北京 7—8 月灯下可见成虫。

黄痣苔蛾

24.3 美苔蛾 *Miltochrista miniata* (Forster, 1771)

翅展 24~32 mm。体背及翅淡黄褐色至淡红褐色，雄蛾腹端染黑色。前翅前缘及外缘常染红色，前翅前缘基部具黑边，黑色内线仅在翅前缘明显，后大部常消失；中线亦仅前部明显；外线黑色，强锯齿形，其外具 1 列黑点。中室端具黑点。后翅淡黄色，外缘区染红色。

寄主：地衣。

分布：我国分布于北京、河北、内蒙古、辽宁、吉林、黑龙江、山西等地；国外见于日本、朝鲜半岛、俄罗斯远东地区至欧洲。

生物学特性：北京 7 月灯下可见成虫。

美苔蛾

24.4 黄边美苔蛾 *Miltochrista pallida* (Bremer, 1864)

翅展 18~26 mm。前翅前缘及外缘具黄色宽带，前缘基部具黑边，翅基及中室外端具 1 个黑点，亚端线为 1 列黑点，有时不明显。后翅淡黄色。

寄主：不详。

分布：我国分布于北京、河北、陕西、黑龙江、辽宁、山东、江苏、浙江、安徽、福建、台湾、湖北、湖南、广西、四川、云南等地；国外见于日本、朝鲜半岛、俄罗斯。

生物学特性：北京 6—8 月灯下可见成虫。

黄边美苔蛾

24.5 硃美苔蛾 *Miltochrista pulchra* (Butler, 1877)

翅展 23~36 mm。体红色。前翅翅脉为黄带，内横线、中横线底色黄，其上由黑点组成，中横线较直，前缘基部黑色，基点、亚基点黑色，外横线由黑点组成，黑点向外延伸成黑带。后翅色稍淡。前后翅缘毛黄色。

寄主：茶树。

分布：我国分布于北京、辽宁、吉林、黑龙江、山东、浙江、福建、四川、云南等地；国外见于朝鲜半岛、日本。

生物学特性：北京 7—8 月灯下可见成虫。

硃美苔蛾

24.6 草雪苔蛾 *Cyana pratti* (Elwes, 1890)

雄蛾翅展 25~33 mm，雌蛾 30~35 mm。体白色，前足胫节和跗节具褐带。前翅雄蛾中室具 2 个黑斑，另有 1 个黑斑位于外线上。雌蛾在中室处具 3 个黑斑，呈三角形排列，前翅端线红色，在顶角下方较为明显，向后变细或退化。后翅红色，缘毛白色。

分布： 我国分布于北京、河北、陕西、辽宁、山西、河南、山东、江苏、浙江、江西、湖北、湖南、广西、四川等地。

生物学特性： 北京 7 月灯下可见成虫。

草雪苔蛾

24.7 头橙荷苔蛾 *Ghoria gigantea* (Oberthür, 1879)

翅展 30~43 mm。头、颈板土黄色至橙黄色，胸及前翅灰褐色，前翅前缘具黄色带，至翅顶渐尖，前缘基部具褐边。

寄主：地衣。

分布：我国分布于北京、河北、陕西、甘肃、辽宁、吉林、黑龙江、山西、河南、浙江等地；国外见于日本、朝鲜半岛、俄罗斯。

生物学特性：北京 6 月灯下可见成虫。

头橙荷苔蛾

24.8 泥土苔蛾 *Eilema lutarella* (Linnaeus, 1758)

翅展 27~30 mm。额大部黑色，头顶、胸、翅橙黄色，有时染有黑褐色或扩大。前翅狭长，无斑纹，反面黑褐色，周缘黄色。后翅橙黄色，但前半黑褐色。

寄主：地衣。

分布：我国分布于北京、新疆等地；国外见于俄罗斯远东地区至欧洲、北非。

生物学特性：北京 8 月灯下可见成虫。

泥土苔蛾

24.9 黄土苔蛾 *Eilema nigripoda* (Bremer & Grey, 1852)

翅展 45~55 mm。雄蛾头和颈板黄色，下唇须第三节及触角黑色，胸部白色，胸足大部暗褐色，腹部淡黄色。前翅暗白色，有粉状粗鳞片，前缘基部黑色，端部黄色，后翅黄色。雌蛾橙黄色。

寄主：地衣。

分布：我国分布于北京、上海、浙江、福建、甘肃等地；国外见于日本。

生物学特性：北京 8 月灯下可见成虫。

黄土苔蛾

24.10 肖浑黄灯蛾 *Rhyparioides amurensis* (Bremer, 1861)

雄蛾翅展 43~56，雌蛾 50~60 mm。雄蛾深黄色，下唇须背面黑色，腹面红色，足褐色，腿节上方红色，腹部橙黄至红色，中央及侧面各具 1 列黑斑。前翅前缘具黑边，前缘近中部具 2 个或 3 个黑点，中后下角具 1 个黑点，在其上角及下角外室常具 1 个黑点，后缘近中部具 2 个较大黑斑。后翅红色具黑斑。雌蛾前翅上的黑斑常被暗褐色斑所替代。雌雄前后翅反面具明显的大黑斑。

寄主：柳、栎、榆、蒲公英等。

分布：我国分布于北京、河北、陕西、辽宁、吉林、黑龙江、山西、河南、山东、江苏、浙江、福建、江西、湖北、湖南、广西、四川、云南等地；国外见于日本、朝鲜半岛。

生物学特性：北京 7 月灯下可见成虫。

肖浑黄灯蛾

24.11 豹灯蛾 *Arctia caja* (Linnaeus, 1758)

翅展 58~86 mm。体色与斑纹变异较多。颈板后缘红色。前翅红褐色或黑褐色，具白色斑纹，翅基片外侧具白色窄条。后翅橙红或橙黄，具蓝黑色圆斑，其中亚缘线由 3 个圆斑组成。

寄主：甘蓝、桑、菊、蚕豆、醋栗、接骨木、大麻等。

分布：我国分布于北京、河北、河南、山西、陕西、宁夏、新疆、内蒙古、辽宁、吉林、黑龙江等地；国外见于日本、朝鲜半岛、欧洲、印度、美国。

生物学特性：1 年 1 代，以幼虫于杂草落叶下越冬。北京 8 月灯下可见成虫。

豹灯蛾

24.12 斑灯蛾 *Pericallia matronula* (Linnaeus, 1758)

翅展 62~92 mm。头胸部黑色，具红色条纹，腹部红背，背中及侧各有 1 列黑斑。前翅暗褐色，前缘具 1 列黄白斑或黄斑，近臀角处具 1 个小黄白斑或无。后翅橙黄色或黄色，具黑斑。

寄主：柳、蒲公英、车前、忍冬等。

分布：我国分布于北京、河北、宁夏、内蒙古、辽宁、吉林、黑龙江等地；国外见于日本、朝鲜半岛、蒙古国、俄罗斯远东地区至欧洲。

生物学特性：北京 6—7 月灯下可见成虫。

斑灯蛾

24.13 雅灯蛾 *Eucharia festiva* (Hüfnagel, 1766)

别名： 大腹灯蛾。

翅展 44~64 mm。头、胸蓝黑色，颈板具红边，前足基节红色具黑点，腹部蓝黑色，有些个体背面除中央具黑点及端节黑色外，其余为红色宽带，有的个体腹部全为蓝黑色，仅侧面有红斑。前翅蓝黑色，亚基线、内线、中线、外线及端线为白色或黄白色带，各带粗细变异较大，外带与端带在 Cu_1 与 M_1 脉处有 1 条短纵带相连。

寄主： 大戟。

分布： 我国分布于河北、新疆；国外见于俄罗斯、叙利亚、欧洲。

生物学特性： 不详。

雅灯蛾

24.14 砌石灯蛾 *Arctia flavia* (Fuessly, 1779)

别名：砌石篱灯蛾

雄蛾翅展 52~62 mm，雌蛾 58~78 mm。头、胸黑色，颈板前缘具黄带，翅基片外侧前方具黄色三角斑，前足基节、腿节上方黄色或橙红色。腹部黄色，背面基部黑色，中央具黑色纵带、腹部末端及腹面黑色。前翅黑色；内线黄白色，在中室处有 1 条黄白带与翅基部相连；内线至外线间的前缘为黄白色边，后缘在内线至臀角间有黄白色边；外线黄白色；缘毛黄白色。后翅黄色，横脉纹黑色，亚端线为 1 条黑色宽带，中间断裂。

寄主：枸子属植物。

分布：我国分布于河北、内蒙古、辽宁、新疆；国外见于欧洲、西伯利亚、蒙古国。

生物学特性：北方 6 月灯下可见成虫

砌石灯蛾

24.15 乳白格灯蛾 *Areas galactina* (Hoeven, 1840)

别名：乳白斑灯蛾。

雄蛾翅展 66~76 mm，雌蛾 80~100 mm。头顶白色或染红色，额黑色；唇须红色，顶端黑；触角黑色；胸部白色；颈板、肩及翅基片有黑褐色小点，胸部有黑褐色宽纵带，颈板镶红边，下胸和前足基节红色；腹部背面红色，背中央及两侧各具 1 列黑点，背面的黑点较长，有的成为短带，腹面橙色，常染红色。前翅白色或污白色，翅脉黑色至黑褐色；内线黑色，其前缘有 1 条斜带伸向后缘，自顶角也有 1 条黑色带伸向后缘，与之相连；前缘外至中室外也有。后翅橙黄色，基部有红润色，黑色横脉纹有时存在。

寄主：不详。

分布：我国分布于四川、云南、西藏等地；国外见于锡金、印度、印度尼西亚。

生物学特性：在东北地区 1 年 1 代，以卵越冬，9—10 月灯下可见成虫。

乳白格灯蛾

24.16 黄臀黑污灯蛾 *Epatolmis caesarea* (Goeze, 1781)

别名：黄臀灯蛾、黑灯蛾。

翅展 36~42 mm。体背及翅黑色或黑褐色，腹部第 2 节后橙黄色，背中及侧面各有 1 列黑点。后翅臀角处具橙黄色斑，雄性大，雌性小或消失。

寄主：柳、蒲公英、车前、珍珠菜。

分布：我国分布于北京、河北、陕西、内蒙古、辽宁、吉林、黑龙江、河南、山东、江苏、江西、湖南、四川、云南等地；国外见于日本、朝鲜半岛、土耳其、俄罗斯远东地区至欧洲。

生物学特性：北京 3—7 月灯下可见成虫。

黄臀黑污灯蛾

24.17 亚麻篱灯蛾 *Phragmatobia fuliginosa* (Linnaeus, 1758)

别名：亚麻灯蛾。

翅展 30~40 mm。头、胸暗红褐色，触角干白色，足黑色，被红褐色毛，腿节上方红色。腹背红色，中央及两侧各有 1 列黑点。前翅红褐色，中室端具 2 个黑点。后翅红色，散布暗褐色鳞片，中室端 2 个黑点，亚端带黑色，有的个体断裂成点状，缘毛红色。

寄主：亚麻、酸模、蒲公英等多种植物。

分布：我国分布于北京、河北、陕西、甘肃、青海、宁夏、新疆、内蒙古、辽宁、吉林、黑龙江、山西、四川等地；国外见于日本、俄罗斯远东地区至欧洲、北美。

生物学特性：北京 8 月灯下可见成虫。

亚麻篱灯蛾

24.18 红缘灯蛾 *Aloa lactinea* (Cramer, 1777)

别名：红袖灯蛾、红边灯蛾。

翅展 46~64 mm。体白色，触角黑色，头顶、颈板端缘及肩角带红色。胸背近基部具 1 条红色横带，腹部基部和端部橙黄色，其余黄黑相间。前翅前缘红色，翅基片通常具黑点，中室上角具黑点。后翅中部具 1 个新月形黑斑，外缘具 1~4 个黑斑或缺如。

寄主：大豆、玉米、棉花、芝麻、紫穗槐等 26 科 100 余种农作物或树木。

分布：我国分布于北京、河北、陕西、天津、河南、山东、江苏、安徽、浙江、福建、台湾、江西、湖北、湖南、广东、广西、海南、四川、贵州、云南、西藏等地；国外见于日本、朝鲜半岛、东南亚、南亚。

生物学特性：1 年 1 代，以蛹越冬。北京 6—8 月灯下可见成虫。

红缘灯蛾

24.19 白雪灯蛾 *Chionarctia niveus* (Ménétriés, 1859)

翅展 55~80 mm。体黄白色，触角白色，但栉齿黑色，前足基节红色具黑斑，各足腿节上方红色（前足具黑纹），腹部除基节和端部外两侧具红斑，中央及侧面各具黑斑。翅狭长，正面无斑，背面中室端具黑斑。

寄主：大豆、高粱、小麦、桑、车前、蒲公英等。

分布：我国分布于北京、河北、陕西、内蒙古、辽宁、吉林、黑龙江、河南、山东、浙江、福建、江西、湖北、湖南、广西、四川、贵州、云南等地；国外见于日本、朝鲜半岛。

生物学特性：北京 7—8 月灯下可见成虫。

白雪灯蛾

24.20 红星雪灯蛾 *Spilosoma punctarium* (Stoll, 1782)

翅展 31~44 mm。体白色，前足基节及腿节上方红色，腹部除基节和端部外红色，背中及侧面各具黑斑。前翅黑斑数量变化较大，甚至只剩几点。后翅白色，具黑点。

寄主：桑、苤荑、甜菜等。

分布：我国分布于北京、陕西、辽宁、吉林、黑龙江、江苏、安徽、浙江、台湾、江西、湖北、湖南、四川、贵州、云南等地；国外见于日本、朝鲜半岛、俄罗斯。

生物学特性：北京 4—7 月灯下可见成虫。

红星雪灯蛾

24.21 黄星雪灯蛾 *Spilosoma lubriciedum* (Linnaeus, 1758)

翅展 32~42 mm。体乳白色，下唇须及触角黑色，足具黑纹，腿节上方黄色，腹部背面除基节和尾节外黄色，背面、侧面和亚侧面各有 1 列黑点。前翅黑点或多或少，变异较大。前缘下方具有基点及亚基点，内横线点和中横线点在中脉处折角，中室上角有 1 个黑点，其上方 1 个黑点位于前缘处。外线点在中室外向外弯，从翅顶至 M_2 脉有 1 斜列点，短的亚端点自 Cu_1 至 M_2 脉，M_2 脉上方和 Cu_1 脉下方有时有端点。后翅通常有横脉纹黑点，有时具亚端点位于翅顶下方、M_2 脉上方及 Cu_1 脉下方。

寄主： 甜菜、桑、薄荷、蒲公英、蓼等。

分布： 我国分布于北京、河北、黑龙江、吉林、山西、陕西、江苏、湖北、湖南、广西、四川、贵州、云南等地；国外见于日本、朝鲜半岛、欧洲。

生物学特性： 北京 6—7 月灯下可见成虫。

黄星雪灯蛾

24.22 人纹污灯蛾 *Spilarctia subcarnea* (Walker, 1855)

别名：红腹灯蛾、红腹白灯蛾、人字纹灯蛾。

翅展 40~52 mm。体黄白色，前足基节侧面和腿节上方红色，胫节和跗节黑褐色或具黑斑；腹部除基部和端部外红色，背中、侧面和亚侧面各具 1 列黑点。前翅基部常具 1 黑点，中室端具 1 黑点。翅近中部后方具 1 列黑点（可减少到 1 点），斜生。

寄主：桑、木槿、豆科和十字花科蔬菜。

分布：我国分布于北京、河北、陕西、内蒙古、辽宁、吉林、黑龙江、河北、山西、河南、山东、安徽、浙江、福建、台湾、江西、湖北、湖南、广东、广西、四川、贵州、云南等地；国外见于日本、朝鲜半岛、菲律宾。

生物学特性：北方地区 1 年 2 代，以蛹越冬。北京 5—6 月、8 月可见成虫。

人纹污灯蛾

24.23 美国白蛾 *Hyphantria cunea* (Drury, 1773)

翅展 28~38 mm。触角主干及（雄蛾）栉齿下方黑色，前足腿节以上橘黄色，胫、跗节前面（正面）黑色或黑白相间，后面（背面）白色。前翅白色，有时雄蛾（特别是越冬代）具众多黑斑，甚至还有 1 列黑缘斑。后翅无斑。

寄主：榆、臭椿、桑、李、柳、杨等阔叶树，也有入侵农田的现象。

分布：我国分布于北京、天津、河北、辽宁、山东等地；国外见于日本、朝鲜半岛、欧洲、北美等地。

生物学特性：以蛹越冬，4 月中旬即可见成虫。

美国白蛾

24.24 排点灯蛾 *Diacrisia sannio* (Linnaeus, 1758)

翅展 37~43 mm。雄蛾黄色，头暗褐色，触角干上方红色，腹部浅黄色染暗褐色。前翅前缘暗褐色，翅顶红色，后缘具红带，中室端具红和暗褐斑。后翅浅黄色，基部通常染暗褐色，横脉纹暗褐色，亚端点为 1 排成弧形的暗褐色斑点。缘毛红色。雌蛾橙褐黄色，下唇须、额、触角红色，翅脉红色，前翅中室端暗褐色斑不明显，后翅基部半染黑色，中室端具黑斑，亚端线为 1 列黑斑，腹部背面和侧面各 1 列黑点。

寄主：欧石南属、山柳菊属、山萝卜属的植物。

分布：我国分布于北京、河北、黑龙江、吉林、辽宁、内蒙古、山西、新疆、甘肃、宁夏、四川等地。

生物学特性：河北 7 月灯下可见成虫。

排点灯蛾（雌蛾）

24.25 闪光玫灯蛾 *Amerila astreus* (Drury, 1773)

展翅 45~55 mm。头、胸背板灰白色具黑色斑点，前后翅灰褐色，翅面鳞片少几乎呈膜质状，前翅中央及翅端暗灰褐色，中央纵脉间呈条状的白斑排列。后翅短小，腹背及足粉红色。

寄主：桑、梨、樱桃、苹果、柳。

分布：我国分布于广东、广西、海南、湖南、四川、云南、台湾等地。

生物学特性：不详。

闪光玫灯蛾

24.26 漆黑望灯蛾 *Lemyra infernalis* (Butler, 1877)

雄蛾翅展 34~36 mm、雌蛾 42~46 mm。*L. infernalis* 种团包括 *L. infernalis*、*imparilis*、*jiangxiensis*、*hyalina nigrescens*，前二者为雌雄二型，后三者推测也可能为雌雄二型，目前尚未掌握到雌蛾标本。本种雌雄二型，雄蛾黑色，头顶、颈板、肩角红色或橙红色，额、触角及下唇须上方黑色，下胸、下唇须下方及足基节红色，腹部红色，背面、侧面及亚侧面各有 1 列黑点；前、后翅全为黑色。雌蛾赭白色至黄色，下唇须第 3 节及触角黑色，颈板侧缘有红毛，足染褐色，腹部背面除基节与端节外红色，背面、侧面及亚侧面各具 1 列黑点，腹部末端黄色、较膨大；翅黄白至黄色，前翅无斑点；后翅后缘基区常染红色，有时横脉纹具褐点，亚端点褐色、或有或无，3~5 个褐点分布于 M_2 脉上方、Cu_1 脉至臀角上方。

寄主：樟、木麻黄、柚木、九里香、桑、梨、樱桃、苹果、枹树、柳和清明花属植物等。

分布：我国分布于北京、辽宁、陕西、浙江、胡彬、湖南等地；国外见于日本。

生物学特性：北京 7 月灯下可偶见成虫。

漆黑望灯蛾

24.27 黑纹北灯蛾 *Amurrhyparia leopardinula* (Stand, 1919)

别名：黑纹黄灯蛾。

翅展 38~44 mm。头、胸褐黄色，下唇须、触角黑褐色或褐色，足暗褐色，有黑条纹，雌蛾前足基节及腿节上方红色，腹部黄色、背面及侧面各具有 1 列黑点。前翅黄色，2A 脉上方有时有 1 条黑色亚基短带，中室中部及 Cu_2 脉基部下方有 1 条较长的黑带，中室上角有 1 个黑点，下角有 2 个黑点，M_2 脉中部具 1 条黑色短带，Cu_1 至 Cu_2 脉具黑点带。后翅底黄色，染红色，中脉具黑带，在 Cu_2 脉出分叉，2A 脉基半部具 1 条黑带，横脉纹黑色，亚端点黑色，位于 M_2、Cu_2 及 2A 脉上。缘毛黄色。

寄主：小麦。

分布：我国分布于北京、河北、辽宁、山西、陕西、宁夏、甘肃、青海、西藏等地；国外见于叙利亚、俄罗斯。

生物学特性：7—8 月灯下可见成虫。

黑纹北灯蛾

第二十五章
鹿蛾科 Amatidae

成虫小型至中型，外形似斑蛾或蜂类，头小，喙发达，但有时退化，下唇须短而平伸，长而向下弯或向上翻。胸足胫节距短，腹部常具斑点或带。翅面常缺鳞片，形成透明窗状。前翅矛形，较窄，翅顶角稍圆，中室为翅长的一半以上。后翅显著小于前翅。全世界已经记录约 3 000 种。本书记录 1 种。

25.1 黑鹿蛾 *Amata ganssuensis* (Grum-Grshimailo, 1891)

前翅长 12.5~17.5 mm。体黑色，具紫色光泽，触角黑色，下胸具 2 个黄色侧斑。翅黑色，翅面有 6 个白斑，数量从内到外分别为 1、2、3，翅斑形状不规则。后翅具 2 个白斑。腹部第 1 节、第 5 节具有橙黄色宽带。

寄主：桑科、菊科植物。

分布：我国分布于河北、山东、陕西、内蒙古、黑龙江、福建、陕西、青海、宁夏等地；国外见于日本、朝鲜半岛。

生物学特性：6 月可见成虫访花。

黑鹿蛾

第二十六章
瘤蛾科 Nolidae

本科部分种类中室近基部及端部有瘤状竖鳞，故称之为瘤蛾。该科种类颜色暗，无单眼，翅缰钩棒状。幼虫4对足。茧呈船形。瘤蛾科世界已知186属1 738种。本书记录11种。

26.1 锈点瘤蛾 *Nola aerugula* (Hübner, 1793)

翅展15~20 mm。体翅白色或灰色，触角短，未达前翅的1/2，具短栉节。前翅具竖鳞，内线、中线、外线、亚缘线和缘线灰褐色，有时部分横线不明显。前翅前缘基部褐色，前缘中部散布小褐点，中室近基部、中部及端部各有1簇褐色竖鳞，内线褐色、在中室折角，外线褐色、呈齿状弯曲、其内边褐色，亚端线为褐色不规则纹，缘毛褐白色；后翅白色，横脉纹暗色。

寄主： 蒙古栎、三叶草、百脉根、桦、柳、杨等多种植物。

分布： 我国分布于北京、黑龙江；国外见于日本、朝鲜半岛、俄罗斯远东地区至欧洲。

生物学特性： 北京7—8月灯下可见成虫。

锈点瘤蛾

26.2 苹米瘤蛾 *Evonima mandschuriana* (Oberthür, 1880)

别名：苹果瘤蛾。

翅展 17~26 mm。头、胸白色，下唇须褐色，短，前伸。前翅基半部棕褐至黑褐色，基部除前缘外白色，端半部白色，染银色鳞片，缘毛暗褐色，在顶角处灰白色。后翅暗褐色。

寄主：苹果、蒙古栎、青冈树等。

分布：我国分布于北京、黑龙江、河南、江西、四川等地；国外见于日本、朝鲜半岛、俄罗斯。

生物学特性：北京 7—8 月灯下可见成虫。

苹米瘤蛾

26.3 白首瘤蛾 *Iragaodes nobilis* (Staudinger, 1892)

展翅 25~27 mm。触角丝状，头部、胸部、前翅与腹部褐色。前翅顶角直角状，外缘明显外弯，前翅有 2 条白色斜带，一条从前缘翅基部斜向近后缘但不达后缘，另一条从后缘到顶角，有时不明显。停歇时，前翅收于胸、腹部呈屋脊状。

寄主：桦树科一些种类。

分布：我国分布于北京、河北、福建、台湾等地；国外见于日本。

生物学特性：北京 7 月灯下可见成虫。

白首瘤蛾

26.4 洼皮夜蛾 *Nolathripa lactaria* (Graeser, 1892)

翅展 24~27 mm。头胸部白色，胸部背面具 2 个圆形黑褐色斑。前翅基半部银白色，端半部黄褐色，中室基部具 2 簇突起的白色鳞片，中室端部具 2 簇突起的黑色鳞片，外线黑色，后半部具竖起的黑色鳞片。

寄主： 苹果、枇杷、胡桃楸等。

分布： 我国分布于北京、陕西、河北、山东、浙江、江西、湖北、四川等地；国外见于日本、朝鲜半岛、俄罗斯。

生物学特性： 北京 5—8 月灯下可见成虫。

洼皮夜蛾

26.5 红锈霜夜蛾 *Gelastocera ochroleucana* Staudinger, 1887

翅展 22~30 mm。雄蛾触角基大部双栉状，雌蛾触角线状。体背及前翅褐色至红褐色，前翅中部颜色较深，亚缘线和缘线为黑点列所组成，翅端部染有紫色。

寄主： 不详。

分布： 我国分布于北京、河北、辽宁、吉林、黑龙江等地；国外见于朝鲜半岛、俄罗斯。

生物学特性： 北京 7—8 月灯下可见成虫。

红锈霜夜蛾

26.6 饰夜蛾 *Pseudoips prasinanus* (Linnaeus, 1758)

别名：碧夜蛾。

翅展 34~39 mm。头、胸部黄绿色，下唇须外侧褐红色，翅基片及后胸带白色，腹部背面黄白色。前翅葱绿色，具 2 条斜白线，亚端线有时隐约可见，后缘黄色。后翅白色微带黄色。

寄主：栎、山毛榉、榛等。

分布：我国分布于北京、内蒙古、黑龙江、吉林、湖南等地；国外见于日本、朝鲜半岛、俄罗斯远东地区至欧洲。

生物学特性：北京 7 月灯下可见成虫。

饰夜蛾

26.7 亚皮夜蛾 *Nycteola asiatica* (Krulikowski, 1904)

翅展 25~27 mm。头、胸部暗灰色，腹部银白色，胸背常具 2 个黑环，后缘中央具 1 团鳞毛。前翅暗灰色，具银色光泽，内线双线黑色，波状，近中室处具 1 黄棕色圆点，外线波状，在中部外突。

寄主：柳、杨。

分布：我国分布于北京、山东、江苏、湖南等地；国外见于日本、欧洲。

生物学特性：1 年多代，以成虫越冬。3—4 月、8 月灯下可见成虫。

亚皮夜蛾

26.8 胡桃豹夜蛾 *Sinna extrema* (Walker, 1854)

体长 15 mm，翅展 32~40 mm。头、胸部白色，颈板、翅基片及前后胸有橘黄斑纹，腹部黄白色，背面微褐。前翅橘黄色，有许多白色多边形斑，外线为完整的白色曲折带，外缘具 5 个黑斑，顶角内侧具 2 个黑斑，有时橘黄斑消退，全体呈白色。后翅白色微褐。

寄主： 核桃属、枫杨属、青钱柳属、山核桃属、黄杞属、化香树属、泡桐属植物。

分布： 我国分布于北京、黑龙江、陕西、河北、河南、江苏、浙江、江西、湖北、湖南、四川等地；国外见于日本、欧洲。

生物学特性： 1 年 4 代，以老熟幼虫在矮小灌木、杂草及枯枝落叶中结茧化蛹越冬。5—10 月灯下可见成虫。

胡桃豹夜蛾

26.9 粉缘钻夜蛾 *Earias pudicana* Staudinger, 1887

别名： 一点钻夜蛾、柳金钢钻、粉缘金钢钻。

翅展 20~21 mm。头、胸部粉绿色，或中、后胸粉红色，唇须粉褐色，翅基片及胸背白色带粉红。前翅黄绿色，前缘从基部到 2/3 处具粉白色条纹，翅中具褐色圆点或消失，翅外缘（窄）及缘毛褐色。

寄主： 柳、杨。

分布： 我国分布于北京、黑龙江、河北、江苏、浙江、江西、四川等地；国外见于日本、印度。

生物学特性： 北京 1 年 2 代，4—7 月、9 月可见成虫，具趋光性。

粉缘钻夜蛾

26.10 玫缘钻夜蛾 *Earias roseifera* Butler, 1881

别名：玫瑰金刚钻、玫瑰钻夜蛾。

翅展 18~21 mm。头、胸部黄绿色，或触角、下唇须及前中足染有桃红色。前翅黄绿色，翅中央玫瑰红色，或大或小，甚至消失；外缘及缘毛褐色或黄绿色。后翅白色。

寄主：杜鹃、杨、柳。

分布：我国分布于北京、黑龙江、河北、江苏、江西、湖北、台湾、四川等地；国外见于日本、俄罗斯、印度。

生物学特性：北京 5—7 月灯下可见成虫。

玫缘钻夜蛾

26.11 白缘钻夜蛾 *Earias clorana* (Linnaeus, 1761)

翅展约 19 mm。头部和颈板白色，下唇须上缘黑褐色，胸部黄绿色，下胸及足白色，前足、中足胫节及跗节略带褐色。前翅黄绿色，前缘区 2/3 白色，后翅白色半透明。

寄主：青冈柳。

分布：我国分布于北京、青海、新疆等地；国外见于土耳其、欧洲。

生物学特性：北京 7 月灯下可见成虫。

白缘钻夜蛾

第二十七章
虎蛾科 Agaristidae

中型至大型蛾类，有资料把虎蛾科列为夜蛾科的一个亚科，形态特征与夜蛾科极为近似。成虫白天活动，喙发达，下唇须向上伸，第三节一般向前伸，多数种类触角端部粗厚，有单眼，复眼大，少数种类具毛，中足胫节有1对距，后足胫节有2对距。前翅属于四叉型，后翅三叉型。幼虫色彩鲜艳，体常有长毛，第8腹节背面隆起，腹足4对。全世界已知3 000多种。多分布于热带和亚热带地区。本书记录3种。

27.1 鹿彩虎蛾 *Episteme adulatrix* (Kollar, 1844)

体长26~29 mm，翅展67~74 mm。头、胸部黑色，下唇须第一节、第二节、额两侧及触角基部各有1个白斑；复眼后衬白色，头顶有1白斑，颈板、翅基片及前胸有粉黄斑；腹部橘红色。前翅黑色，基部有2列粉蓝斑，在后缘处相连，中室基部1个小黄斑，中部方形黄斑，其后连一同色大方斑，外区前半有2组长方形黄斑，亚端区1列白斑。后翅黑色，亚端区1列蓝白斑，在Cu_2脉后具2个橘红斑。

寄主： 不详。

分布： 我国北方无分布，见于云南、贵州、四川；国外见于印度、缅甸、尼泊尔等。

生物学特性： 代数不详，以蛹越冬，3月羽化。幼虫4—10月都可见，主要发生期5—9月。

鹿彩虎蛾

27.2 高山修虎蛾 *Sarbanissa bala* (Moore, 1865)

翅展约 45 mm。头、胸部黑褐色杂少许灰色，下胸和足橘黄色。前翅黑褐色带灰色，中室及肾纹外浅灰色，后缘区带暗棕色，内线灰色，环纹、肾纹大，黑褐色，白边，肾纹斜椭圆形，后端超出中室，外线灰色，波曲外弯，亚端线灰白色。后翅橘黄色，横脉纹黑色，近圆形，亚中褶基部有 1 条黑纵纹，端区有 1 条黑色宽带。腹部橘黄色，各节背面有黑色横条。

寄主：葡萄。

分布：我国北方无分布，见于湖南、甘肃、西藏；国外见于尼泊尔、印度、泰国。

生物学特性：7 月灯下可见成虫。

高山修虎蛾

27.3 艳修虎蛾 *Sarbanissa venusta* (Leech, 1888)

翅展 35~42 mm。头、胸部黑褐色杂有白色。前翅白色，密布黑褐色细点，中脉及 Cu_2 脉后大部紫灰色，顶角区蓝紫色，内、外线双线灰白色，环纹、肾纹黑棕色，白边，外线前后端外侧各有 1 个枣红斑，亚端区有间断的粉蓝色纹，端线灰白色，外侧有 1 列黑色长点。后翅杏黄色，中室端部有 1 个小黑斑，臀角有 1 个黑斑，端区有 1 条不规则波曲的黑带，带的外缘毛黑色。腹部杏黄色，背面有 1 列黑色毛簇。

寄主： 葡萄、爬山虎。

分布： 我国分布于北京、上海、山东、江苏、浙江、湖北、四川、云南等地；国外见于日本、朝鲜半岛。

生物学特性： 成虫日间活动，飞翔能力强。7月灯下可见成虫。

艳修虎蛾

第二十八章
夜蛾科 Noctuidae

成虫多数为中等大小，少数极小，喙发达，有单眼，体色、翅色较为丰富。前翅一般长于后翅，体长一般与后翅长度相当，头、胸、腹被鳞片或毛，翅被鳞片。前翅暗而常有保护色，M_2 基部近 M_3，而远 M_1，肘脉似 4 叉式。后翅 Sc 和 Rs 在基部分离，但在近基部接触一点而又分开，形成 1 个小基室。大多数种类具有趋光性和趋糖性，许多种类有迁飞习性，如黏虫、小地老虎等就可以长距离迁飞。幼虫大多数仅具原生刚毛，趾钩一般为单序中带，通常有 4 对腹足，但在有些亚科中第 1 对、第 2 对腹足略有退化。多数幼虫取食叶片，经常为多食性，少数蛀茎和隐蔽生活。在地下土室内化蛹。夜蛾科是鳞翅目第 1 大科，已知 4 200 属 350 000 多种，许多种类都是农林重要害虫。本书记录 214 种。

28.1 三线奴夜蛾 *Paracolax trilinealis* (Bremer, 1864)

翅展 25~30 mm。头部褐色，雄蛾触角线形，有鬃毛，下唇须向上弯，似镰刀状，胸部灰褐色。前翅灰褐色，密布暗褐细点，内线暗褐色，微外弯，环纹只现 1 个暗褐点，中线暗褐色，不清晰，微波浪形，肾纹窄，淡黄边，前后各 1 暗褐点，外线暗褐色。亚端线黄白色，内衬暗褐色点列，近直线形斜至后缘，线外区域颜色明显较深。后翅斑纹与前翅接近。

寄主： 不详。
分布： 我国分布于北京、黑龙江；国外见于日本、俄罗斯。
生物学特性： 9 月灯下可见成虫。

三线奴夜蛾

28.2 曲线奴夜蛾 *Paracolax tristalis* (Fabricius, 1794)

翅展 23~26 mm。体背及前翅黄褐色至灰褐色，唇须长，前伸稍上翘。前翅布满褐色，内线褐色，弧形外凸；外线稍波形，白色；中室端具 1 褐斑，条形，外侧衬锈褐色；亚端线或隐约可见，较粗；缘线细，褐色。

寄主：不详。

分布：我国分布于北京、黑龙江、吉林、湖南、江西、福建等地；国外见于日本、朝鲜半岛、土耳其、俄罗斯远东地区至欧洲。

生物学特性：7—8 月灯下可见成虫。

曲线奴夜蛾

28.3 灰缘贫夜蛾 *Simplicia mistacalis* (Guenée, 1854)

翅展 37 mm。全体灰褐色；前翅内线褐色波曲，肾纹为 1 个黑点，外线褐色，外弯于中室外，亚端线自顶角微内弯，其内侧黑棕色，外侧 1 条褐色细线，翅外缘 1 列黑点，端区较灰。后翅色似前翅，线纹不显。

寄主：不详。

分布：我国分布于北京、台湾、海南、四川、云南、西藏等地；国外见于日本、印度、缅甸。

生物学特性：北京 7 月灯下可见成虫。

灰缘贫夜蛾

28.4 曲线贫夜蛾 *Simplicia niphona* (Butler, 1878)

别名：雪疽夜蛾。

翅展 30~36 mm。头、胸及前翅黄褐色。前翅狭长，内线褐色波浪形，肾纹褐色点状，外线褐色细锯齿形，亚端线白色，几乎呈直线。后翅灰黄色，亚端线白色，不明显，端线褐色。腹部灰黄色。

寄主：玉米、高粱、杨树等。

分布：我国分布于北京、内蒙古、河北、浙江、湖南、台湾、福建、海南、广西、云南、西藏等地；国外见于日本。

生物学特性：北京 7—8 月灯下可见成虫。

曲线贫夜蛾

28.5 黑点贫夜蛾 *Simplicia rectalis* (Eversmann, 1842)

翅展约 30 mm。头部与胸部淡褐色，雄蛾触角有短鬃，前翅淡褐色，内线黑色，微波曲外弯，肾纹只现 1 个黑点，外线黑色，自前缘脉外斜至 M_1 脉折向内斜，亚端线淡黄色，几乎呈直线，缘毛淡褐色，基部有一浅黄线。后翅褐白色，隐约可见黄白色亚端线，在 Cu_2 脉端部折角内斜，3A 脉后不明显。腹部褐色。

寄主：不详。

分布：我国分布于北京、黑龙江、江苏等地；国外见于朝鲜半岛、日本、欧洲。

生物学特性：北京 5—9 月灯下可见成虫。

黑点贫夜蛾

28.6 斜线贫夜蛾 *Simplicia schaldusalis* (Walker, [1859])

展翅 39 mm。头、胸褐色。前翅褐色，内线黑褐色，波浪形外弯，肾纹小，黑褐色，似一长点，外线黑褐色，细锯形外弯，亚端线黑褐色，自前缘近顶角处直线内斜至翅后缘，其内侧色暗。后翅褐色，亚端线黑褐色，较直，在亚中褶后不显，线内侧黑褐色较扩展，前窄后宽，似呈三角形。腹部褐色。雄蛾钩形突粗，端部尖，抱器瓣背侧中部有 1 个弯棘形突，瓣端稍尖。

寄主： 不详。

分布： 我国分布于北京、陕西、甘肃、广西、云南、西藏等地；国外见于斯里兰卡、新加坡、印度尼西亚、马来西亚。

生物学特性： 北京 8 月灯下可见成虫。

斜线贫夜蛾

28.7 暗翅长须夜蛾 *Polypogon gryphalis* (Herrich-Schäffer, 1851)

翅展 24~26 mm。体黄褐色，内线、中线和外线褐色，内线自前缘至中脉外斜后内折，肾纹线形，外线在肾纹外明显外弯。后翅颜色、线与前翅基本相同。缘毛褐色。

寄主：不详。

分布：我国除北京外，其余省市分布信息不详；国外见于日本、欧洲。

生物学特性：北京 9 月灯下可见成虫。

暗翅长须夜蛾

28.8 赭黄长须夜蛾 *Herminia arenosa* Butler, 1878

翅展 19~27 mm。体翅黄褐色，前翅密布褐色细点，内线黑棕色，前端呈折角，弧形，肾纹为 1 条褐色短弧线，外线暗棕色，自前缘脉外弯，在中褶处外突，亚端线几乎呈直线，端线广弧形。

寄主： 榉树的枯叶。

分布： 我国分布于北京、吉林；国外见于日本、朝鲜半岛。

生物学特性： 8 月灯下可见成虫。

赭黄长须夜蛾

28.9 窄肾长须夜蛾 *Herminia stramentacealis* Bremer, 1864

翅展 20~23 mm。头、胸及前翅灰褐色，下唇须上伸，举过头顶。前翅密布褐色细点，亚端区及端区色暗，中部常具暗色宽横带，内线黑棕色，波浪形外弯，肾纹细窄，黑棕色，外线暗棕色，自前缘脉外弯，在中褶处内凹，亚端线黑棕色，端线为 1 列黑点。后翅浅灰褐色，具 2 条横带。腹部浅赭黄色。

寄主： 榉树的枯叶。

分布： 我国分布于北京、山东、江苏等地；国外见于日本、朝鲜半岛、俄罗斯。

生物学特性： 5—9 月灯下可见成虫。

窄肾长须夜蛾

28.10 肯髯须夜蛾 *Hypena kengkalis* Bremer, 1864

翅展 30~34 mm。体及前翅灰棕色，下唇须发达，前伸，具长毛。前翅内线褐色，中部向外折成角状，肾纹淡黑色，细窄，外线褐色，后半部斜向内侧，与内线几乎平行，亚缘线为 1 列黑点，缘毛暗褐色。后翅淡黄褐色，缘毛灰黄色。腹部灰黄色。

寄主：胡枝子。
分布：我国分布于北京、天津、河北、内蒙古、山西等地；国外见于日本、朝鲜半岛、俄罗斯。
生物学特性：3—6 月、8 月灯下可见成虫。

肯髯须夜蛾

28.11 豆髯须夜蛾 *Hypena tristalis* Lederer, 1853

翅展 28~32 mm。体及前翅灰褐色，下唇须长，前伸。前翅棕褐色，内线、中线棕色波形，两横线间的前缘具 1 个不规则四边形黑褐色区，环纹白边黑心，亚缘线为 1 列黑点，其中近前缘具 1 个明显黑横点。后翅灰褐色。

寄主： 大豆、野线麻、荨麻、春榆、葛、尖叶长柄山蚂蝗等植物。

分布： 我国分布于北京、河北、黑龙江等地；国外见于日本、朝鲜半岛、俄罗斯。

生物学特性： 6月、8月灯下可见成虫。

豆髯须夜蛾

28.12 小褐髯须夜蛾 *Hypena conspersalis* Staudinger, 1888

体灰色，下唇须长，前伸。前翅灰白色，中线外侧区色浅，内侧区较深，环纹为1个黑点，其他斑纹不明显。

寄主：不详。

分布：我国分布于北京、台湾等地。

生物学特性：北京8月灯下可见成虫。

小褐髯须夜蛾

28.13 阴卜夜蛾 *Bomolocha stygiana* (Butler, 1878)

翅展 33~35 mm。前翅内横线灰色，外斜，外横线在中部稍外突，在近后缘时斜与基部外斜线相连，在翅中部形成大三角形褐色区域，外端区色浅明显宽，大于翅长的1/3。

寄主：溲疏属植物、东北苎麻。

分布：我国分布于北京、吉林、辽宁、浙江、江西、西藏等地；国外见于日本、朝鲜半岛、俄罗斯。

生物学特性：北京5月、7月灯下可见成虫。

阴卜夜蛾

28.14 齐卜夜蛾 *Bomolocha zilla* (Butler, 1879)

翅展 28 mm。体色变化较大，一般头、胸部褐色。前翅外线内方黑褐色，外方褐白色，内线内方浅褐色，内线褐白色。环纹、肾纹不明显，外线褐白色，自前缘脉微曲外斜，至 M_2 脉折向内斜，在亚中褶处稍外突，外线外侧有 1 条模糊褐线与之平行，亚端线白色外弯，内侧有模糊暗褐纹，顶角后有 1 条黑褐色内斜纹，端线由 1 列新月形黑纹组成。后翅褐色，端线黑褐色。腹部灰褐色。

分布： 我国分布于北京、黑龙江、湖北等地；国外见于日本、朝鲜半岛。

生物学特性： 北京 10 月灯下可见成虫。

齐卜夜蛾

28.15 涓夜蛾 *Rivula sericealis* (Scopoli, 1763)

翅展 18~22 mm。头白色，下唇须前伸，两侧棕色。前翅淡黄褐色至黄褐色，内线大锯齿状，外线细锯齿状，有时两线的齿尖上具黑褐点。肾纹灰黑色，具黑边，内具 2 个黑点。亚缘线由黑点组成，黑点内侧白色。部分个体线、点不明显。

寄主：多种禾本科杂草。

分布：我国分布于北京、黑龙江、江苏、台湾、贵州等地；国外见于日本、俄罗斯远东地区至欧洲。

生物学特性：北方 8 月灯下可见成虫。

涓夜蛾

28.16 鹿尾夜蛾 *Eutelia adulatricoides* (Mell, 1943)

头、胸部棕褐色。前翅褐色，中区、亚端区带灰白色，基线、内线均双线灰白色，两线间色暗，环纹、肾纹均有细白边，中脉及亚中褶各有 1 条黄白纵纹，中线黄白色，不完整，外线双线棕色，在中室外方为 2 个外突齿，并呈黑色，前后端亦带黑色，亚端线曲度与外线相似，前端内侧衬白，外侧色黑，外方隐约有 1 个棕色三角形斑，翅外缘 1 列黑点，缘毛中段有几个黑纹。后翅白色，端 1/3 暗褐色，近臀角处 1 条白曲纹，隐约可见暗褐色外线及横脉纹。腹部棕褐色。

寄主：栎树、枹栎、胡枝子等。
分布：我国分布于北京、浙江、江西、江苏、云南、四川等地；国外见于日本、印度。
生物学特性：6—9 月灯下可见成虫。

鹿尾夜蛾

28.17 钩尾夜蛾 *Eutelia hamulatrix* (Draudt, 1950)

翅展 31~33 mm。头、胸部黑色杂灰白色，前胸背面有褐色，前翅灰白色，密布黑色细点，基线黑色外弯至中室，内线双线黑色，微外弯，环纹白色黑边，肾纹白色黑边，中有褐纹，外线双线黑色，在 M_1 脉成外突齿，在 Cu_1、M_3 脉稍外突，后半外侧白色及褐色，亚端线双线白色，内一线大波浪形外斜至 Cu_1 脉端部，内侧 Cu_1–M_2 脉间为 1 个新月形黑斑，外一线微波浪形斜至 Cu_2 脉端部，内侧 M_1 脉处有 1 个黑斑，端线为 1 列新月形黑斑，均围以白色。后翅淡褐色，向端区渐暗，外线、亚端线微白，仅后部可见。腹部褐色。

寄主： 臭椿。

分布： 我国分布于北京、陕西、甘肃、青海、河南、安徽、浙江、台湾、湖北、四川等地；国外见于朝鲜半岛。

生物学特性： 北京 4—9 月大部分时间可见成虫。

钩尾夜蛾

28.18 中桥夜蛾 *Anomis mesogona* (Walker, 1858)

别名：桥夜蛾。

翅展35~38 mm；体及前翅颜色有变，多暗红褐色，前翅内线在中脉处外突成齿状，外线前半外突，后在中脉处直线伸达后缘，中室内有1个白点，肾纹内上下具2个黑褐点。后翅褐色。腹部暗灰褐色。

寄主：悬钩子、醋栗、棉、木芙蓉、柑橘等。

分布：我国分布于北京、河北、甘肃、辽宁、吉林、黑龙江、山东、浙江、福建、台湾、湖北、湖南、海南、贵州、云南等地；国外见于亚洲、欧洲、非洲。

生物学特性：8月灯下可见成虫。

中桥夜蛾

28.19 棘翅夜蛾 *Scoliopteryx libatrix* (Linnaeus, 1758)

成虫翅展 35~44 mm。头、胸部褐色。前翅灰褐色，布有黑褐色细点，翅基部、中室端部及中室后橘黄色，密布血红色细点。基部具 1 个白圆点，内线白色，外线双线白色，环纹只现 1 个白点，肾纹为 2 个黑点，翅缘锯齿形。后翅暗褐色，隐约可见黑褐色外横线，自前缘后较直内斜。腹部灰褐色。

寄主：柳、杨。

分布：我国分布于北京、河北、黑龙江、辽宁、陕西、河南、云南、西藏、台湾等地；国外很多国家均有分布。

生物学特性：6—8 月灯下可见成虫。

棘翅夜蛾

28.20 平嘴壶夜蛾 *Calyptra lata* (Butler, 1881)

翅展 46~49 mm。头、胸及腹灰褐色，下唇须土黄色，下缘具长毛，前端常呈平截状。前翅黄褐色带淡紫红色，呈枯叶状，顶角至后缘中部具 1 条红棕色斜线，前翅外缘细波浪状。

寄主： 幼虫取食紫堇、唐松草、柑橘等叶片，成虫吸食果汁。

分布： 我国分布于北京、河北、内蒙古、辽宁、吉林、黑龙江、山东、福建、云南等地；国外见于日本、朝鲜半岛、俄罗斯。

生物学特性： 北京 8 月灯下可见成虫。

平嘴壶夜蛾

28.21 艳叶夜蛾 *Eudocima salaminia* (Cramer, 1777)

体长 28~30 mm，翅展 72~80 mm。头、胸部褐绿色带灰色，腹部黄色。前翅自顶角中央至翅后缘近基部有 1 条斜行分界线，斜线至前缘区和外缘区白色，布有暗棕色细纹，其余部分金绿色，翅脉紫红色，亚中褶有 1 条紫红色纵纹。后翅黄色，端带黑色达臀脉，近臀角有 1 个肾状黑斑，缘毛前半黑白相间，后半橘黄色。

寄主：木防己、千金藤、桃、苹果、梨、葡萄。

分布：我国分布于北京、浙江、江西、台湾、广东、广西、云南等地；国外见于印度、大洋洲南太平洋诸岛、非洲。

生物学特性：8 月灯下可见成虫。

艳叶夜蛾

28.22 凡艳叶夜蛾 *Eudocima falonia* (Linnaeus, 1763)

别名：落叶夜蛾。

体长 33~38 mm，翅展 93~96 mm。头、胸部赭褐色，腹部黄色，前翅赭褐色。前翅翅脉上布有黑色细点，基线、内线黑褐色，较直，肾纹不明显，外线微曲内斜，内、外线之间暗褐色，亚端线微黄，自顶角直线内斜，后半不明显，中段外侧带暗绿色。后翅橘黄色，中部有黑曲条，端区有黑宽带，端区有黑色宽带，外缘有黄白色半圆形斑。

寄主：木通。

分布：我国分布于北京、黑龙江、山东、江苏、湖南、浙江、福建、台湾、海南、广东、广西、云南、四川等地；国外见于日本、朝鲜半岛、非洲等。

生物学特性：北京 9 月灯下偶见成虫。

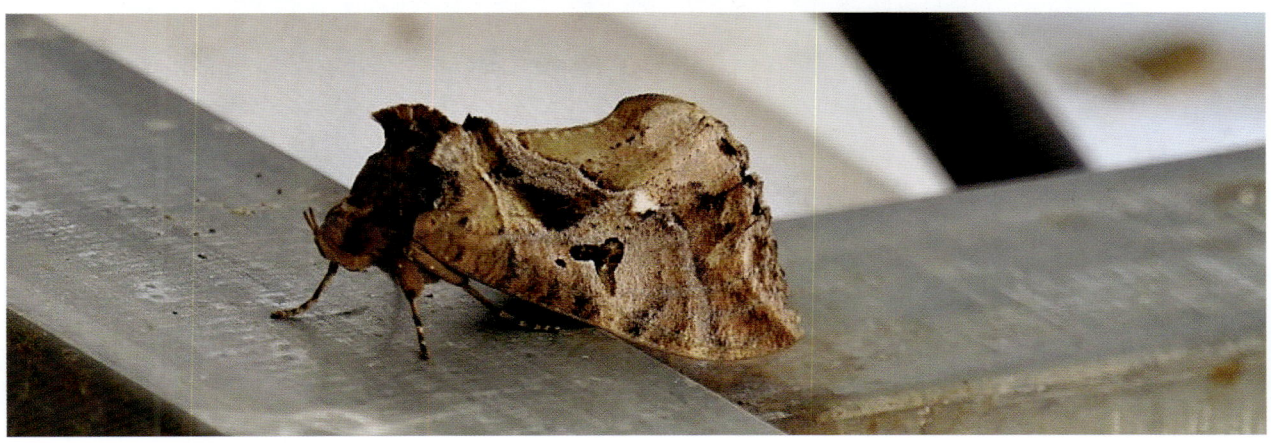

凡艳叶夜蛾

28.23 晦刺裳夜蛾 *Catocala abamita* (Bremer & Grey, 1853)

翅展 65~70 mm。头、胸灰褐色。前翅灰色，布细黑点，前缘基部至臀脉处有黑褐斜条，内线黑褐色波浪形，自斜条后外斜，肾纹黑边，中央有黑环。中线仅前半可见黑色，外斜至肾纹，外线黑色锯齿形，在 M_2 脉前后成锐齿，在亚中褶有 1 条黑纹内伸至内线，亚端线灰白色，在 M_1 脉处有 1 条黑纹伸至顶角，端线为 1 列黑点。后翅黄色，中带及端带黑色弯曲，后者后端断为水滴状。腹部褐黄色。

寄主： 杨、柳等。

分布： 我国分布于北京、河北、山东、江苏、江西、福建等地。

生物学特性： 7—9 月灯下可见成虫。

晦刺裳夜蛾

28.24 苹刺裳夜蛾 *Catocala bella* Butler, 1877

翅展 58~65 mm。体背及前翅灰褐色，前翅内线黑褐色，呈 3 个大波浪形，外线前半部大锯齿形，其中 1 大 1 小外突，后半部波浪形，倒数第 2 个外突明显，倒数第 1 个向内缩，不及前者一半高。肾纹明显或不显，边缘灰及暗褐色。后翅黄色，基部及后缘区黑褐色，中带黑色，端区有 1 条黑宽带，顶角浅黄色。前翅反面黑褐色，具 2 条白色宽横带。

寄主：苹果、海棠、山荆子等。

分布：我国分布于北京、甘肃、内蒙古、黑龙江、吉林、山西等地；国外见于日本、朝鲜半岛、俄罗斯。

生物学特性：北京 7 月灯下可见成虫。

苹刺裳夜蛾

28.25 缟裳夜蛾 *Catocala fraxinii fraxinii* (Linnaeus, 1758)

本种有指名亚种和云南亚种，本文为指名亚种。

体长 38~40 mm，翅展 87~90 mm。头、胸部灰白色杂黑褐色，颈板中部有 1 条黑色横纹。腹部背黑褐色，节间紫蓝色，腹面白色。前翅灰白色，密布黑色细点，基线黑色，内线双线黑色，波浪形，肾纹灰白色，中央黑色，后方有 1 个黑边白斑，一模糊黑线自前缘脉至肾纹；外侧另一模糊黑线，锯齿形达后缘；外线双线黑色锯齿形；亚端线灰白色锯齿形，两侧衬黑色；端线为 1 列新月形黑点，外缘黑色波浪形。后翅黑棕色，中带粉蓝色，外缘黑色波浪形，缘毛白色。

寄主：杨、柳、榆、槭、桦等。

分布：我国分布于北京、河北、黑龙江等地。

生物学特性：北京 8—9 月灯下可见成虫。

缟裳夜蛾

28.26 裳夜蛾 *Catocala nupta nupta* (Linnaeus, 1767)

本种有指名亚种、丽江亚种和甘肃亚种，本文为指名亚种。

翅展 70~78 mm。头、胸黑灰色，颈板中部具 1 条黑横线。前翅黑灰色带褐色，各线暗褐色；外线不规则锯齿形，从前缘开始外斜，在 M_2 折角深锯齿形内斜，在 2A 脉内伸至肾纹后形成 1 个近椭圆形白圈；亚端线双线，线间灰色，端线为 1 列长黑点，肾纹黑灰色黑边，中央有 1 条黑纹。后翅红色，中部和外缘各有 1 条黑带。

寄主：杨、柳等。

分布：我国分布于北京、河北、黑龙江、宁夏、新疆、浙江等地；国外见于日本、朝鲜半岛、欧洲。

生物学特性：北方多在 9 月灯下可见成虫。

裳夜蛾

28.27 柳裳夜蛾 *Catocala electa* (Vieweg, 1790)

翅展 67~71 mm。头、胸及前翅褐灰色，额、颈板、翅基片有黑纹。前翅亚中褶基部具 1 条黑纹，基、内线黑色，后者锯齿形，肾纹内缘黑色，外缘锯齿形，中有褐环，前方 1 条黑褐纹，外线黑色锯齿形，在近前缘处折直角外斜，有锐角齿突，然后在臀脉处内突至肾纹后，亚端线灰白色锯齿形，端线由黑色衬白的点组成。后翅红色，中带黑色弯曲，端带黑色。腹部灰褐色。

寄主： 杨、柳、油松、榆和槭等。

分布： 我国分布于北京、河北、黑龙江、内蒙古、甘肃、新疆、山东、河南、湖北等地；国外见于日本、朝鲜半岛、欧洲。

生物学特性： 1 年 1~2 代，以卵在土内或以蛹越冬。7 月为成虫高峰。

柳裳夜蛾

28.28 白肾裳夜蛾 *Catocala agitatrix* Graeser, [1889]

翅展 52~56 mm。头、胸褐灰色，额有黑斑，颈板灰黄色，前翅褐色带青灰色，基线黑色达亚中褶，内线黑色波浪形外斜，中线模糊褐色，肾纹白色，中有暗环，后方有 1 个黑边的褐灰斑，并以一线与外线相连，外线黑色锯齿形，亚端线灰白色锯齿形，两侧暗褐色，端线为 1 列衬黑的白点。后翅黄色，中带黑色折曲向翅基部，翅后缘黑纵纹，端带黑色，后方有 1 个黑圆斑。腹部黄褐色，基部稍灰。

寄主：苹果、海棠。

分布：我国分布于北京、黑龙江、河南等地；国外见于日本、俄罗斯。

生物学特性：北京 6 月灯下可见成虫。

白肾裳夜蛾

28.29 柿裳夜蛾 *Catocala kaki* Ishizuka, 2003

前翅长 37~39 mm。头、胸灰褐色，胸前部颜色较深；前翅缘线具黑褐点列。后翅橙黄色，中部及外缘呈黑色宽带，但顶角处具 1 个橙黄色大斑。

寄主：柿。

分布：我国分布于北京、河北、陕西、山东、云南等地；国外见于日本。

生物学特性：北京 6 月灯下可见成虫。

柿裳夜蛾

28.30 鸽光裳夜蛾 *Catocala columbina* Leech, 1900

翅展 46~51 mm。体及前翅暗灰色，染有淡绿或银灰等色。基线黑色，仅达一半，内线黑色，波浪形，肾纹黑色，具不完整的灰白圈，下方具 1 个黑边的灰斑，外线黑色，锯齿形，近中部 2 齿最突出，有时各横线内外具金色鳞片；端线为黑点，内侧灰白点。前翅反面具 2 条黄色宽带，具较宽的黑色中带和端带。

寄主：多种绣线菊植物。

分布：我国分布于北京、河北、浙江、湖北、四川等地；国外见于日本。

生物学特性：7—8 月灯下可见成虫。

鸽光裳夜蛾

28.31 显裳夜蛾 *Catocala deuteronympha* Staudinger, 1861

翅展 58~61 mm。头、胸棕色杂灰白色及少许黑色，额、颈板及翅基片有黑纹。前翅灰白色，内线以内带暗棕色，中区带黑褐色，具 1 个黑边灰白卵形斑，端区带红褐色，基中褶基部有 1 条黑纵纹，基线、内线及外线均黑色，内线波浪形外斜，外侧有 1 条白斜线，肾纹灰色黑边，其外缘锯齿形，中有黑环，外线在近中部有 2 个大锯齿，其后波浪形，亚端线灰色锯齿形，端线为 1 列衬白的黑点。后翅黄色，中带与端带黑色。腹部烟褐色。

寄主：杨、柳、榆等。

分布：我国分布于北京、河北、吉林、黑龙江、内蒙古、福建等地；国外见于日本、俄罗斯。

生物学特性：7 月灯下可见成虫。

显裳夜蛾

28.32 茂裳夜蛾 *Catocala doerriesi* Staudinger, 1888

翅展约 60 mm。头、胸黑棕杂灰白色。前翅灰棕杂灰色，亚中褶基部有 1 条黑纹，基线、内线及外线黑色，内线双线波浪形，肾纹褐灰色，中有黑环，后方 1 个灰白斑，外线后半锯齿形，在亚中褶内伸成黑纵条，线内侧 1 白纹，亚端线白色锯齿形，端线为 1 列黑点。后翅黄色，中带与端带黑棕色，亚中褶 1 个黑纵条伸达中带。腹部黄褐色。

寄主： 不详。

分布： 我国分布于北京、黑龙江、河南、湖北等地；国外见于俄罗斯。

生物学特性： 北京 9—10 月灯下偶见成虫。

茂裳夜蛾

28.33 意光裳夜蛾 *Catocala ella* (Butler, 1877)

翅展约 64 mm。头浅褐色，胸部灰褐色。前翅灰色，内线黑色，较粗，波形，外线黑色，锯齿形，近中部 2 个锯齿 1 大 1 小，明显外突，亚端线灰白色锯齿形，两侧稍黑，端线为 1 列黑白相并的点。后翅橘黄色，端带黑色，外缘顶角处橘黄色。腹部深黄棕色。

寄主： 赤杨、毛赤杨。

分布： 我国分布于北京、内蒙古；国外见于日本、朝鲜半岛、俄罗斯。

生物学特性： 北京 6 月灯下可见成虫。

意光裳夜蛾

28.34 光裳夜蛾 *Catocala fulminea* (Scopoli, 1763)

翅展 53~56 mm。前翅灰白至灰褐色，内线黑色，内侧棕褐色；外线黑褐色，在近翅中部具 2 个大齿纹和 2 个较小齿纹，后回旋至翅中部呈勺形，其端部与肾纹接近。后翅黑色，具黄色斑纹。

寄主： 乌荆子、梅、梨、山楂、槲等植物。

分布： 我国分布于北京、黑龙江、吉林、浙江等地；国外见于日本、朝鲜半岛、俄罗斯远东地区至欧洲、中东。

生物学特性： 北京 6—7 月灯下可见成虫。

光裳夜蛾

28.35 珀光裳夜蛾 *Catocala helena* Eversmann, 1856

翅展 63~68 mm。头、胸部灰色杂黑棕色，腹部黄棕色；前翅外线双线，内线黑色，外线棕色，前半具 2 个大齿，后具向内凹的棒纹，近后缘具 1 个大齿。后翅顶角黄斑大。

寄主：多种绣线菊植物。

分布：我国分布于北京、内蒙古、黑龙江、河北、山西、河南、江苏等地；国外见于俄罗斯、蒙古国。

生物学特性：北京 8 月灯下可见成虫。

珀光裳夜蛾

28.36 达光裳夜蛾 *Catocala davidi* (Oberthür, 1881)

体长 21~24 mm，翅展 48~50 mm。头及胸部红棕灰色。前翅褐灰色或暗褐灰色，散布黑棕细点，基线棕色或不明显、内横线及外横线棕黑色，波浪形；肾纹灰黄色，黑棕边，中央有黑棕色条纹，后方有 1 个黑边黄斑；外线黑棕色，锯齿形；端线为 1 列黑点。后翅金黄色，后缘有 1 黑纵条，中带黑棕色外弯，在中室上角处窄缩，后端止于亚中褶；端带黑棕色，在亚中褶后中断；缘毛中段有 1 列小黑斑。腹部黄褐色。

寄主：杨、柳。
分布：我国分布于河北、北京、黑龙江、辽宁等地。
生物学特性：北京 9—10 月灯下偶见成虫。

达光裳夜蛾

28.37 安纽夜蛾 *Ophiusa tirhaca* (Cramer, [1777])

别名： 青安纽夜蛾、青安纽夜蛾。

体长 29~31 mm，翅展 67~70 mm。头、胸部黄绿色，腹部黄色。前翅黄绿色，有裂纹，端区褐色，内线外斜至后缘中部，环纹为 1 个黑点，肾纹褐色，内缘直，外线外弯，后端与内线相遇，前端有 1 个半圆形黑棕斑，亚端线暗褐色，不整齐锯齿形，前段外侧有锯齿形黑斑，端线黑褐色，锯齿形。后翅黄色，亚端带黑色，宽度有变异。

寄主： 乳香、漆树。

分布： 我国分布于北京、江苏、浙江、江西、广西、广东、湖北、四川、云南、贵州等地；国外见于欧洲、非洲、叙利亚、土耳其、印度、斯里兰卡、菲律宾等。

生物学特性： 北京 10 月灯下偶见成虫。

安纽夜蛾

28.38 东北巾夜蛾 *Dysgonia mandschuriana* (Staudinger, 1892)

前翅长 21 mm。体背及前翅灰褐色，前翅具 3 个明显的黑斑，黑斑外缘具灰白色细线，而内侧色渐浅，基斑的外缘山峰形，位于中部的下方；中斑外缘 2 个山峰；顶角处的黑斑较小；外缘常具黑色小点列，各黑点位于脉间。

寄主：大戟科的一叶萩。

分布：我国分布于北京、吉林、山东等地；国外见于日本、朝鲜半岛、俄罗斯。

生物学特性：4 月、6—8 月灯下可见成虫。

东北巾夜蛾

28.39 石榴巾夜蛾 *Dysgonia stuposa* (Fabricius, 1794)

翅展 43~46 mm。前翅中部有 1 条灰白色带，中带的内、外均为黑棕色，顶角有 2 个齿形黑斑。后翅暗棕色，端区褐灰色，中部有 1 白色带，顶角处缘毛白色。腹部灰褐色。

寄主：石榴。

分布：我国大部分地区均有分布；国外见于日本、朝鲜半岛、印度、斯里兰卡、菲律宾、印度尼西亚。

生物学特性：1 年 2~4 代，以蛹在土中越冬。翌年 4 月石榴展叶时成虫羽化。5—8 月灯下可见成虫。

石榴巾夜蛾

28.40 玫瑰巾夜蛾 *Dysgonia arctotaenia* (Guenée, 1852)

翅展 43~46 mm。体暗灰褐色，前翅中带窄，白色，布细褐点，外线前半白色外斜，后半黑棕色，内斜，后端与中带相遇。顶角 1 黑双齿斑。后翅中带白色锥形，外缘后半白色。

寄主：玫瑰。

分布：我国分布于北京、河北、江苏、浙江、湖北、台湾、福建、江西、广东、广西、四川、贵州、云南等地；国外见于日本、朝鲜半岛、缅甸、斯里兰卡、孟加拉国、斐济。

生物学特性：9 月灯下可见成虫。

玫瑰巾夜蛾

28.41 霉巾夜蛾 *Dysgonia maturate* (Walker, 1858)

翅展 52~58 mm。头、颈板紫棕色。前翅紫灰色，内线内方带暗褐色，内线直线外斜，中线直，外线黑棕色，在近前缘成外突齿，其后内斜，亚端线灰白色锯齿形，在翅脉上为白点，顶角有 1 条棕黑斜纹。后翅暗褐色，端区带紫灰色。腹部暗灰褐色。

寄主： 不详。

分布： 我国分布于北京、山东、河南、江苏、浙江、台湾、福建、江西、海南、四川、贵州、云南等地；国外见于日本、朝鲜半岛、印度、马来西亚。

生物学特性： 9 月灯下可见成虫。

霉巾夜蛾

28.42 楔斑启夜蛾 *Caenurgia fortalitium* (Tausch, 1809)

翅展 35 mm。头与胸灰色杂褐色。前翅浅灰色，布暗褐细点，中室后有 1 个褐斑，呈楔形，其后缘沿 1 脉外伸达 1 脉中部，其外缘中凹，均衬以黑色及白色边，中室端部有 1 个暗褐近三角形斑块，中室下角有 1 个黑点，外侧有 1 条白斜纹，外线白色，自前缘脉强外弯，在中褶处内突成一角，外斜至 2 脉后向内前伸达 2 脉基部，外线内侧暗褐色，呈不清晰的宽带，亚端线白色，自前缘脉微外弯，线内侧衬褐色。后翅白色，外线黄白色，较粗，大锯齿形，亚端线黄白色。腹部灰色，有黑褐色细点。

寄主： 不详。

分布： 我国分布于河北、内蒙古、山西；国外见于俄罗斯、中亚地区。

生物学特性： 7月张家口灯下可见成虫。

楔斑启夜蛾

28.43 懈毛胫夜蛾 *Mocis annetta* (Butler, 1878)

翅展 40~47 mm。头、胸及前翅棕褐色。前翅微带紫色，各横线暗棕色，内线外斜，外侧深棕色；中线波曲，外线黑褐色，在达后缘约 1/3 处内折并弧形伸向后缘，内外线之间具数个褐色圆纹。

寄主：葛、大豆。

分布：我国分布于北京、河北、吉林、山东、江苏、浙江、福建、台湾、湖北、湖南、四川等地；国外见于日本、朝鲜半岛、俄罗斯。

生物学特性：1 年 2 代，以蛹卷叶越冬，6—7 月灯下可见成虫。

懈毛胫夜蛾

28.44 奚毛胫夜蛾 *Mocis ancilla* (Warren, 1913)

翅展约 37 mm。头、胸部棕褐色。前翅棕色，基线双线暗棕色，内线深棕色，为 1 窄带，在前缘区稍外突，其后直线外斜，线内侧色较浅，中线波曲。肾纹窄曲，棕色边，外线暗棕色，微外弯，在 M_1 脉后微外突，亚端线双线暗棕色，锯齿形，外侧有 1 列黑点。后翅褐黄色，外线与亚端线暗褐色。

寄主：葛。

分布：我国分布于北京、河北、黑龙江、山东、河南、江苏、浙江、湖南、福建等地；国外见于日本、朝鲜半岛。

生物学特性：北京 8 月灯下可见成虫。

奚毛胫夜蛾

28.45 庸肖毛翅夜蛾 *Thyas juno* (Dalman, 1823)

体长 32~45 mm，翅展 90~106 mm。头、胸、腹及前翅均为灰黄色至黄褐色，胸腹部被长鳞毛。前翅布黑点，近基部和外缘处各有 2 条横线。环纹为 1 个黑点，肾纹处具 2 个黑斑，有时黑斑不明显，呈暗黑边的肾纹。后翅基部 2/3 为黑色，中间有 1 淡蓝色半圆形纹，端部 1/3 为红黄色，内缘着生黄色长毛。

寄主：葡萄、苹果、梨、桃、柑橘、李、木槿、桦等。

分布：我国分布于北京、河北、辽宁、吉林、黑龙江、江苏、浙江、江西、湖北、湖南、四川、广东、贵州、云南、福建等地；国外见于日本、朝鲜半岛、印度。

生物学特性：1 年 2 代，以蛹卷叶越冬，成虫趋光性强，吸食果实汁液，6—9 月灯下可见成虫。

庸肖毛翅夜蛾

28.46 斜线关夜蛾 *Artena dotata* (Fabricius, 1794)

别名：橘肖毛翅夜蛾。

体长 25~27 mm；翅展 57~60 mm。头、胸部棕色，腹部灰棕色。前翅棕色，外线至亚端线间色浓，亚端线外灰白色，内线外斜至后缘中部，环纹为 1 个黑棕点，肾纹为 2 褐色圆斑，外线微波浪形，后端达臀角，内外线均衬以灰色，亚端线直，灰棕色，端线双线波浪形。后翅黑棕色，中部 1 条蓝白色弯带，外缘带有蓝白色。缘毛黄白色，中段带有褐色。

寄主：柑橘。

分布：我国分布于北京、陕西、河南、江苏、浙江、湖北、湖南、江西、福建、台湾、广东、四川、贵州、云南等地；国外见于印度、缅甸、新加坡。

生物学特性：北方 9 月灯下偶见成虫。

斜线关夜蛾

28.47 苎麻夜蛾 *Arcte coerula* (Guenẻe, 1852)

别名：红脑壳虫、摇头虫。

翅展 73~100 mm。头、胸黄棕色。前翅赤褐色，散布蓝白色细点，后半带黑褐色，基线、内线、中线及外线黑色，基线外侧有宽黑条，环纹为 1 个黑点，肾纹黑边，外线后半锯齿形，亚端线浅红褐色，顶角有似三角形红褐色，外缘为 1 列黑点。后翅黑棕色，有紫色闪光，中部有粉蓝色圆斑，外区有 1 条粉蓝曲带，近臀角有 1 条粉蓝窄纹。腹部蓝棕色。

寄主：苎麻、黄麻、荨麻、蓖麻、亚麻、大豆等。

分布：我国大部分地区均有分布；国外见于日本、印度、斯里兰卡和南太平洋的一些岛屿。

生物学特性：8—9 月灯下可见成虫。

苎麻夜蛾

28.48 绕环夜蛾 *Spirama helicina* (Hübner, 1831)

前翅长 28~33 mm。前翅肾纹后部膨大旋曲，外线双线黑色，到旋纹后膨大，并斜伸至后缘。后翅外横线波浪形。雄虫春型为淡色型，且前翅的旋目不明显。

寄主：合欢。

分布：我国分布于北京、河北、辽宁、江苏、浙江、江西、福建、湖北、广东、四川、云南等地；国外见于日本、朝鲜半岛、缅甸、马来西亚、印度、斯里兰卡。

生物学特性：8月灯下可见成虫。

绕环夜蛾

28.49 放影夜蛾 *Lygephila craccae* (Denis & Schiffermuller, 1755)

翅展约 45 mm。头部褐色，头顶褐黑色，两触角间有微白色曲线，下唇须灰褐色，颈板褐黑色，胸部背面褐灰色。前翅褐灰色略带紫色，内横线仅在前缘脉现 1 条黑纹，环纹不明显，肾纹窄小，黑色。亚端线似 1 条黑褐带，在 M_1 脉前宽，向后渐窄，翅外缘有 1 列黑点。后翅褐黄色，端区有 1 条黑褐色带。腹部暗灰色。

寄主：不详。

分布：我国分布于北京、新疆；国外见于日本、朝鲜半岛、欧洲。

生物学特性：北京 7 月灯下可见成虫。

放影夜蛾

28.50 巨影夜蛾 *Lygephila maxima* (Bremer, 1861)

翅展 55~60 mm。头褐色，两触角基部连线间具 1 条灰白色横带，头顶及颈板黑色，前翅浅灰褐色，布有暗褐色横细纹；肾纹脚印形，中央灰褐色，内侧常呈"L"形黑纹；亚端线有时具 1 列黑点。

寄主： 野麦、莎草科植物。

分布： 我国分布于北京、黑龙江、吉林、山东、福建、湖北等地；国外见于日本、朝鲜半岛、俄罗斯。

生物学特性： 7 月、10 月灯下可见成虫。

巨影夜蛾

28.51 平影夜蛾 *Lygephila lubrica* (Freyer, 1842)

翅展约 43 mm。头部黑色，下唇须灰色，第二节下缘饰浓密长毛，第三节短，端部尖，胸部背面灰色，须板黑色。前翅灰色，密布黑色细纹，外线外方带褐色，内线粗，有间断，后段细，黑色，稍外斜，肾纹褐色，边缘有一些黑点，中线模糊，褐色，自前缘脉外斜至中室前缘，在中室后微内弯外横线不明显，褐色，自前缘脉外弯，Cu_1 脉后内弯，亚端线灰色，自前缘脉内斜，Cu_2-M_2 脉间外弯，前段内侧色暗，翅外缘有 1 列黑点。后翅黄褐色，端区黑褐色似带状。腹部灰色，杂有少许黑色。

寄主：不详。

分布：我国分布于北京、河北、内蒙古、新疆、山西、陕西等地；国外见于蒙古国。

生物学特性：北京 7—8 月灯下可见成虫。

平影夜蛾

28.52 黑缘影夜蛾 *Lygephila nigricostata* (Graeser, 1890)

翅展约 32 mm。头部黑色，触角基节白色，胸背暗灰色，颈板黑色杂有少许灰白色，翅基片灰黑色，前足胫节外侧灰白色。前翅暗灰色，布有黑色细纹，前缘区及端区带有黑褐色，基线和内线不明显，肾纹新月形，黑边，外缘隐约可见黑色，自前缘脉外弯，在中褶处微内突，端线由 1 列新月形黑点组成。后翅灰白色，端区暗灰色。腹部灰色，端半部有褐色。

寄主：藤萝。

分布：我国分布于北京、河北、黑龙江、内蒙古、新疆、陕西、四川、云南、西藏等地；国外见于日本。

生物学特性：4—5 月和 9 月灯下可见成虫。

黑缘影夜蛾

28.53 直影夜蛾 *Lygephila recta* (Bremer, 1864)

别名： 直紫脖夜蛾、紫脖夜蛾。

成虫翅展约 39 mm。头部紫棕色，额与下唇须褐色带灰色，颈板紫棕色，胸部背面色带灰色，翅基片有小黑点。前翅棕色，内横线黑棕色，自前缘脉外斜至中室前缘，折角近呈直线外斜，肾纹约呈三角形，外侧由黑点组成，内半后端为 1 个近圆形黑斑，中横线模糊，黑色，自前缘脉外斜至中室下角，折角微曲内斜，外横线、亚端线浅褐色，两线间暗色，翅脉灰色，翅外缘 1 列黑点。后翅棕色。腹部灰色。

寄主： 不详。

分布： 我国分布于北京、黑龙江、湖南、江西、福建、四川、云南等地；国外见于日本、朝鲜半岛。

生物学特性： 8—9 月灯下可见成虫。

直影夜蛾

28.54 鹰夜蛾 *Hypocala deflorata* (Fabricius, 1794)

翅展约 25 mm。体以黑褐色为主，但变化多。前翅棕褐色或紫褐色为主，密布黑褐色细点，前翅基线白色外弯。内外线波浪形，棕色，其中外线外弯，在肾纹后端折向后；或前翅具大型黑褐或紫褐纹；有时斑纹均不明显。后翅棕黑色，具数个橙黄色斑。

寄主：苹果、柿、栎等。

分布：我国分布于北京、河北、辽宁、河南、山东、江苏、浙江、台湾、湖北、广东、广西、四川、云南等地；国外见于日本、印度。

生物学特性：幼虫在顶梢缀叶取食为害，5—6月、8月灯下可见成虫。

鹰夜蛾

28.55 苹梢鹰夜蛾 *Hypocala subsatura* Guenée, 1852

翅展 34~42 mm。体色和斑纹变化多。前翅棕褐色或紫褐色为主，密布黑褐色细点，内外线波浪形，棕色，其中外线外弯，在肾纹后端折向后；或前翅具大型黑褐纹或紫褐纹；有时斑纹均不明显。后翅棕黑色，具数个橙黄色斑。

寄主： 苹果、柿、栎等。

分布： 我国分布于北京、河北、辽宁、河南、山东、江苏、浙江、台湾、湖北、广东、广西、四川、云南等地；国外见于日本、印度。

生物学特性： 幼虫在顶梢缀叶取食为害，5—6月、8月灯下可见成虫。

苹梢鹰夜蛾

28.56 蓝条夜蛾 *Ischyja manlia* (Cramer, 1776)

体长 32~37 mm，翅展 76~104 mm。全体红棕色至黑棕色，雄蛾前翅基部色暗，内线微黑，内衬黄色，后半不明显，环纹、肾纹大，淡褐灰色，肾纹外缘齿形，环纹后有 1 条黄纹，其两侧黑色，肾纹后有 1 个三角形黄斑，其外侧 1 个大三角形黑斑，外区 1 条直内斜线，内侧色暗，外方较灰微带蓝色，亚端线黑褐色波浪形，M_2 脉近中部有 1 个黄白点，Cu_2 脉端有 1 个黑点。后翅外区有 1 条粉蓝曲带，臀脉近端部有 1 个黑斑，中有黄纹，近臀角有黑色细纹。雌蛾前翅环、肾纹较小，肾纹简单，外线蓝白色直线内斜，其外方染有蓝白色，顶角有隐约的斜纹。后翅粉蓝带较雄蛾宽，臀脉端的黑斑不显。

寄主：榄仁树属、樟属的树木。

分布：我国分布于北京、山东、浙江、湖南、福建、广东、云南等地；国外见于印度、缅甸、斯里兰卡、菲律宾、印度尼西亚等。

生物学特性：9 月灯下可见成虫。

蓝条夜蛾

28.57 客来夜蛾 *Chrysorithrum amatum* (Bremer & Grey, 1853)

翅展 64~67 mm。前翅灰褐色至棕褐色，散布黑褐色小鳞片，翅面具褐色或黑褐色斑；翅基斑的外缘外突呈角形，外侧具 1 个小黑圆点或无，近顶角处具梯形斑，下方具 1 个粗壮"Y"形斑，主干部分明显粗壮。后翅中部具黄色横带。

寄主：胡枝子。

分布：我国分布于北京、河北、辽宁、吉林、黑龙江、内蒙古、山东、湖北、云南等地；国外见于日本、朝鲜半岛、俄罗斯。

生物学特性：4—7 月成虫上灯，偶见。

客来夜蛾

28.58 筱客来夜蛾 *Chrysorithrum flavomaculatum* (Bremer, 1861)

与客来夜蛾相近，翅展 50~57 mm。头、胸及前翅暗褐色。基线灰色，外弯。内线灰色，自前缘脉后微波外斜，至中室后外突，臀脉处内凸，后端折向前方大臀脉再内斜，基线和内线间深棕色，外侧黑圆点明显而大，外侧斑纹的内侧部分呈钩形，下方主干具颜色较深的部分，位于近中间或一侧。后翅翅中具黄色大斑，或扩大至翅基。

寄主： 豆科植物。

分布： 我国分布于北京、河北、陕西、黑龙江、吉林、内蒙古、浙江、云南等地；国外见于日本、朝鲜半岛、俄罗斯。

生物学特性： 7月灯下可见成虫。

筱客来夜蛾

28.59 浓眉夜蛾 *Pangrapta perturbans* (Walker, 1858)

前翅长 15~18 mm。头灰褐色，胸部暗褐色，前后翅黄褐色，具黑褐色斑纹，前翅前缘近顶角处具 1 个三角形灰白色斑和 3 个小白点。

寄主：水蜡树。

分布：我国分布于北京、河北、江苏、浙江、贵州等地；国外见于日本、朝鲜半岛、印度。

生物学特性：6—7 月灯下可见成虫。

浓眉夜蛾

28.60　点眉夜蛾 *Pangrapta vasava* (Butler, 1881)

翅展 25~28 mm。头、胸、腹及前翅褐色杂灰色，唇须上伸并向后弯曲。前翅基线、内线白色，环纹、肾纹黄褐色具黑边，外缘端半部齿形，外横线前端具浅灰褐色三角斑。后翅中室处具 4 个小白斑。

寄主： 黑榆。

分布： 我国分布于北京、山东、江苏、安徽、江西、福建、台湾等地；国外见于日本、朝鲜半岛、俄罗斯。

生物学特性： 7—8 月灯下可见成虫。

点眉夜蛾

28.61 苹眉夜蛾 *Pangrapta obscurata* (Butler, 1879)

翅展 25~29 mm。体翅黑褐色。唇须上伸过头顶。前翅稍带紫色，内、外线均褐色，内线内衬灰白色，外线外衬灰白色，亚端线衬灰白色，波浪形。外线与亚端线之间的前缘区有 1 个灰色三角形斑。

寄主：苹果、梨、海棠等。

分布：我国分布于北京、河北、黑龙江、山东、台湾、湖南等地；国外见于日本、朝鲜半岛、俄罗斯。

生物学特性：8 月灯下可见成虫。

苹眉夜蛾

28.62 小冠微夜蛾 *Lophomilia polybapta* (Butler, 1879)

翅展约 25 mm。头、胸部褐色，前翅红赭色，内半部微黄；内线棕色，后半部斜伸向翅基；环纹为 1 个小白点，肾纹为 1 个小黑点；外线白色，内侧衬黑褐色，波曲斜向后缘；亚端线灰白色，与外线之间黑褐色，前半有 1 列齿形黑斑。后翅灰黄色带褐色，腹部棕褐色，腹背基部具竖立的毛丛。

寄主：麻栎、板栗。

分布：我国分布于北京、河北、山东、江苏、浙江、台湾等地；国外见于日本、朝鲜半岛。

生物学特性：北京 7 月灯下可见成虫。

小冠微夜蛾

28.63 双粗胫夜蛾 *Hepatica anceps* Staudinger, 1892

翅展约 35 mm。体灰褐色。前翅黄白色，密布黑点，内、外线白色，波浪形，内线两侧褐色，中室前缘有 1 个白点，外线内侧褐色，外缘波浪形，缘线黑色，近顶角处有镶白边的黑斑。

寄主：不详。

分布：我国见于北京；国外见于日本、朝鲜半岛、俄罗斯。

生物学特性：北京 9 月灯下可见成虫。

双粗胫夜蛾

28.64 星狄夜蛾 *Diomea cremata* (Butler, 1878)

翅展约 25 mm。体黑褐色。前翅基线白色，内线为 1 条白曲纹，中室后有 1 个白点，肾纹为模糊小白斑，外线前端为 1 个白斑，其后为 1 列白点，亚端线为 1 列白点，端线也为 1 列白点。后翅外线为 1 列白点，后端融合成白曲纹，亚端线为 1 列白点，翅外缘 1 列白点。

寄主： 平菇、草菇、凤尾菇、木耳、灵芝等食用菌。

分布： 我国分布于北京、河北、黑龙江、云南、安徽、福建、湖北等地；国外见于日本、朝鲜半岛、印度。

生物学特性： 南方多见，以蛹越冬。7—8 月灯下可见成虫。

星狄夜蛾

28.65 残夜蛾 *Colobochyla salicalis* (Denis & Schiffermuller, 1775)

别名：柳残夜蛾。

翅展 24~26 mm。体背、前翅灰褐色，两前翅几乎平展在体背，具 3 条几乎平行的横带，黄褐色，外衬棕褐色，内带稍不清晰，外缘具黑褐色点列。后翅淡黄褐色，端区暗，臀角处分明。

寄主：柳树、杨树。

分布：我国分布于北京、天津、河北、黑龙江、吉林、辽宁、山西、内蒙古、新疆等地；国外见于日本、朝鲜半岛、俄罗斯、伊朗、土耳其等地。

生物学特性：北京 5—9 月灯下可见成虫。

残夜蛾

28.66 弯勒夜蛾 *Laspeyria flexula* (Denis & Schiffermüller, 1775)

翅展 23~27 mm。头部及领棕褐色，翅面灰褐色，部分个体带黄色，前翅顶角下明显内凹，其内侧染锈红色，内外线黄白色，近前缘具明显的折角，外缘具 1 列黑点。

寄主： 树干或树枝上的地衣。

分布： 我国分布于北京；国外见于日本、朝鲜半岛、俄罗斯远东地区至欧洲。

生物学特性： 北京 8—9 月灯下可见成虫。

弯勒夜蛾

28.67 戚夜蛾 *Paragabara flavomacula* (Oberthür, 1880)

翅展 16~22 mm。头部橙黄色，胸部背面及前翅灰褐色，内外横线灰白色，内侧黄褐色，内线较直，外线具折角，肾纹橙黄色，细窄，外线与亚端线间的前缘脉上有几个白点。后翅灰褐色，端线褐色。腹部黄褐色。

寄主： 部分豆科作物。

分布： 我国分布于北京、河北、黑龙江、辽宁、江苏等地；国外见于日本、朝鲜半岛、俄罗斯。

生物学特性： 北京 7 月灯下可见成虫。

戚夜蛾

28.68 隐金夜蛾 *Abrostola triplasia* (Linnaeus, 1758)

体长约 15 mm，翅展 28~36 mm。虫体褐色。前翅灰褐色，内横线内侧及外横线外侧淡褐色，中区褐色。内、外横线均双线，内线外弧形突出，外线仅见后半部，黑色，内线内侧、外线外侧具棕褐色线，环纹、肾纹具明显黑边。近顶角处有条状黑斑。

寄主： 荨麻属、葎草属、野芝麻属植物。

分布： 我国分布于北京、天津、河北、黑龙江、吉林、辽宁、内蒙古、浙江、湖北、重庆、四川、贵州、云南等地；国外见于日本、西亚、欧洲。

生物学特性： 北京 4 月、8 月灯下可见成虫。

隐金夜蛾

28.69 白条夜蛾 *Argyrogramma albostriata* (Bremer & Grey, 1853)

别名： 白条银纹夜蛾。

体长 15~16 mm，翅展 33~36 mm。头、胸部褐色，胸腹部具高耸的毛丛，胸部尤为显著，背面呈"V"形，颈板前部色略淡，外有 1 条黑色横线。前翅暗褐色，基线、内线及外线棕黑色，内线与外线之间色较深，翅中部有 1 条褐白色斜条，肾纹黑边，亚端线棕黑色，锯齿形。后翅淡褐色，翅脉及翅的外半部色较暗，缘毛淡褐色。腹部浅褐色。

寄主： 菊科的加拿大一枝黄花、蓬草等。

分布： 我国分布于北京、河北、湖南、黑龙江、陕西、江苏、湖北、福建、广东等地；国外见于日本、朝鲜半岛、印度、印度尼西亚、大洋洲。

生物学特性： 北京 8—10 月灯下可见成虫。

白条夜蛾

28.70 印铜夜蛾 *Polychrysia moneta* (Fabricius, 1787)

翅展 32~37 mm。头部白色，额有褐鳞，下须第三节大部黑色胸部黄白色，颈板、翅基片及毛簇端部均有淡褐色边缘，腹部灰白色。前翅灰色带银白，基线、内线均双线色，环纹大，与后方1个白斑相连，形成1个椭圆形银白大斑；中横线深褐色，在中室后直线内斜；肾纹小；外横线双线褐色；亚端线前段深褐色，其后弱；端线深色。后翅淡灰褐色，翅脉褐色。

寄主： 乌头芹属、翠雀花属、金连花属植物。

分布： 我国分布于北京、河北、黑龙江、内蒙古等地；国外见于蒙古国、欧洲。

生物学特性： 北京8月灯下偶见成虫。

印铜夜蛾

28.71 淡银纹夜蛾 *Macdunnoughia purissima* (Butler, 1878)

成虫翅展 29~32 mm。头、胸部灰色，后胸及第 1 腹节毛簇黑褐色；前翅灰色，基线黑褐色，内线后半黑褐色，翅中部有 2 个分离的银斑，中室端部 1 个暗褐斑，外线与亚端线黑褐色。内外线间在中室后黑褐色，1 条暗褐线自中室下角伸至前缘脉，翅外缘前部色暗。后翅浅褐色，中部有 1 条暗褐线。腹部灰色。

寄主：艾蒿。

分布：我国分布于北京、河北、陕西、湖北、湖南、四川、贵州等地；国外见于日本、朝鲜半岛、俄罗斯。

生物学特性：6—9 月灯下可见成虫，虫量较少。

淡银纹夜蛾

28.72 银锭夜蛾 *Macdunnoughia crassisigna* (Warren, 1913)

体长 15~16 mm，翅展 32 mm。头、胸部灰黄褐色，腹部黄褐色。前翅灰褐色，马蹄形银斑与银点连成一凹槽，有时分离，锭形银斑较肥，肾纹外侧具 1 条银色纵线，亚端线细锯齿形，后翅褐色。

寄主：大豆、胡萝卜、牛蒡和一些菊科植物。

分布：我国分布于北京、河北、陕西、江西、湖北、四川、贵州等地；国外见于日本、朝鲜半岛、印度。

生物学特性：北方 1 年 2 代，以蛹越冬，6—10 月灯下可见成虫，数量较少。

银锭夜蛾

28.73 瘦银锭夜蛾 *Macdunnoughia confusa* (Stephens, 1850)

体长 11~13 mm，翅展 31~34 mm。形态特征与银锭夜蛾相似，胸部具"V"形毛簇，内线前半部不明显，后半部银色内斜，前端连接 1 个锭形银斑，2 个斑相连或分离，或仅有 1 个斑，肾形纹外侧无银色纵线。

寄主：大豆、母菊、牛蒡、甘蓝、胡萝卜、蒲公英等。

分布：我国分布于北京、河北、山东、河南、陕西、新疆等地；国外见于日本、朝鲜半岛、印度、中东至欧洲。

生物学特性：1 年 2 代，以蛹越冬。灯下常与银锭夜蛾同时出现，但数量要远多于银锭夜蛾。

瘦银锭夜蛾

28.74 隐丫纹夜蛾 *Autographa crypta* **Dufay, 1973**

前翅长 17.5 mm。头、胸部红棕色，杂有紫灰及褐色鳞毛。前翅棕灰色，杂有紫灰色，翅基具 1 个黑斑，环纹斜置，棕色银边，后方有 1 条弯 "Y" 形银纹，肾纹外侧内凹，凹内及上下具黑纹。

寄主： 不详。

分布： 我国分布于北京、青海、甘肃、四川等地；国外见于尼泊尔。

生物学特性： 北京 8 月灯下可见成虫。

隐丫纹夜蛾

28.75 黑图夜蛾 *Autographa nigrisigna* (Walker, 1858)

别名： 黑点丫纹夜蛾、黑点银纹夜蛾。

前翅长 14.5~16.0 mm，翅展 30~40 mm。头、胸部黄色。前翅灰褐色，基线、内线及外线色浅，环纹黑色，其后具 1 个银纹，其后具另 1 个银斑；肾纹灰色银边，外缘凹，外侧 1 个黑斑；亚端线锯齿形，两侧带闪亮褐色。后翅淡褐色，端区色暗。

寄主： 豆、白菜、甘蓝、苜蓿。

分布： 我国分布于北京、河北、陕西、四川、西藏等地；国外见于日本、朝鲜半岛、俄罗斯、不丹、印度、尼泊尔、巴基斯坦、阿富汗。

生物学特性： 8—9 月灯下可见成虫。

黑图夜蛾

28.76 稻金翅夜蛾 *Plusia festucae* (Linnaeus, 1758)

别名：稻金斑夜蛾、金翅蛾。

体长 13~19 mm，翅展 32~37 mm。头部红褐色，胸背棕红色，腹部浅黄褐色。前翅黄褐色，基部后缘区、端区具浅金色斑，内横线、外横线暗褐色，翅面中间具 2 个大银斑。内侧的大银斑在内横线与中线之间，较大，近斜方形，前角伸入中室；外侧的大银斑在外横线与中线中间，较小，近扁圆形。缘毛紫灰色。

寄主：水稻、小麦、稗草、三棱草等。

分布：在中国各稻区均有分布；国外见于东亚、南亚、欧洲等地。

生物学特性：宁夏、黑龙江每年发生 2~3 代，江苏 4~5 代，以幼虫在寄主基部越冬，世代重叠，5—9 月灯下可见成虫。

稻金翅夜蛾

28.77 旋皮夜蛾 *Eligma narcissus* (Cramer, 1775)

别名：水仙夜蛾、臭椿皮蛾、臭椿皮夜蛾。

翅展 67~77 mm。头、胸部灰褐色，腹部橘黄色，各节背部中央有块黑斑。前翅狭长，前缘区黑色，翅的中间近前方自基部至翅顶有 1 条白色纵带，翅其余部分为赭灰色，翅面上有黑点，后缘呈弧形。后翅大部分为橘黄色，外缘有 1 条蓝黑色宽带。足黄色。

寄主：臭椿、香椿、红椿、桃和李等园林观赏树木。

分布：我国分布于北京、河北、广东、湖南、辽宁、山东、浙江、湖北、福建、四川、云南等地；国外见于日本。

生物学特性：1 年 2 代，以包在薄茧中的蛹在树枝、树干上越冬，9—10 月灯下可见成虫。

旋皮夜蛾

28.78 显长角皮夜蛾 *Risoba prominens* Moore, 1881

翅展 30~35 mm。触角丝状，头、胸部灰褐色。前翅褐棕色基部杂橄榄绿色，中段有黄灰色斑，肾纹圆形具黑边，顶角端有 1 段黑棕色斜带斑，外侧有白色短斑。后翅前半部乳白色有光泽，端室斑与翅后半部棕色。

寄主：杨梅。

分布：我国分布于北京、河北、湖北、江西、台湾、四川等地；国外见于日本。

生物学特性：1 年 2 代，6—7 月和 9—10 月灯下可见成虫。

显长角皮夜蛾

28.79 碧金翅夜蛾 *Diachrysia nadeja* (Oberthür, 1880)

别名：娜金弧夜蛾。

体长约 18 mm，翅展 37~40 mm。头淡黄褐色，胸部黄褐色，具褐色毛簇。前翅紫褐灰色，内外区各具 1 条黄金色宽带，并在中部以宽带相连，形成"工"字形大斑，亚端线褐色波曲。后翅淡褐色，略带黄色。

寄主：蓼科虎杖、菊科刺儿菜等。

分布：我国分布于北京、河北、内蒙古、黑龙江、吉林、陕西、甘肃、青海等地；国外见于日本、朝鲜半岛、俄罗斯。

生物学特性：6—9 月灯下可见成虫。

碧金翅夜蛾

28.80 窄金翅夜蛾 *Diachrysia stenochrysis* (Warren, 1913)

翅展 32~38 mm；与碧金翅夜蛾相似，通常前翅中部相连的金色带较窄（雌蛾较宽），环纹和肾纹明显。

寄主：荨麻属植物。

分布：我国分布于北京、吉林；国外见于日本、朝鲜半岛、俄罗斯。

生物学特性：7月灯下可见成虫。

窄金翅夜蛾

28.81 中金翅夜蛾 *Diachrysia intermixta* (Warren, 1913)

别名：中金弧夜蛾。

体长 17 mm，翅展 37~42 mm。头、前中胸部红褐色，后胸褐色。腹部黄白色。前翅紫褐色，基线与内线灰色，环纹斜，细灰边；肾纹灰色细边，有大的金色近三角形斑，自前缘外部 1/4 至亚褶并内伸至环纹后端，亚端线褐色。后翅基半部微黄，端半部褐色。

寄主：胡萝卜、金盏菊、菊花、翠菊、大丽菊、蓟、牛蒡等。

分布：我国分布于北京、天津、河北、黑龙江、吉林、辽宁、山西、内蒙古、湖北、重庆、四川、台湾等地。

生物学特性：1 年 2~3 代，以蛹越冬。7—9 月灯下可见成虫。

中金翅夜蛾

28.82 银纹夜蛾 *Ctenoplusia agnata* (Staudinger, 1892)

别名：豆银纹夜蛾、菜步曲、豆尺蠖、桥虫。

体长 15~17 mm，翅展 32~36 mm。头、胸灰褐色，胸部具毛簇。前翅灰褐色，具 2 条银色横纹，中央有 1 个银白色三角形斑块和一个似马蹄形或 "U" 形的银边白斑，外线在三角形实心银斑后呈大齿形内凹，前翅后缘及外缘区闪金光。后翅暗褐色，有金属光泽。

寄主：油菜、甘蓝、花椰菜、白菜、萝卜等十字花科蔬菜及豆类作物，葛苣、茄子等。

分布：全国大部分地区；国外见于日本、朝鲜半岛、俄罗斯。

生物学特性：1 年 2~3 代，以蛹越冬。翌年 4 月可见成虫羽化，羽化后经 4~5 d 进入产卵盛期。第 1 代为害豌豆及早播大豆，第 2、3 代为害大豆，常以第 2 代发生较重。成虫趋光性强，多喜欢在生长茂密的田内产卵，卵多散产在豆株上部叶片的背面。初孵幼虫隐蔽在叶背面，啃食叶肉，并能吐丝下垂，转株为害，3 龄后食量渐增，5~6 龄进入暴食阶段，幼虫老熟后在叶背结茧化蛹。4—10 月可见成虫。

银纹夜蛾

28.83 瓜夜蛾 *Anadevidia hebetata* (Butler, 1889)

翅展 38~45 mm。头、胸部褐色杂有紫灰色。前翅褐色，带紫灰色，中室后方及亚端区有金色闪光。

寄主：葫芦科植物。

分布：我国分布于北京、江西、广东、四川等地；国外见于日本、印度。

生物学特性：北京 9—10 月灯下可见成虫。

瓜夜蛾

28.84 黑线点孔夜蛾 *Enispa lutefascialis* (Leech, 1889)

翅展约 18 mm。头、胸褐色，前翅以褐色为主，外区和中带锈红色，后翅有时为红色。前翅黑白条间隔，内、外线褐色，外衬白边，其中外线近前缘明显内折，肾形纹为 2 个小黑点。后翅与前翅斑纹类似。

寄主：地衣。

分布：我国见于北京；国外见于日本、朝鲜半岛。

生物学特性：1 年 1 代，5—7 月灯下偶见成虫。

黑线点孔夜蛾

28.85 白斑孔夜蛾 *Corgatha costimacula* (Staudinger, 1892)

前翅长约 10 mm。头、胸和翅褐色。前翅前缘具白斑，内、外线褐色，其中外线前缘近直角形折弯，缘线为 1 列小黑点。后翅与前翅斑纹类似。

寄主： 不详。

分布： 我国分布于北京、黑龙江；国外见于日本、朝鲜半岛、俄罗斯。

生物学特性： 7—8 月灯下可见成虫。

白斑孔夜蛾

28.86 桃红猎夜蛾 *Eublemma amasina* (Eversmann, 1842)

翅展 17~25 mm。头、胸淡黄色，下唇须外侧桃红色。前翅基半黄白色，外半（包括缘毛）桃红色，有时具 1 列白点组成端线。后翅褐色，缘毛黄色。

寄主：大蓟。

分布：我国分布于北京、天津、河北、陕西、黑龙江、吉林、陕西、江苏、湖北等地；国外见于日本、朝鲜半岛、俄罗斯远东地区至欧洲。

生物学特性：5—7月灯下可见成虫。

桃红猎夜蛾

28.87 臀斑文夜蛾 *Eustrotia costimacula* (Oberthür, 1880)

翅展约 18 mm。头部及颈板褐色杂少许白色，胸部及腹部白色杂少许褐色，腹背稍带褐色。前翅白色带褐色，布有少许黑点，前缘区近基部和中部各有 1 个三角形褐斑，外线白色，自前缘脉沿斑内斜至 R_4 脉外弯至 Cu_1 脉，再内斜，外线外方的前缘脉有黑褐纵纹间以白点，亚端线隐约可见白色，缘毛白色带褐色，翅尖处色较深。后翅淡褐色，端线深褐色。

寄主：不详。

分布：我国分布于北京、黑龙江、湖北等地；国外见于日本。

生物学特性：7 月灯下可见成虫。

臀斑文夜蛾

28.88 清文夜蛾 *Eustrotia candidula* ([Denis & Schiffermüller], 1775)

翅展 20~26 mm。头、胸白色杂少许褐色。前翅白色，基线、内线及外线均双线黑色，基线外侧 1 个大黑褐斑，内线后端内侧有黑褐，环纹为 2 个黑点，肾纹灰色白边，周围有小黑斑，内侧 1 条褐斜纹伸至前缘脉，外侧及前方亦褐色；外横线锯齿形，外侧 M 脉处有 1 个黑斑；亚端区 1 条浅褐带，前宽后窄，波曲，前缘有白斑点；端线为 1 列黑点。后翅浅褐黄色，外横线褐色。

寄主： 不详。

分布： 我国分布于北京、河北、黑龙江、新疆等地；国外见于朝鲜半岛、日本、蒙古国、土耳其、欧洲。

生物学特性： 6月、7月灯下可见成虫。

清文夜蛾

28.89 丽瑙夜蛾 *Maliattha bella* (Staudinger, 1888)

翅展 18 mm。头部白色带褐色，触角暗褐色，胸部背面白色带红褐色。前翅前缘 2/3 至后缘 1/3 有 1 条内斜线，线内方大部分为白色，前缘区带黑褐色，线外方黑褐色杂紫灰色，端区红褐色。环纹、肾纹各为 1 个黑点。外线双线黑色，线间白色，在前缘区不见黑线，自前缘脉后外弯至 Cu_1 后内弯，在中褶处内突，Cu_2 脉后锯齿形。后翅赭白色带褐色，端线褐色。

寄主：不详。
分布：我国分布于北京、浙江、湖南；国外见于俄罗斯。
生物学特性：北京 9 月灯下可偶见成虫。

丽瑙夜蛾

28.90 桃红瑙夜蛾 *Maliattha rosacea* (Leech, 1889)

别名：染俚夜蛾。

翅展 18~21 mm。前翅桃红色，具黑褐色斑，翅中央大部黄褐色或棕褐色；剑纹大，桃红色；环纹淡桃红色，中央黑色；肾纹大，淡桃红色，内常有褐色曲纹。肾纹外侧常具大型黑褐斑，缘线由 1 列黑条斑组成。

寄主：不详。

分布：我国分布于北京、河北、吉林、浙江等地；国外见于日本。

生物学特性：7—8 月灯下可见成虫。

桃红瑙夜蛾

28.91 标瑙夜蛾 *Maliattha signifera* (Walker, 1858)

翅展 16~17 mm。前翅白色，中域淡褐色至草绿色，内侧常具黑色或黑褐色边线，肾纹白色，中央两端具黑斑，肾纹外侧具大黑斑；亚端区褐色，具纵向黑斑列；缘线由黑斑列组成。

寄主：莎草科。

分布：我国分布于北京、河北、江苏、江西、福建、湖北、广东、香港、广西等地；国外见于日本、朝鲜半岛、缅甸、马来西亚、印度、斯里兰卡、大洋洲等。

生物学特性：6—8月灯下可见成虫。

标瑙夜蛾

28.92 白肾俚夜蛾 *Deltote martjanovi* (Tschetverikov, 1904)

翅展 23~26 mm。头、胸褐色。前翅淡黄褐色至灰褐色，内线黑色，锯齿状；环纹中央褐色，两侧具黑色边；肾纹大，白色或略带桃红，部分具黑边，外线锯齿状，中部外突。后翅灰白色。

寄主：不详。

分布：我国分布于北京、内蒙古、黑龙江、河北等地；国外见于俄罗斯。

生物学特性：4—5月、7月、9月灯下可见成虫。

白肾俚夜蛾

28.93 黑俚夜蛾 *Anterastria atrata* (Butler, 1881)

翅展 23~25 mm。头、胸褐色杂灰色；前翅黑褐色，有金属光泽，各横线黑色，内线、中线波浪形，外线锯齿形，环纹不明显，小而圆，肾纹窄曲，白色，外线外侧衬白色，亚端线前段白色锯齿形，其后间断为黑斑纹。后翅暗褐色，缘毛黄白色，腹部褐杂灰色。

寄主：紫苏、薄荷等植物。

分布：我国分布于北京、黑龙江、吉林、福建、四川等地；国外见于日本。

生物学特性：6—8月灯下可见成虫。

黑俚夜蛾

28.94 小文夜蛾 *Neustrotia noloides* (Butler, 1879)

别名：文夜蛾。

翅展 15~20 mm。头、胸白色杂暗褐色。前翅底色白色，前缘具 3 个大褐斑，前缘脉有 3 个白点，中室后方具大褐斑，肾纹为 2 个黑点；端线由小黑点组成，中前方具 3 个或 4 个明显的长黑点。

寄主：不详。

分布：我国分布于北京、江苏、台湾等地；国外见于日本、朝鲜半岛。

生物学特性：7—8 月灯下可见成虫。

小文夜蛾

28.95 姬夜蛾 *Phyllophila obliterata* (Rambur, 1833)

别名：菊姬夜蛾。

翅展 19~22 mm。前翅灰白色，近基部具波浪形褐色横带，常不明显，翅中后半部具褐色或黑褐色斑，前端具明显的小黑斑；翅外缘具较宽大黑褐横带，翅缘具 1 列黑褐色短条纹。

寄主：菊科艾属植物。

分布：我国大部分地区均有分布；国外见于日本、朝鲜半岛、俄罗斯远东地区至欧洲。

生物学特性：5—7 月灯下可见成虫。

姬夜蛾

28.96 稻螟蛉夜蛾 *Naranga aenescens* Moore, 1881

别名：双带夜蛾。

翅展 16~18 mm。雄蛾头、胸褐黄色。前翅金黄色，前缘区基部红褐色，后缘区基部微带血红色，有 2 条内斜条，1 条较宽自前缘脉近中部至后缘内中区，另 1 条较窄，自顶角内斜。后翅暗褐色，缘毛黄色。腹部褐黄色。雌蛾头、胸赭黄色。前翅淡赭黄色，红褐色内斜条不伸达翅前缘，中室端部及外方有 1 浅红纹。后翅黄色，外缘区外带褐色。

寄主：稻、高粱、玉米、稗、茅草、茭白等。

分布：我国北起黑龙江、南至海南岛、西北及东部沿海各省均有分布；国外见于日本、朝鲜半岛、缅甸、印度尼西亚。

生物学特性：1 年 2~5 代，老熟幼虫在叶片上部吐丝将叶片卷成三棱形包后，化蛹其中。

稻螟蛉夜蛾

28.97 两色绮夜蛾 *Acontia bicolora* Leech, 1889

翅展约 20 mm。雄性胸背及前翅具黄褐色鳞片，前翅外端具 1 个 "Y" 形黑褐斑，斑内部分鳞片具银色闪光。雌性胸背和前翅黑褐色，前翅前缘中部和近端部各具 1 个三角形黄斑。

寄主：田麻等。

分布：我国分布于北京、河北、山东、江苏、浙江、湖北、湖南、福建、江西、贵州等地；国外见于日本、朝鲜半岛。

生物学特性：7—8 月灯下可见成虫。

两色绮夜蛾（上雄、下雌）

28.98 谐夜蛾 *Acontia trabealis* (Scopoli, 1763)

别名：白薯绮夜蛾。

翅展 19~22 mm。前翅黄白色至黄色，翅前缘具 5 个黑斑，翅后缘及近中部各具 1 条黑色纵带，伸达翅的 3/4 处，与一横斑相连，横斑不达前缘，偶与前缘第 4 斑相连，横斑内具银色光泽的鳞片，翅中部具 2 个黑斑，可分别与纵带或横带相连；翅外缘具或多或少黑斑。

寄主：甘薯、田旋花。

分布：我国分布于北京、河北、陕西、青海、新疆、内蒙古、黑龙江、江苏、广东等地；国外见于日本、朝鲜半岛、中亚至欧洲、非洲。

生物学特性：5—9 月灯下可见成虫。

谐夜蛾

28.99 碧银冬夜蛾 *Cucullia argentea* (Hufnagel, 1766)

翅展 35~41 mm。头胸部白色，具褐色条纹。前翅灰绿色，具银白纹，有时具黑纹。后翅白色或灰白色，外缘灰褐色或草黄色。

寄主： 茵陈蒿。

分布： 我国分布于北京、河北、吉林、内蒙古、黑龙江、甘肃、新疆等地；国外见于日本、朝鲜半岛、蒙古国、俄罗斯远东地区至欧洲。

生物学特性： 7月灯下可见成虫。

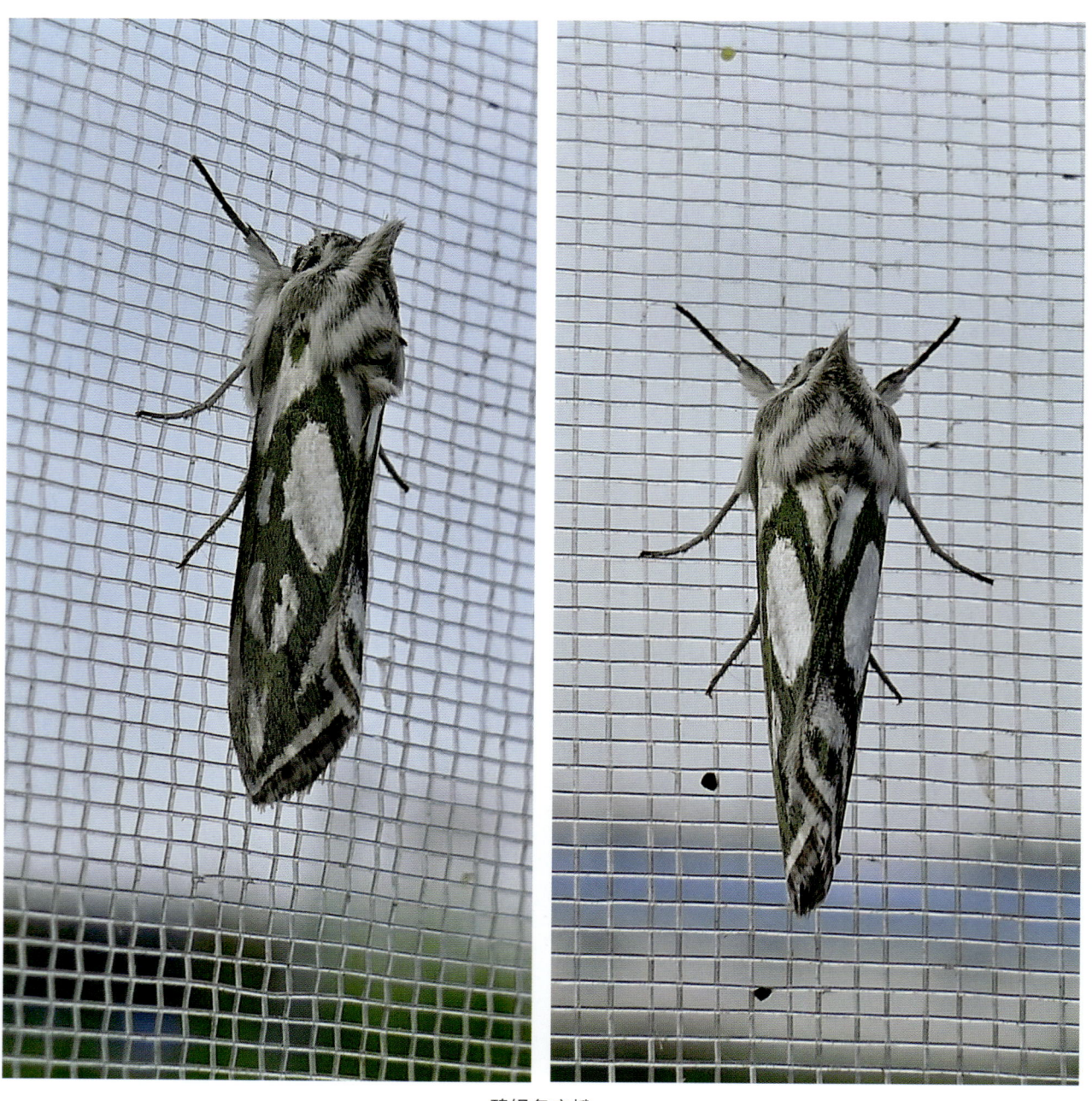

碧银冬夜蛾

28.100 银白冬夜蛾 *Cucullia platinea* Ronkay & Ronkay, 1987

翅展35 mm。头顶灰褐色，胸白色，颈板具2条灰褐色横纹，足胫节具白长毛。前翅银白色，前后缘灰黄色，环纹、肾纹隐约可见，呈灰黄色带黑点的小斑，外缘由黑点列组成。

寄主：不详。

分布：我国分布于北京、甘肃；国外见于蒙古国。

生物学特性：8月灯下可见成虫。

银白冬夜蛾

28.101 银装冬夜蛾 *Cucullia splendida* (Stoll, [1782])

翅展 31~39 mm。头、胸白色杂暗灰色。前翅银蓝色，后缘外半部土黄色，缘毛白色。后翅白色，端区带有暗褐灰色。

寄主： 不详。

分布： 我国分布于北京、内蒙古、甘肃、青海、新疆等地；国外见于蒙古国、俄罗斯。

生物学特性： 北京 7 月灯下可见成虫。

银装冬夜蛾

28.102 嗜蒿冬夜蛾 *Cucullia artemisiae* (Hufngel, 1766)

翅展 37~42 mm。头顶具 1 簇毛丛，似鸡冠，冠丛两侧基部黑色，向上具不同颜色的层带。前翅灰褐色，翅脉黑褐色。肾纹大，褐色，黑边。后翅淡黄褐色，端区较暗。

寄主：菊科艾属、母菊属和菊蒿。

分布：我国分布于北京、河北、吉林、黑龙江、新疆等地；国外见于日本、朝鲜半岛、蒙古国、俄罗斯远东地区至欧洲。

生物学特性：7—8 月灯下可见成虫。

嗜蒿冬夜蛾

28.103 莴苣冬夜蛾 *Cucullia fraterna* Butler, 1878

翅展 44~47 mm。头、胸灰色，颈板近基部生黑横线 1 条。腹部褐灰色。前翅灰色或杂褐色，翅脉黑色，亚中褶基部有黑色纵线 1 条；内横线黑色呈深锯齿状；肾纹黑边隐约可见；中横线暗褐色，不清楚；缘线具 1 列黑色长点。后翅黄白色，翅脉明显，端区及横脉纹暗褐色。

寄主： 莴苣、苦荬菜等植物的嫩叶及花。

分布： 我国分布于北京、河北、黑龙江、内蒙古、新疆、江西、辽宁、吉林、浙江等地；国外见于日本、欧洲。

生物学特性： 6—7 月灯下可见成虫。

莴苣冬夜蛾

28.104 黄条冬夜蛾 *Cucullia biornata* Fishcher von Waldheim, 1840

体长 21~22 mm，翅展 46~51 mm。头部黄白色杂暗褐色，胸部灰色杂暗褐色，颈板有 2 条黑棕色细线。前翅褐灰黄色，翅脉黑棕色，亚中褶及中室外半部明显淡黄色，亚中褶基部有 1 条黑纵线，内线及外线黑棕色，仅在亚中褶后可见深锯齿形；端区各脉间有褐线及淡黄色细纵线。后翅黄白色，端区微带色。腹部黄白色带灰色，腹端有灰黄色长毛。

寄主： 不详。

分布： 我国分布于北京、河北、内蒙古、辽宁、青海、新疆等地；国外见于俄罗斯。

生物学特性： 5—8 月灯下可见成虫。

黄条冬夜蛾

28.105 蒿冬夜蛾 *Cucullia fraudatrix* Eversmann, 1837

成虫翅展 29~36 mm。头、胸灰褐色。前翅灰褐色，前缘区基部灰白色，亚中褶基部有 1 条黑纵纹，内横线黑色，内侧衬白，外侧亦带白色，前大半部有 1 个大锯齿。环纹、肾纹灰色，后者后端外突。外横线暗灰色波浪形，亚端线灰色，前段内侧微黑，M_3 脉前及 Cu_2 脉后各有 1 条黑纵纹穿过。后翅黄白色，带灰黑色。腹部褐黄带灰色。

寄主：莴苣、蒿。

分布：我国分布于北京、河北、内蒙古、吉林、黑龙江等地；国外见于日本、朝鲜半岛、俄罗斯。

生物学特性：7—8 月灯下可见成虫。

蒿冬夜蛾

28.106 斑冬夜蛾 *Cucullia maculosa* Staudinger, 1888

翅展 39~43 mm。头、胸及前翅灰色，内线大锯齿形，环纹和肾纹分界不十分明确，两纹下方具黑斑，其外侧还有 1 条黑色纵纹。缘线黑色，在各脉端处间断。

寄主：艾草。

分布：我国分布于北京、河北、黑龙江；国外见于日本、朝鲜半岛、俄罗斯。

生物学特性：8—9 月灯下可见成虫。

斑冬夜蛾

28.107 褐纹冬夜蛾 *Cucullia amota* Alphéraky, 1877

翅展 40~42 mm。头、胸部灰色，头顶具 1 簇毛丛。前翅灰褐色。内横线双线呈深锯齿状，翅中部近前缘具 1 条土黄色纵线。

寄主：不详。

分布：我国分布于北京、内蒙古、辽宁、吉林、黑龙江、西藏等地；国外见于俄罗斯、蒙古国。

生物学特性：5 月、7 月灯下可见成虫。

褐纹冬夜蛾

28.108 大红裙杂夜蛾 *Amphipyra monolitha* Gurenée, 1852

别名：大红裙扁身夜蛾。

翅展 56~63 mm。头、胸黑棕杂褐色。前翅紫棕色，基线双线黑色波浪形，内线、外线均双线黑色锯齿形，外线齿尖有白点，中线模糊暗褐色，中室有 1 条暗褐纹，环纹为赭白环，肾纹不明显，亚端线为 1 列黄白点，内侧有 1 列黑齿纹，外侧有 1 列暗褐纹。后翅红褐色。腹部紫棕色。

寄主：栎、朴树、杨树等。

分布：我国分布于北京、河北、黑龙江、湖北、江西、四川、广东等地；国外见于日本、印度、俄罗斯。

生物学特性：7—11 月灯下可见成虫。

大红裙杂夜蛾

28.109 三斑蕊夜蛾 *Cymatophoropsis trimaculata* (Bremer, 1861)

翅展 35~41 mm。前翅黑褐色，基部、顶角及臀角各有 1 个大斑，基部的斑最大，周缘白色，中央暗褐色。后翅褐色，横脉纹及外线暗褐色。

寄主：鼠李。

分布：我国分布于北京、河北、甘肃、黑龙江、吉林、河南、山东、江苏、浙江、安徽、江西、福建、湖北、湖南、广西、四川、云南等地；国外见于日本、朝鲜半岛、俄罗斯。

生物学特性：8 月灯下可见成虫。

三斑蕊夜蛾

28.110 缤夜蛾 *Moma alpium* (Osbeck, 1778)

翅展 30~35 mm。头、胸部灰绿色，颈板及翅基片有黑纹。前翅灰绿色，基线为黑带，内、外线黑色，外线双线。环纹、肾纹白色，环纹具黑边，肾纹内缘为黑条，亚中褶大部及外线的双线间大部分白色，外线与亚端线间大部分褐色，亦带白色，翅外缘有 1 列衬白的黑点，缘毛亦有 1 列黑点。后翅白色带褐色，横脉纹褐色，臀角处有 1 条白色曲纹及 1 条白直纹。腹部褐色，背面有 1 列黑毛簇。

寄主：栎、桦、榉等植物。

分布：我国分布于北京、河北、黑龙江、湖南、湖北、江西、福建、四川、云南等地；国外见于日本、朝鲜半岛、欧洲。

生物学特性：1 年 1 代，6—8 月灯下可见成虫。

缤夜蛾

28.111 广缤夜蛾 *Moma tsushimana* Sugi, 1982

翅展约 32 mm。头、胸绿色，颈板黑色。前翅浅绿色，基线仅现 1 个黑斑，内线黑色带状，环纹、肾纹具不完整黑边，前缘区中段有 3 个黑纹，环纹后有黑曲线，外线黑色，亚端区在中褶与亚中褶各有 1 个黑斑。后翅浅黑褐色，亚中褶端部有 1 个黄白斑。腹部褐色。

分布：我国分布于北京、江西；国外见于日本。

生物学特性：7 月灯下可见成虫。

广缤夜蛾

28.112 绿孔雀夜蛾 *Nacna malachitis* (Oberthür,1880)

翅展 32~40 mm。头部与翅基片白色间青色，下唇须暗褐色，第 2、3 节端部白色；颈板粉绿色及褐色，胸背粉色间褐色。前翅翠绿色，基半部 1 条棕色曲带围成斜椭圆形大斑，中室有 1 个黑环，顶角和臀角各有 1 条白纹，纹中有黑环，此 2 纹处的缘毛白色，其余皆翠绿色。后翅白色，顶角有浅褐纹，雌蛾此纹为较完整的端带。腹部褐色间白色。

寄主：不详。

分布：我国分布于北京、黑龙江、辽宁、四川等地；国外见于印度。

生物学特性：7—8 月灯下可见成虫。

绿孔雀夜蛾

28.113 短喙夜蛾 *Panthauma egregia* Staudinger, 1892

体长 26 mm 左右；翅展 60 mm 左右。头、胸部灰白色杂绿褐色，腹部灰黑色，基部毛簇金褐色。前翅白色有黑色及绿褐色点，翅基部有 1 个黑色外斜纹，内线双线黑色，在中室处不显，环纹褐黄色，黑边，前方有 1 个斜三角形黑斑，中线双线黑色，微内弯，锯齿形，内线与中线在 1 脉后较黑灰，肾纹黄绿色，黑边，外线双线黑色，锯齿形，前端外侧有 1 个梯形黑斑，其后有 1 列不整齐的锯齿形黑纹，亚端线白色，肘脉后有 2 条黑纵线穿越外线，中褶也有 1 条黑纵线穿越外线，端线为 1 列三角形黑纹；后翅白色带暗褐色，翅脉及横脉纹黑褐色，外线白色，两侧较黑，尤其外侧约呈 1 条带状，缘毛褐白相间。

寄主：柳、杨。

分布：我国分布于北京、河北、黑龙江、辽宁、陕西、河南、云南等地；国外分布信息不详。

生物学特性：北京 6—7 月灯下可见成虫。

短喙夜蛾

28.114 光剑纹夜蛾 *Acronicta adaucta* (Warren, 1909)

翅展 30~34 mm。头、胸及前翅灰褐色，前翅基部的剑纹黑色，具 2 个短分支，内线浅褐色，两侧具暗褐边，环纹灰白色黑边，中间具褐色斑，肾纹灰白色，内侧具黑边；外线锯齿形，灰白色，外侧具黑边；臀角的剑纹黑色，两剑纹间常具黑色纵纹，3 纹呈 1 条直线。

寄主：不详。

分布：我国分布于北京、辽宁、吉林、黑龙江等地；国外见于日本、朝鲜半岛、俄罗斯。

生物学特性：8 月灯下可见成虫。

光剑纹夜蛾

28.115 小剑纹夜蛾 *Acronicta omorii* Matsumura, 1926

翅展 33 mm。头、胸及前翅褐灰色，前翅基部有 1 条黑纹，剑纹黑色，内线双线黑色，环、肾纹褐灰色有白环及黑边，两纹之间黑色，环纹前端一黑线沿亚前缘脉伸至内线，中线斜，外线黑色，在 Cu_1、M_3 脉处微呈尖齿突，亚中褶有 1 条黑色端剑纹，亚端线隐约可见后翅白色，端区微带褐色。

分布： 我国分布于北京、河北等地；国外见于日本。

生物学特性： 6—9 月灯下可见成虫。

小剑纹夜蛾

28.116 童剑纹夜蛾 *Acronicta bellula* (Alpheraky, 1895)

翅展约 32 mm。头部灰白色，胸部灰色带黑褐色。前翅灰色，亚中褶基部及外区各有 1 条黑纵纹，各横线黑色，环、肾纹灰白色有黑边。后翅白色。腹部浅褐色。

寄主：不详。

分布：我国分布于北京、河北、黑龙江等地；国外见于朝鲜半岛、俄罗斯。

生物学特性：北京 6—8 月灯下可见成虫。

童剑纹夜蛾

28.117 白斑剑纹夜蛾 *Acronicta catocaloida* (Greaser, 1889)

翅展约 41 mm。头、胸灰白杂黑色。前翅黑灰色，基线、内线、外线均双线黑色，亚端线白色，外线在臀脉前后呈 1 个白色尖纹，端线为 1 列三角形黑点。环、肾纹白色，中央黑色。后翅杏黄色。腹部灰色杂黑色。

寄主：向日葵、杨、柳。

分布：我国分布于北京、河北、黑龙江、山西、浙江等地；国外见于日本、俄罗斯。

生物学特性：9—10 月灯下偶见成虫。

白斑剑纹夜蛾

28.118 梨剑纹夜蛾 *Acronicta rumicis* (Linnaeus, 1758)

体长约 14 mm，翅展 32~46 mm。头、胸部棕灰色杂黑白毛。前翅暗棕色间以白色，基线为 1 个黑色短粗条，末端曲向内线；内线为双线黑色波曲；环纹灰褐色黑边，肾纹淡褐色，半月形，有 1 黑条从前缘脉达肾纹；外线双线黑色，锯齿形，在中脉处有 1 个白色新月形纹；亚端线白色；端线白色，外侧有 1 列三角形黑斑，缘毛白褐色。后翅棕黄色，边缘较暗，缘毛白褐色。腹部背面浅灰色带棕褐色，基部毛簇微带黑色。

寄主：桃、梨、玉米、苹果、白菜、山楂、蓼、悬钩子、草莓等。

分布：我国分布于北京、河北、黑龙江、内蒙古、新疆、台湾、广东、广西、贵州、云南等地。

生物学特性：北方地区 1 年 2~3 代，以蛹在土中越冬。4 月下旬至 8 月上旬灯下可见成虫。

梨剑纹夜蛾

28.119 桑剑纹夜蛾 *Acronicta major* (Bremer, 1861)

体长 27~29 mm，翅展 62~69 mm。头、胸灰白色带褐色，体深灰色。前翅灰白色至灰褐色，剑纹黑色，翅基剑纹树枝状，端剑纹 2 条，肾纹外侧 1 条较粗短，近后缘 1 条较细长，2 条均不达翅外缘。环纹灰白色较小，黑边；肾纹灰褐色较大，具黑边；肾纹前方有斜黑纹。内线灰黑色，前半部为双线曲折，后半部为单线，较直且不明显；中线灰黑色，外线为锯齿形双线，外侧者黑色，内侧者灰白色，缘线由 1 列小黑点组成。后翅灰褐色，外横线可见。

寄主：桑、桃、梅、李、柑橘等。
分布：我国大部分地区均有分布。
生物学特性：1 年 1 代，以茧蛹越冬，翌年 7 月上旬羽化。

桑剑纹夜蛾

28.120 桃剑纹夜蛾 *Acronicta intermedia* (Werren, 1909)

体长 18~22 mm，翅展 38~48 mm。头、胸及前翅灰褐色，布黑色细鳞。前翅顶角圆钝，翅面宽，外缘略外弯，中线大锯齿状，外线波浪状，在 M_3 脉向内弯曲。环纹、肾纹紧邻，环纹椭圆形，黑边，肾纹大，带褐色边，有黑鳞相连或相接，有 3 条黑色剑状纹，1 条在翅基部呈树状，2 条在端部。翅外缘有 1 列黑点。

寄主：桃、梨、梅、山楂、杏等。

分布：我国分布于北京、河北、山东、黑龙江、内蒙古、新疆、广东、广西、甘肃、青海、四川、云南、西藏等地；国外见于日本、朝鲜半岛、越南。

生物学特性：1 年 2 代，结茧蛹越冬。越冬代成虫发生期在 5 月中旬至 6 月上旬，第 1 代成虫发生期在 7—8 月。

桃剑纹夜蛾

28.121 晃剑纹夜蛾 *Acronicta leucocuspis* (Butler, 1878)

翅展 39~44 mm。头、胸灰褐色，颈板、翅基片有黑纹。前翅浅褐灰色，基剑纹黑色，基线、内线、外线均双线，环纹白色黑边，肾纹褐色有白环，两纹间有 1 条黑线，肾纹前有 1 个黑条，端剑纹黑色。后翅浅褐色，可见外横线。

寄主：梨、桃。

分布：我国分布于北京、河北、山东、云南等地；国外见于日本、朝鲜半岛。

生物学特性：8—9 月灯下可见成虫。

晃剑纹夜蛾

28.122 榆剑纹夜蛾 *Acronicta hercules* (Felder & Rogenhofer, 1874)

翅展 42~53 mm。头、胸及前翅灰褐色，中胸两侧具棕色纵斑，前翅基线和内线双线黑褐色，锯齿形，不完整，环纹灰白色，具黑边，肾纹褐色，中央具黑色曲纹，外线双线黑色，锯齿形。后翅灰白色，外缘常较暗。

寄主：榆。

分布：我国分布于北京、河北、黑龙江、甘肃、福建、台湾等地；国外见于日本、朝鲜半岛、俄罗斯。

生物学特性：6月、8—9月灯下可见成虫。

榆剑纹夜蛾

28.123 暗钝夜蛾 *Anacronicta caliginea* (Butler, 1881)

翅展 43~46 mm。头部暗褐色，胸部灰褐色，前翅暗褐色，各横线黑色，基线、内线、外线均双线，中线粗，肾纹呈大斑状，外带色浅。后翅浅黄褐色。腹部灰褐色。雄蛾抱钩长弯，伸达瓣端，阳茎有角状器。

寄主：芒草。

分布：我国分布于北京、黑龙江、山西、陕西、河南、浙江、湖北、湖南、江西、四川、贵州、云南等地；国外见于日本、朝鲜半岛。

生物学特性：5—8 月灯下可见成虫。

暗钝夜蛾

28.124 女贞首夜蛾 *Craniophora ligustri* (Denis & Schiffermüller, 1775)

翅展 30~37 mm。体色及前翅颜色变化较大。指名亚种头、胸白色，杂有黑色。前翅内线双线黑色，波浪形；外线双线黑色，前半锯齿形外弯，其内侧（包括线间）为白色大斑，各线两侧饰黄绿色斑。环纹、肾纹黄绿色，较大，具黑边。

寄主：女贞、白蜡、榛属及桤木属植物。

分布：我国分布于北京、河北、辽宁、吉林、黑龙江等地；国外见于日本、俄罗斯远东地区至欧洲。

生物学特性：4月、7—8月灯下可见成虫。

女贞首夜蛾

28.125 怪苔藓夜蛾 *Cryphia bryophasma* (Boursin, 1951)

翅展 20~22 mm。体暗灰色，前翅基线黑色，内线、外线在近外缘处黑色相连，内线、外线之间色深，外带区内有黑色纵纹，有 1 条色深。

寄主：苔藓。

分布：我国北京可见；国外见于日本、朝鲜半岛、俄罗斯。

生物性特性：7—8 月灯下可见成虫。

怪苔藓夜蛾

28.126 黄夜蛾 *Xanthodes albago* (Fabricius, 1794)

体长 9~12 mm，翅展 25~29 mm。头部白色；胸部及前翅黄色，内线、外线均褐色，前者波浪形，肾纹为褐色椭圆形环，亚端线褐色，外缘在 M_3-Cu_2 脉处有 2 个小黑斑，端区带有褐色并扩展至外线中段，缘毛褐色。后翅黄色，外缘及缘毛带褐色；雌蛾前翅肾纹不明显，中室端部至翅外缘有 1 个近三角形褐纹；腹部浅褐黄色。

寄主：锦葵、花葵、苘麻、大豆等。

分布：我国分布于湖南、湖北、河南、台湾、广东、云南、西藏等地；国外见于日本、印度、缅甸、斯里兰卡、地中海沿岸、非洲等。

生物学特性：6—7 月灯下可见成虫。

黄夜蛾（摄影：Philip Gould）

28.127 丹日明夜蛾 *Sphragifera sigillata* (Ménétriès, 1859)

别名：丹日夜蛾。

翅展 32~40 mm。头、胸部白色。前翅白色，散布褐色鳞片，可见较细弱的内线、外线和亚端线，翅外端具 1 个棕色大斑。

寄主：胡桃楸、水胡桃、千斤榆等。

分布：我国分布于北京、河北、陕西、甘肃、辽宁、吉林、黑龙江、河南、浙江、福建、台湾、四川、云南等地；国外见于日本、朝鲜半岛、俄罗斯。

生物学特性：北京 7 月灯下可见成虫。

丹日明夜蛾

28.128 胞短栉夜蛾 *Brevipecten consanguis* Leech, 1900

别名：短栉夜蛾。

翅展 26~29 mm。雄蛾触角基半部羽状，雌蛾触角丝状。头部棕灰色，前翅棕色杂灰白色，基线、内线、中线黑色，内线、中线直线外斜，中室后有明显外突角。肾纹灰褐色，内侧有 1 个砧形黑棕斑，斑的外缘具白边，外线前端具黑棕色三角形斑。后翅灰褐色。腹部背面褐灰色，腹部灰黄色。

寄主：野豌豆。

分布：我国分布于北京、河北、甘肃、山东、江苏、江西、湖北、湖南、福建、台湾、广东、广西、海南、四川、云南等地；国外见于日本、印度。

生物学特性：5—7 月灯下可见成虫。

胞短栉夜蛾

28.129 棉铃虫 *Helicoverpa armigera* (Hübner, 1809)

别名： 棉铃实夜蛾。

体长 15~20 mm，翅展 31~40 mm。雌蛾赤褐色，雄蛾灰绿色，复眼大，球形，绿色。前翅内线、中线、外线波浪形，外横线外有深褐色宽带，锯齿形，齿尖外侧具小白点，有时小白点内侧具明显小黑点。环纹褐边，中央具 1 个褐点，肾纹褐边。后翅灰白色，沿外缘有黑褐色宽带，宽带中央有 2 个相连的白斑，前缘有 1 个月牙形褐色斑。

寄主： 有 30 多科 200 余种，农作物主要包括棉花、小麦、玉米、花生、茄果类蔬菜等。

分布： 世界性分布。

生物学特性： 在北方地区 1 年 4 代，以蛹在土中越冬。4 月下旬至 5 月中旬，越冬代成虫羽化。第 1 代幼虫主要为害小麦、豌豆、苜蓿、春玉米、番茄等作物，6 月中下旬第 1 代成虫盛发期，7 月下旬至 8 月上旬为第 2 代成虫盛发期，第 3 代成虫盛发期在 8 月下旬至 9 月上旬，幼虫主要为害玉米雌穗，老熟幼虫钻入 5~15 cm 深的土中筑土室化蛹越冬。成虫昼伏夜出，有取食补充营养的习性和趋光性。雌虫喜欢产卵于寄主植株的嫩尖、嫩叶等幼嫩部分，卵散产，单雌产卵量 1 000 粒左右。初孵幼虫先吃卵壳，后爬行到心叶或叶片背面取食。3 龄以上的幼虫具有自相残杀的习性，5~6 龄幼虫进入暴食期。

棉铃虫

28.130 宽胫夜蛾 *Schinia scutosa* (Goeze,1781)

体长 11~15 mm，翅展 31~35 mm。头、胸部灰棕色，下胸白色，腹部灰褐色，前翅灰白色。前翅有褐色点，基线黑色，只达亚中褶，内线黑色波浪形，后半外斜，后端内斜，剑纹、环纹、肾纹大而明显，具褐色黑边，肾纹中央有 1 条淡褐曲纹，外线外斜至近中部后内折，亚端线黑色，不规则锯齿形，外线与亚端线间褐色，呈曲折宽带，端线为 1 列黑点。后翅黄白色，翅脉及横脉纹黑褐色，外线黑褐色，端区有黑褐色宽带，缘毛端部白色。

寄主： 艾属、藜属植物。

分布： 我国分布于北京、河北、陕西、甘肃、青海、内蒙古、山东、湖南、江苏等地；国外见于日本、朝鲜半岛、印度、中亚至欧洲、北美。

生物学特性： 5—8 月灯下可见成虫，有时虫量很大。

宽胫夜蛾

28.131 烟青虫 *Heliothis assulta* (Guenée, 1852)

别名：烟夜蛾。

体长 14~18 mm，翅展 24~33 mm。雌蛾体背及前翅棕黄色，雄蛾灰黄绿色。内线、中线、外横线波浪形，内横线与中横线间有 1 条褐色环纹，中横线双线，上端分两叉，叉间有 1 条灰褐色肾纹，亚外缘为宽带，褐色。后翅外缘有 1 条黑色宽带。

寄主：可取食 70 余种植物，主要为害烟草、辣椒、番茄。

分布：国内大部分地区都有分布。

生物学特性：在华北地区 1 年 2 代，以蛹在土中越冬。成虫卵散产，前期多产在寄主植物上中部叶片背面的叶脉处。成虫可在番茄上产卵，但存活幼虫极少。幼虫昼间潜伏，夜间活动为害。5—9 月灯下可见成虫。

烟青虫

28.132 苜蓿夜蛾 *Heliothis viriplaca* (Hufnagel, 1766)

别名： 实夜蛾。

体长 14~17 mm，翅展 28~36 mm。头、胸部浅灰褐色带霉绿色，前翅黄褐色带青绿色。环纹只现 3 个黑点，肾纹有几个黑点，中线呈带状，外线黑褐色锯齿形，与亚端线间呈污褐色。后翅赭黄色，中室及亚中褶内半带黑色，横脉纹与端带黑色。腹部霉灰色。

寄主： 苜蓿、柳穿鱼、矢车菊、芒柄花等。

分布： 我国分布于北京、河北、黑龙江、新疆、江苏、云南、西藏等地；国外见于日本、印度、缅甸、叙利亚和欧洲。

注：与荸实夜蛾很难区分。

苜蓿夜蛾

28.133 苇实夜蛾 *Heliothis maritima* Graslin, 1855

翅展 25~38 mm。头、胸部灰褐色带霉绿色。前翅黄褐色带青绿色，中部外具 2 条锈褐色或锈红色宽带，前半分离，后半相连。环纹由中央 1 个褐点及周围几个褐点组成，肾纹明显或不明显；缘线由 1 列黑点组成；后翅黑色，中央及翅外缘中部具宽大淡褐斑。

寄主：大豆、苜蓿、甜菜、番茄、马铃薯、甘薯、玉米、花生、棉、麻等植物。

分布：我国分布于北京、河北、吉林等地；国外见于日本、蒙古国、印度、巴基斯坦、中亚至欧洲。

生物学特性：1 年 2 代。5—8 月灯下可见成虫。

苇实夜蛾

28.134 焰夜蛾 *Pyrrhia umbra* (Hüfnagel, 1766)

别名：烟焰夜蛾、豆黄夜蛾、烟火焰夜蛾。

体长约 12 mm，翅展 27~35 mm。头、胸部黄褐色，翅基片有黑横纹。前翅黄色布赤褐点，外横线外方带紫灰色，基横线、内横线及中横线赤褐色，剑纹、环纹及肾纹均有赤褐边线；外横线黑棕色，后半与中横线平行；亚端线黑色锯齿形，有间断；端区翅脉纹赤褐色。后翅黄色，端区有 1 个大黑斑。

寄主：烟草、大豆、玉米、油菜、荞麦、牵牛花等植物。

分布：我国分布于北京、河北、新疆、甘肃、黑龙江、吉林、辽宁、陕西、山东、湖北、湖南、浙江、西藏等地；国外见于日本、朝鲜半岛、印度、亚洲西部、欧洲和美洲北部。

生物学特性：北方地区 1 年 2 代，以蛹在土中越冬。6—8 月灯下可见成虫。

焰夜蛾

28.135 双纹焰夜蛾 *Pyrrhia bifasciata* (Staudinger, 1888)

别名： 核桃兜夜蛾。

前翅长 16~18 mm，翅展 33~35 mm。头、胸部暗灰色。前翅稍宽，污褐色带霉绿色，外缘向外微弯，中线、外线明显，土黄色，外线斜直向后缘。环纹、肾纹不明显，颜色与内外线相同。后翅与腹部灰色。

寄主： 泡桐、胡桃楸、枫杨、洋葱等。

分布： 我国分布于北京、河北、黑龙江、台湾等地；国外见于日本、朝鲜半岛、俄罗斯。

生物学特性： 6—9 月灯下可见成虫。

双纹焰夜蛾

28.136 红晕散纹夜蛾 *Callopistria repleta* Walker, 1858

体长 13~15 mm，翅展 33~40 mm。头顶与颈板大部分黑色，后者基部有 1 条黄横线，中部白横线。雄蛾触角中段波曲，中足胫节有长毛束；前翅棕黑间红赭色、褐色和白色，基线黄白，内线双线白色，线间黑色，剑纹黑色，蓝白边，环纹斜，黑色黄边，肾纹乳黄色，外线双线白色，线间黑色，较直，仅在近前缘呈折角。后翅灰褐色。

寄主：蕨类植物。

分布：我国分布于北京、河北、黑龙江、山西、陕西、浙江、湖北、湖南、四川、广西；国外见于日本、朝鲜半岛、印度。

生物学特性：北京 8 月灯下可见成虫。

红晕散纹夜蛾

28.137 白线散纹夜蛾 *Callopistria albolineola* (Graeser, 1889)

体长 15~20 mm，翅展 28 mm。雄蛾触角基部 1/3 处弯曲成弧形。前翅褐色，具白、黑、黄棕等色斑，翅脉黄棕色至黄白色。内线白色双线，线间黑色，外线黑色双线，线间白色。亚缘线黄白色，锯齿形，外线和亚缘线内侧具黑斑，有时黑斑可向内扩大，甚至翅面除白斑外均呈黑色或黑褐色。

寄主：卷柏。

分布：我国分布于北京、河北、黑龙江等地；国外见于日本、朝鲜半岛、俄罗斯。

生物学特性：6—9 月灯下可见成虫。

白线散纹夜蛾

28.138 乌夜蛾 *Melanchra persicariae* (Linnaeus, 1761)

别名：白肾灰夜蛾。

体长 16~17 mm，翅展 39~40 mm。头、胸部黑色。前翅黑色带褐色，基线、内线均双线黑色，波浪形，环纹黑边，肾纹明显白色，中央有 1 条褐曲纹，中线黑色，外线双线黑色锯齿形，亚端线灰白色，内侧有 1 列黑色锯齿形纹，端线为 1 列黑点。后翅白色，翅脉及端区黑褐色，亚端线淡黄色，仅后半明显。

寄主：取食多种低矮草本植物，但秋季也为害柳、桦、楸等木本植物。

分布：我国分布于北京、河北、内蒙古、黑龙江、山西、山东、河南、四川、云南等地；国外见于日本、俄罗斯远东地区至欧洲。

生物学特性：北京 7—9 月灯下可见成虫。

乌夜蛾

28.139 甘蓝夜蛾 *Mamestra brassicae* (Linnaeus, 1758)

体长 18~25 mm，翅展 45~50 mm。头、胸部暗褐色杂灰色，额两侧有黑纹。前翅褐色，基线、内线均黑色双线，波浪形；中线模糊；外线黑色锯齿形；亚端线黄白色，在 M_3、Cu_1 脉呈锯齿形；端线为 1 列黑点。翅基部有端白的黑褐色鳞丛；剑纹短，黑边；环纹斜圆，淡褐色，具黑边；肾纹白色镶黑边，中有黑圈，后半有 1 黑色小斑。后翅淡褐色。腹部灰褐色。

寄主：桑、葡萄、棉、麦、麻、烟草、甜菜、高粱及十字花科蔬菜等。

分布：我国分布于北京、河北、黑龙江、吉林、辽宁、内蒙古、山西、四川、湖南、陕西、甘肃、宁夏、青海、河南、西藏、湖北等地；国外见于俄罗斯、印度、欧洲等地。

生物学特性：北方地区 1 年 2~3 代，以蛹在土表下 10 cm 左右处越冬，翌年 5 月上旬至 6 月上旬越冬代成虫羽化。成虫昼伏夜出，有趋光性，成虫需要取食蜜露补充营养。产卵块。幼虫共 6 龄，孵化后有先吃卵壳的习性，初期群集叶背进行取食，2~3 龄开始分散为害，4 龄后昼伏夜出进行为害，幼虫老熟后潜入 6~10 cm 表土内结土茧化蛹。甘蓝夜蛾是一种间歇性局部大发生的害虫，一年内常在春、秋季暴发成灾。

甘蓝夜蛾

28.140 旋歧夜蛾 *Anarta trifolii* (Hufnagel, 1766)

别名： 旋幽夜蛾。

翅展 27~38 mm。虫体和前翅黄褐色或暗灰色，剑纹褐色，环纹灰黄色，较小，肾纹灰色，较大，均围黑边线。楔状纹较宽大，外侧弧形。前翅缘线具 7 个近三角形黑斑，亚缘线黄白色，锯齿状，中后部具 2 个大锯齿，几达边缘。后翅淡灰色，外缘暗褐色。

寄主： 幼虫食性较广，取食藜、棉、苘麻、豌豆、蚕豆、胡麻、甜菜、油菜、小麦、玉米、苹果等多种作物和杂草的叶片。

分布： 我国分布于北京、河北、辽宁、内蒙古、新疆、青海、宁夏、甘肃、陕西、山东、西藏等地；国外见于欧洲、美洲多个国家。

生物学特性： 具有兼性迁飞习性，4 月底至 5 月初就可见成虫，内蒙古、河北玉米田、向日葵田曾出现大量幼虫为害。

旋歧夜蛾

28.141 鹏灰夜蛾 *Polia goliath* (Oberthür, 1880)

翅展 50~63 mm。头、胸及前翅白色。前翅具黑色花纹，基线、内线和外线均双线黑色，基线、内线波浪形，外线锯齿形，剑纹黑色，中线黑色，后半锯齿形，亚端线白色锯齿形，内侧 1 列黑齿纹。后翅灰白色，外缘具灰褐色宽带。腹部灰褐色，节间有灰条。

寄主： 枹栎、柳、蔷薇科李属和梅等植物叶片。

分布： 我国分布于北京、河北、黑龙江、台湾、湖北、四川等地；国外见于日本、朝鲜半岛、俄罗斯。

生物学特性： 8 月灯下可见成虫。

鹏灰夜蛾

28.142 华安夜蛾 *Lacanobia splendens* (Hübner, [1808])

别名: 华灰夜蛾。

翅展 29~35 mm。头、胸部紫褐色。前翅紫褐色前缘区较灰,亚中褶基部 1 个褐斑,基线白色,内线棕色,剑纹棕色,环纹、肾纹灰色,后者后半为深褐斑,中线深褐色,外线棕色锯齿形,齿尖为长点状,亚端线白色,在 Cu_1、M_3、R_5 脉处外突,线内侧有 1 条深棕色窄带。后翅浅褐黄色,翅脉及端区褐色。腹部褐黄色。

寄主: 酸模、车前草。

分布: 我国分布于北京、黑龙江、新疆;国外见于朝鲜半岛、欧洲。

生物学特性: 北京 7—8 月灯下可见成虫。

华安夜蛾

28.143 异安夜蛾 *Lacanobia aliena* (Hübner, [1809])

翅展 45 mm。头、胸部褐色杂灰色及少许黑色。前翅褐色，布有黑棕细点，基线、内线和外线双线黑色，基线、内线波浪线，外线锯齿形，线间灰色，剑纹黑边，外方有浅色纹，环纹有灰白环及黑边，肾纹内缘黑色，中线黑色波浪形，亚端线灰色锯齿形，中部有明显外突。后翅褐色。腹部灰褐色。

寄主：豆科、菊科植物。

分布：我国分布于北京、黑龙江、新疆、甘肃等地；国外见于日本、欧洲。

生物学特性：北京 6 月灯下可见成虫。

异安夜蛾

28.144 红棕灰夜蛾 *Sarcopolia illoba* (Butler, 1878)

体长 15~17 mm，翅展 38~46 mm。头、胸背及前翅红褐色至暗褐色，腹部及后翅灰褐色。前翅内线、外线双线，灰褐色或黑色，线间色浅，灰白色或灰褐色，内线较窄，后半部外突，两线之间色深。环纹和肾纹不明显，亚端线白色或灰白色，曲折，内侧较深。

寄主：大豆、葱、胡萝卜、棉、苜蓿、牛蒡、紫苏、繁缕、虎杖、酸模、藜等。

分布：我国大部分地区均有分布；国外见于日本、朝鲜半岛、俄罗斯、印度、尼泊尔等。

生物学特性：1 年 2 代，以蛹越冬。5—8 月灯下可见成虫。

红棕灰夜蛾

28.145 唉盗夜蛾 *Sideridis honeyi* (Yoshimoto, 1989)

前翅长 14~15 mm，翅展约 35 mm。前翅褐色带紫，内线双线黑色，剑纹肥大黑边，环纹、肾纹褐色，两纹相连。外线双线，黑色，内线由新月形黑纹组成，亚缘线淡黄色，在近后缘具 2 个外突齿形。后翅浅黄带褐色。腹部灰褐色。

寄主： 须苞石竹、繁缕属、坚硬女娄菜、康乃馨等植物。

分布： 我国分布于北京、黑龙江、河北、台湾等地；国外见于日本、朝鲜半岛、俄罗斯。

生物学特性： 8 月灯下可见成虫。

唉盗夜蛾

28.146 织网夜蛾 *Sideridis kitti* (Schawerda, 1913)

翅展 32~37 mm。头、胸褐色杂灰黑色。前翅暗褐色，翅脉白色，各横线白色，环纹、肾纹明显。

寄主： 麦瓶草、萹蓄、蓼等植物。

分布： 我国分布于北京、内蒙古、青海、新疆、湖南、西藏等地；国外见于蒙古国、欧洲。

生物学特性： 7—8月灯下可见成虫。

织网夜蛾

28.147 梳跗盗夜蛾 *Hadena aberrans* (Eversmann, 1856)

翅展 30~32 mm。头部褐色，颈板及胸背白色微带褐色。头胸部被长毛。前翅乳白色，基线黑色只达亚中褶，内线双线黑色波浪形；剑纹黑边；环纹斜圆形，白色黑边，中央大部褐色，后端开放；肾纹白色，中有黑曲纹，黑边，内缘黑色较向内扩展，后端外侧有 1 个黑斑达外线；外线双线黑色锯齿形，亚端线白色，微波浪形，内侧肘脉与中脉间有 2 个齿形黑点。后翅与腹部浅褐色。

寄主：不详。

分布：我国分布于北京、黑龙江、陕西、山东等地；国外见于日本、朝鲜半岛、欧洲。

生物学特性：8—9 月灯下可见成虫。

梳跗盗夜蛾

28.148 克夜蛾 *Clavipalpula aurariae* (Oberthür, 1880)

翅展约 40 mm。头部褐色杂灰白色，腹部浅褐色。前翅灰褐色，翅脉纹赭白色，前缘基部有 1 个黄白边的黑斑，基线黄白色波浪形，内侧有 2 个黄白边黑斑，外侧有 3 个黑斑，内线、外线均双线黑色，环纹、肾纹大，黄白带黑褐色，肾纹后端内突，内线、外线之间大部带黑褐色，亚端线不明显，黄白色波浪线，内侧有 1 个黑斑，线内侧有 1 列近三角形黑点，端区微黑。后翅赭白带褐色，端区及翅脉色暗。腹部灰褐色。

寄主：不详。

分布：我国分布于北京、黑龙江、江西等地；国外见于日本、俄罗斯。

生物学特性：10 月灯下可见成虫。

克夜蛾

28.149 围连环夜蛾 *Perigrapha circumducta* (Lederer, 1855)

体长 18~22 mm，翅展 48~54 mm。头部棕色杂灰白色，触角干白色，胸部褐色，颈板后缘及胸背中毛簇具白边，腹部褐色。前翅褐色，环纹与大剑纹相连，呈蘑菇状，并与肾纹相靠，外线灰白色。后翅褐色。

寄主：绣线菊、刺槐、枣树、苹果、沙棘等。

分布：我国分布于北京、辽宁、河北、河南、山东等地；国外见于日本、朝鲜半岛、俄罗斯。

生物学特性：1 年 1 代，以蛹在土茧内越夏及越冬。4—7 月灯下可见成虫，数量不多。

围连环夜蛾

28.150 联梦尼夜蛾 *Orthosia carnipennis* (Butler, 1878)

翅展 45~48 mm。头、胸部灰色，雄蛾触角双栉形，下唇须外侧黑色，腹部赭色。前翅紫灰色，基线前缘脉上具 1 个黑点，中室内具 1 个三角形黑斑，内线褐色，直线外斜，外线褐色外弯，后半内斜，内侧在 M_3 脉处有 1 个黑点，亚中褶有 1 个黑条连接内外线，环纹、肾纹大，不清晰，亚端线隐约可见波浪形，外侧微褐。后翅白色，端区带有褐色，横脉纹微黑，缘毛红褐色。

寄主： 樱花、山毛榉科、橡树、栎树、朴树等。

分布： 我国分布于北京、黑龙江；国外见于日本。

生物学特性： 4 月灯下可见成虫。

联梦尼夜蛾

28.151 黏虫 *Mythimna separata* (Walker, 1865)

别名： 东方黏虫、剃枝虫、粟黏虫、行军虫、五色虫等。

体长 15~17 mm，翅展 36~40 mm。头、胸部灰褐色。前翅颜色变化较多，灰褐色、黄色或橙色，散布黑色小点，环纹、肾纹褐黄色，分界不明显，肾纹后端有 1 个白点，两侧各有 1 个黑点，外线为 1 列黑点，亚端线自顶角内斜至 M_2 脉，端线为 1 列黑点。后翅暗褐色，向基部渐淡。腹部暗灰褐色。

寄主： 杂食性昆虫，幼虫可为害麦类、谷子、水稻、玉米、高粱、糜子、甘蔗、芦苇、生姜及禾本科杂草等。

分布： 除新疆、西藏未见报道外，遍布全国各地。

生物学特性： 黏虫是迁飞性害虫，在北方不能越冬，华北地区 1 年 2~3 代。黏虫在我国东半部每年有 4 次大范围的迁飞活动，具有 2 种迁飞方式。春季和夏季从低纬度向高纬度地区，或从低海拔向高海拔地区迁飞；秋季回迁时，从高纬度向低纬度地区，或从高海拔向低海拔地区迁飞。成虫昼伏夜出，趋光性强。黏虫为食叶害虫，1~2 龄时仅食叶肉，将叶片食成小孔，3 龄后蚕食叶片形成缺刻，大发生时常将作物叶片全部食光。北京 5—10 月灯下可见成虫。

黏虫

28.152 劳氏黏虫 *Mythimna loreyi* (Duponchel, 1827)

体长 14~17 mm，翅展 30~36 mm。虫体灰褐色。前翅从基部中央到翅长约 2/3 处有 1 条暗黑色带状纹，中室下角有 1 个明显的小白斑。环纹、肾纹不明显。腹部腹面两侧各有 1 条纵行黑褐色带状纹。

寄主： 幼虫食性很杂，喜食禾本科植物。

分布： 我国分布于北京、河北、山东、河南、广东、福建、四川、江西、湖南、湖北、浙江、江苏等地；国外见于欧洲、非洲、亚洲、大洋洲等。

生物学特性： 5—10 月灯下可见成虫。

劳氏黏虫

28.153 白钩黏夜蛾 *Mythimna proxima* (Leech, 1900)

体长约 12 mm，翅展 25~30 mm。头、胸褐色杂灰色，颈板有 3 条黑线，翅基片边缘黑棕色。前翅褐赭色，散布黑点，翅中央具 1 个白色小钩。后翅浅褐色，端区色暗。腹部褐色。

寄主：小麦、玉米、高粱、糜谷、水稻、油菜及多种蔬菜的叶和嫩茎。

分布：我国分布于北京、甘肃、青海、河北、河南、四川、云南、西藏等地。

生物学特性：1 年 2 代，5—8 月灯下可见成虫。

白钩黏夜蛾

28.154 红黏夜蛾 *Mythimna rufipennis* Butler, 1878

翅展 30~32 mm。虫体及前翅锈红色，散生黑褐色小点，中室下角有 1 个暗色点，前翅内线在中部外突，外线较直，近前缘内折，而近后缘外折。后翅大部分黑褐色。

寄主：不详。

分布：我国分布于北京、河北、浙江等地；国外见于日本、朝鲜半岛。

生物学特性：1 年 2 代，6 月、8—9 月灯下可见成虫。

红黏夜蛾

28.155 秘夜蛾 *Mythimna turca* (Linnaeus, 1761)

翅展 40~43 mm。头、胸部红褐色。前翅红褐色，散布黑色鳞片，内线黑色，稍曲折，肾纹黑色，窄斜，后端有 1 个白点，有时肾纹并不明显；外线黑色，斜直，端线为 1 列小黑点。后翅红褐色，端区带灰黑色。腹部黄褐色。

寄主： 禾本科的拟麦子草、荻、小麦、芦苇。

分布： 我国分布于北京、黑龙江、湖北、江西、四川等地；国外见于日本、欧洲。

生物学特性： 1 年 2 代，6—8 月灯下可见。

秘夜蛾

28.156 绒黏夜蛾 *Mythimna velutina* (Eversmann,1856)

别名： 寡夜蛾。

翅展 38~46 mm。头、胸和前翅灰褐色。前翅翅脉白色，除前缘区外，各脉间均带有黑褐色，端区带黑色，亚中褶基部有 1 条黑纵纹，其中央有 1 条淡褐线；A 脉后有 1 条黑纹；横脉纹周围黑色；外线为 1 列黑色锯齿形黑斑，前、后端不显；亚端线外侧有 1 列锯齿形黑斑，端线黑色。后翅褐色。腹部淡褐色。

分布： 我国分布于北京、河北、青海、甘肃、新疆、内蒙古、黑龙江等地；国外见于蒙古国、俄罗斯。

生物学特性： 7 月灯下可见成虫。

绒黏夜蛾

28.157 宏秘夜蛾 *Mythimna grandis* Butler, 1878

别名： 大光腹夜蛾。

体长 19~20 mm，翅展 45~52 mm。头、胸褐黄色带黑色。前翅浅黄灰色带浅紫褐色，基线、内线、外线黑色，中带灰色，肾纹窄曲，黄白色，后端两侧各 1 黑点，翅外半浅褐色杂少许黑色。后翅赭黄色，端区带有红褐色。腹部褐色。雄蛾后足胫节饰毛较发达。

寄主： 地杨梅属。

分布： 我国分布于北京、河北、湖南、黑龙江、辽宁、浙江、云南等地；国外见于日本、朝鲜半岛。

生物学特性： 7—8 月灯下可见成虫。

宏秘夜蛾

28.158 曲线秘夜蛾 *Mythimna divergens* Butler, 1878

翅展 50~56 mm。头部深红棕色，胸部与前翅赭黄色。前翅有霉绿色并密布有黑细点，前缘脉红棕色，基线、内线、外线均黑色，无环纹，肾纹细窄，黄白色，后端内突并有 1 个黑点，肾纹外方有暗褐云。后翅桃红色带暗褐。腹部棕色。

寄主： 不详。

分布： 我国分布于北京、黑龙江、陕西等地；国外见于日本。

生物学特性： 9 月灯下偶见成虫。

曲线秘夜蛾

28.159 丽木冬夜蛾 *Xylena formosa* (Butler, 1878)

别名：烟煤夜蛾。

翅展 54~58 mm。头和领浅黄色，胸部毛丛发达，色深，棕褐色至暗褐色，毛丛在胸部前缘呈 2 个弧形，中部尖形突出。前翅浅褐色至褐色，顶角有 1 个浅色斑，肾纹明显，亚缘线常呈小黑点列。

寄主：梨、桃、李、草莓、烟草、豌豆、金雀儿、虎杖、艾属、牛蒡等。

分布：我国分布于北京、甘肃、江苏、江西、台湾、云南等地；国外见于日本、朝鲜半岛、俄罗斯。

生物学特性：1 年 1 代，以刚羽化的成虫在蛹壳中越冬，3—4 月灯下可见成虫。

丽木冬夜蛾

28.160 狐志冬夜蛾 *Agrochola vulpecula* (Lederer, 1853)

前翅长约 17 mm，翅展约 32 mm。前翅黄褐色，翅脉褐色，内线双线褐色，后半部向外弓，前端常呈较大黑褐斑。环纹和肾纹大而明显，褐边。外线双线，前半外弓。亚端线褐色，不连续，波形。缘线细，褐色，波形，前缘近顶角处具 1 个褐斑。

寄主：不详。

分布：我国分布于北京、河北、山东等地；国外见于日本、朝鲜半岛、俄罗斯、蒙古国。

生物学特性：10 月灯下可见成虫。

狐志冬夜蛾

28.161 黄紫美冬夜蛾 *Xanthia togata* (Esper, 1788)

体长 12 mm 左右，翅展 33 mm 左右。头部及颈板紫棕色；胸部黄色；前翅黄色，基线紫棕色达 1 脉，外侧有三角形紫棕斑，其后端尖，后方在臀脉前有 1 个小紫斑，内线紫棕色，间断，环纹黄色，边缘紫棕色，不完整，肾纹黄色，中有 2 个紫点，中线紫棕色波浪形外弯，外线双线紫棕色锯齿形，中线与外线间带紫棕色，亚端线紫棕色，中段外弯，前后端内侧带紫棕色，外侧有 1 列紫棕色小斑，端线为 1 列紫棕色点，缘毛紫棕色。后翅淡黄色，外线暗褐色。

寄主： 黄华柳。

分布： 我国分布于北京、河北、黑龙江、新疆等地。

生物学特性： 9—10 月灯下可见成虫。

黄紫美冬夜蛾

28.162 齿美冬夜蛾 *Xanthia tunicata* Graeser, 1889

翅展 40~42 mm。体背及前翅金黄色至淡黄色，胸部具竖立毛簇，常具深色带。基线、内线和外线双线，波浪状，黄褐色，中线单线，黄褐色，较粗。环纹和肾纹大，黄褐边，其中肾纹的上方具白心黑褐边纹。基线和内线之间的前缘具黑褐斑，中线和亚端线之间常具大片黑褐色。

寄主：柳树。

分布：我国分布于北京、河北、黑龙江、宁夏、甘肃、青海、内蒙古等地；国外见于日本、俄罗斯、蒙古国。

生物学特性：9—10 月灯下可见成虫。

齿美冬夜蛾

28.163 日美冬夜蛾 *Xanthia japonago* (Wileman & West, 1929)

前翅长 17~19 mm。胸背橙黄色或橙红色。前翅橙黄色或橙红色，具基线、内线、中线、外线和亚端线，其中中线黑褐色，最粗、色深，且与内线在后缘相遇。环纹和肾纹明显，肾纹被中线穿越，亚端线锯齿形。

寄主：黄华柳。

分布：我国分布于北京、黑龙江；国外见于日本、朝鲜半岛、俄罗斯。

生物学特性：9—10月灯下可见成虫。

日美冬夜蛾

28.164 遥冬夜蛾 *Telorta divergens* (Butler, 1879)

体长 12~14 mm，翅展 35~41 mm。头、胸部褐色。前翅淡褐色密布棕色细点，基线棕色达亚中褶，内线棕色，直而外斜，中线模糊，外线棕色，直而内斜，亚端线在 Cu_1、M_1 脉处外突，环纹及肾纹大，棕色边。后翅淡褐色，缘毛淡褐色。

寄主：桃、山茶、梨、苹果等。

分布：我国分布于北京、黑龙江、湖南、浙江、西藏等地；国外见于日本。

生物学特性：9—10 月灯下可见成虫。

遥冬夜蛾

28.165 斑拟兜夜蛾 *Pseudocosmia maculata* Kononenko, 1985

前翅长 14~16 mm。头、胸背及前翅浅灰白色，前翅布黑点，前缘中部具锈黄色斑，之后侧方具数个分界不明显的斑；近顶角有呈弯月形的锈黄色斑；外缘有 1 列近弯月形的黑斑。

寄主：不详。

分布：我国分布于北京、河北、辽宁、吉林、黑龙江、内蒙古、河南等地；国外见于朝鲜半岛、俄罗斯。

生物学特性：7 月灯下可见成虫。

斑拟兜夜蛾

28.166 白斑迴兜夜蛾 *Cosmia restituta picta* (Staudinger, 1888)

别名： 白斑兜夜蛾。

展翅 26~32 mm。前翅黄褐色，近前缘有 4 个斜向的白斑，其中最前方的白斑较小，第 2 个白斑端部尚有 1 个小白斑，后面的白斑向后弯曲，第 2 和第 3 个白斑的端部各有 1 条黑色的线延伸至后缘。

寄主： 榆、椴。

分布： 我国分布于北京、陕西、甘肃、黑龙江、辽宁、台湾等地；国外见于日本、朝鲜半岛、俄罗斯、印度、尼泊尔。

生物学特性： 7—8 月灯下可见成虫。

白斑迴兜夜蛾

28.167 摊巨冬夜蛾 *Meganephria tancrei* (Graeser, 1888)

翅展 47~51 mm。头、胸部褐色杂灰白色。前翅宽，暗灰棕色，基线双线黑色，短；内线黑色，明显，外线黑色，前后段双线，亚端线白色锯齿形，内侧 1 列黑齿纹，翅脉黑色。肾纹、环纹和剑纹宽大，明显，具黑边。后翅污褐色，翅脉上有白点。

寄主： 不详。

分布： 我国分布于北京、陕西、黑龙江、吉林、内蒙古等地；国外见于朝鲜半岛、俄罗斯。

生物学特性： 10 月灯下可见成虫。

摊巨冬夜蛾

28.168 克袭夜蛾 *Sidemia spilogramma* Rambur, 1871

翅展约 45 mm。头、胸灰色。前翅灰褐色有绿色感，基线、内线及外线均双线黑色，基线、内线波浪形，外线锯齿形，剑纹浅褐色，环纹、肾纹灰黑色有白环及黑边，中横线黑色，后半与外横线平行，亚端线微白，内侧黑色。后翅白色，翅脉及端区灰褐色。腹部浅黄灰色。

寄主： 不详。

分布： 我国分布于北京、河北、黑龙江、内蒙古、山东、江苏、湖南等地；国外见于俄罗斯。

生物学特性： 9—10 月灯下可见成虫。

克袭夜蛾

28.169 干纹夜蛾 *Staurophora celsia* (Linnaeus, 1758)

别名：干纹冬夜蛾。

翅展 38~40 mm。头、胸部粉绿色，颈板端部及翅基片边缘褐色，后胸毛簇褐色。前翅粉绿色，翅基褐色，内有 1 个白点；翅中部具树干形的棕褐色纹，在中室明显向两侧突出成锯齿形，在臀脉后渐宽，其外侧常具 1 个小褐斑。翅外缘及缘毛棕色。后翅棕褐色，缘毛端部白色。腹部黄褐色。

寄主：多种禾本科植物的根，如拂子茅、小穗发草等。

分布：我国分布于北京、河北、内蒙古、新疆、陕西、山西、山东等地；国外见于日本、朝鲜半岛、俄罗斯。

生物学特性：7—10 月灯下可见成虫。

干纹夜蛾

28.170 苏角剑夜蛾 *Hydraecia amurensis* Staudinger, 1892

翅展 46~51 mm。头、胸及前翅暗棕色，前翅外线与亚端线间色浅，基线、内线、外线黑棕色，剑纹隐约可见，环纹、肾纹灰褐色，亚端线褐色锯齿形。后翅浅褐黄色，翅脉及端区黑棕色。腹部灰色带暗棕色。

寄主：菊科植物。

分布：我国分布于北京、黑龙江、陕西等地；国外见于日本、俄罗斯。

生物学特性：8月灯下偶见成虫。

苏角剑夜蛾

28.171 亚奂夜蛾 *Amphipoea asiatica* (Burrows, 1911)

翅展约 28 mm。头部浅黄褐色，胸部红褐色。前翅黄褐色微带红棕色，基线、内线不明显，黑棕色波浪形外斜，环纹、肾纹大，中线、外线黑褐色，后者双线波浪形，亚端线黑褐色不清晰，锯齿形。后翅污黄色。腹部褐色。

寄主： 不详。

分布： 我国分布于北京、黑龙江、山西、陕西、四川、云南等地；国外见于日本、中亚地区。

生物学特性： 7—8月灯下可见成虫。

亚奂夜蛾

28.172 麦奂夜蛾 *Amphipoea fucosa* (Freyer, 1830)

体长 13~16 mm，翅展 30~36 mm。头、胸部黄褐色，腹背灰黄色，腹面黄褐色，前翅锈黄色至灰黑色，基线色浅，内线、外线各 2 条，中线 1 条，共 5 条褐线且明显。环纹、肾纹白色至锈黄色，上有褐色细纹，边缘暗褐色，亚端线色浅，外缘褐色，缘毛黄褐色。后翅灰褐色，缘毛、翅反面灰黄色。

寄主： 小麦为主，莜麦、大麦、玉米、谷子等次之。

分布： 我国分布于北京、河北、黑龙江、内蒙古、新疆、青海、山西、河南、湖北、湖南、云南等地；国外见于日本。

生物学特性： 1 年 1 代，以卵越冬。成虫于 7 月上旬始见，盛发期在 8 月上旬。

麦奂夜蛾

28.173 内夜蛾 *Rhizedra lutosa* (Hübner, [1803])

翅展 35~50 mm。头、胸、腹部浅黄褐色，前翅浅褐色，翅脉白色，散布细黑点，隐约可见 1 列黑点组成的外横线。后翅白色，零星散布黑点。

寄主：芦苇。

分布：我国分布于北京、黑龙江、内蒙古、新疆等地；国外见于朝鲜半岛、欧洲。

生物学特性：8—10 月灯下可见成虫。

内夜蛾

28.174 大螟 *Sesamia inferens* (Walker, 1856)

别名：稻蛀茎夜蛾。

体长 12~15 mm，翅展 24~30 mm。头、胸部浅黄褐色，腹部浅黄色至灰白色，前翅近长方形，浅褐色，布细黑点，翅脉白色。后翅白色。

寄主：甘蔗、水稻、玉米、高粱、麦、粟、香蕉、茭白等。

分布：我国分布于北京、天津、河北、上海、江苏、浙江、安徽、福建、江西、山东、台湾、山西、内蒙古、河南、湖北、湖南、广东、广西、海南、香港、澳门等地；国外见于日本、印度、缅甸、斯里兰卡、马来西亚、菲律宾、新加坡、印度尼西亚。

生物学特性：1 年 2~8 代不等，多以老熟幼虫越冬。6—8 月灯下可见成虫。

大螟

28.175 霉裙剑夜蛾 *Olivenebula oberthueri* (Staudinger, 1892)

翅展约 39 mm。头、胸及前翅霉绿杂黑色，前翅基线、内线和外线均双线黑色，基线、内线波浪形，外线锯齿形，中线黑色，后半波浪线，亚端线黑色，剑纹细长，环纹及肾纹褐色黑边，端线为 1 列黑长点。后翅杏黄色，基部黑褐色，后缘有 1 个黑褐窄条，端区有 1 个黑褐宽带。腹部黑棕色，节间黄色。

寄主：油茶。

分布：我国分布于北京、黑龙江、新疆、陕西、河南、湖北、福建、四川、云南等地；国外见于朝鲜半岛、俄罗斯。

生物学特性：7—9 月灯下可见成虫。

霉裙剑夜蛾

28.176 疏纹杰夜蛾 *Auchmis paucinotata* (Hampson, 1894)

成虫翅展约 42 mm。头、胸部暗灰色。前翅微褐色，基线仅在前缘脉可见黑色；内线黑色，锯齿形外弯；剑纹尖，黑边；中线黑色，自前缘脉外斜至中室；外线黑色，锯齿形外弯；亚端线灰色，锯齿形，内侧有 1 列黑纵纹，在亚中褶处黑纹合并为 1 条尖纹；环纹斜，端部尖，伸达肾纹，后缘黑色；肾纹后缘黑色。后翅褐色，缘毛基部及端部白色。腹部褐灰色。

寄主： 不详。

分布： 我国分布于北京、青海、四川等地；国外见于印度、巴基斯坦等。

生物学特性： 9 月灯下可见成虫。

疏纹杰夜蛾

28.177 炫夜蛾 *Actinotia polyodon* (Clerck, 1759)

体长约 13 mm，翅展约 30 mm。头、胸部棕色，额有灰白横条，头顶有灰白纹，颈板灰白色，翅基片中央白色，前胸毛簇基部白色，足褐色，前足外侧有灰白毛，腹部黄褐色，毛簇端部黑色。前翅紫灰棕色，后缘区褐色带霉绿色，翅脉黑棕色，环纹白色极扁，亚中褶内半部有 1 个棕黑色纵条，自此至中室白色，肾纹白色，中有褐窄圈，后半衬黑棕色，外线仅后半段现几个黑点，亚端线白色，强锯齿形，前段内侧白色扩展，中段外侧在各脉间有黑色尖纹，端线黑色间断，缘毛中部有 1 条黑线，部分缘毛白色，其余褐色。后翅淡褐黄色，翅脉及端区褐色。

寄主：连翘。

分布：我国分布于北京、辽宁、新疆等地。

生物学特性：8 月灯下可见成虫。

炫夜蛾

28.178 暗翅夜蛾 *Dypterygia caliginosa* (Walker, 1858)

翅展 35~45 mm。头、胸、腹及前翅黑褐色，前翅外线外方前半及 M_3 脉后浅褐色，后缘区有 1 条浅褐纵纹，基线、内线及外线黑色，内线波浪形，外线锯齿形，内线内方的 Cu_2 脉前后各有 1 条黑纹，剑纹、环纹及肾纹大，黑褐色，亚端线灰白色锯齿形。后翅棕褐色，翅脉颜色深。

寄主：不详。

分布：我国分布于北京、河北、陕西、宁夏、湖北、湖南、浙江、福建、海南、贵州、云南等地；国外见于日本。

生物学特性：5—9 月灯下可见成虫。

暗翅夜蛾

28.179 朽木夜蛾 *Axylia putris* (Linnaeus, 1761)

翅展 28~30 mm。头黄白色，领片黄棕色，胸部棕褐色，前胸前缘常具黑带。前翅浅赭黄色，前缘区大部带黑色，基线、内线及外线均双线黑色，通常不清楚。环纹与肾纹中央黑色，外线外侧具 2 列黑点，端线具 1 列黑点。

寄主： 繁缕属、缤藜属、车前属等植物。

分布： 我国大部分地区均有分布；国外见于日本、朝鲜半岛、印度尼西亚、印度、俄罗斯远东地区至欧洲。

生物学特性： 1 年多代，5—9 月灯下可见成虫。

朽木夜蛾

28.180 陌夜蛾 *Trachea atriplicis* (Linnaeus, 1758)

别名： 白戟铜翅夜蛾。

翅展 38~45 mm。头、胸部黑褐色，额带灰色，跗节有灰白环，颈板有黑线及绿纹，翅基片基部及内缘绿色，腹部暗灰色。前翅棕褐色带铜绿色，尤其内线内侧、亚前缘脉及亚端区更明显，基线、内线、中线及外线黑色，中线和外线后端相遇，环纹黑色有绿环，后方有 1 个戟形白纹，肾纹绿色带黑灰，有绿环，后方有 1 个黑三角形斑。后翅基部白色，上半较暗褐，肘脉端部有 1 白纹。

寄主： 酸模、蓼及其他多种植物。

分布： 我国分布于北京、天津、河北、黑龙江、河南、江苏、上海、江西、福建、湖南等地；国外见于日本、欧洲多个国家。

生物学特性： 北京 1 年 1 代，6—8 月灯下可见成虫，成虫趋光性强。

陌夜蛾

28.181 黑环陌夜蛾 *Trachea melanospila* Kollar, 1844

翅展约 50 mm。头、胸部黑灰色；腹部与前翅黑褐色，后者带苔绿色，基线、内线及外线均双线黑色，外线锯齿形，亚端线苔绿色，两侧有黑斑。环纹及肾纹黑褐色，镶绿色边，环纹和肾纹之间有白色逗点斑，逗点尾巴斜向后缘。后翅白色，端半部褐色，外线暗褐色，亚端线后半微白，臀角 1 条白曲纹。

寄主：不详。

分布：我国分布于北京、黑龙江、湖北、海南、四川、云南等地；国外见于印度、斯里兰卡、日本、朝鲜半岛、西伯利亚等。

生物学特性：5—9 月灯下可见成虫。

黑环陌夜蛾

28.182 殿夜蛾 *Pygopteryx suava* Staudinger, 1877

翅展约 33 mm。头、胸部灰红色。前翅红褐色带白，端区深赤褐色，内线、中线白色，内斜，肾纹只现 1 条白色短线，外线白色，微曲内斜，亚端线白色，前半内弯，后半锯齿形，缘毛棕色，锯齿形，凹处的端部白色。后翅暗红色，基部、前缘区及臀角带有灰白色，腹部红褐色。

寄主：不详。

分布：我国分布于北京、河北、黑龙江、山东等地；国外见于日本、俄罗斯。

生物学特性：9月灯下可见成虫。

殿夜蛾

28.183 甜菜夜蛾 *Spodoptera exigua* (Hübner, [1808])

别名：白菜褐夜蛾。

体长 10~14 mm，翅展 25~34 mm。头、胸部灰褐色。前翅灰褐色，环纹、肾纹粉黄色；后翅银白色；腹部浅褐色，末端有 1 圈黄白色的长毛簇，雌蛾较短。

寄主：玉米、棉花、甜菜、芝麻、花生、烟草、大豆、白菜、大白菜、番茄、豇豆、葱等多种植物。

分布：世界性分布害虫，我国大部分地区均有分布；国外见于日本、缅甸、印度、亚洲西部至欧洲、大洋洲等。

生物学特性：1 年发生 4~5 代，7—8 月发生重，高温、干旱年份发生更重，常与斜纹夜蛾混发，对叶菜类、幼嫩玉米威胁大。8—9 月为成虫高峰期。

甜菜夜蛾

28.184 斜纹夜蛾 *Spodoptera litura* (Fabricius, 1775)

别名：莲纹夜蛾、莲纹夜盗蛾、乌头虫、夜盗蛾。

体长 14~20 mm，翅展 33~42 mm。头、胸、腹及前翅褐色，胸部背面有白色丛毛，腹部侧面有暗褐色丛毛。前翅外区翅脉大部分浅褐黄色，各横线褐黄色，环纹窄长像肾纹，肾纹外缘中凹，前端齿形，亚端线内侧有 1 列黑齿纹，前缘近中部 1 条灰白色斜纹经环纹、肾纹之间达中脉或胫脉。后翅白色。

寄主：除十字花科蔬菜外，还包括瓜、茄、豆、葱、韭菜、菠菜以及粮食、经济作物等多种植物。

分布：我国分布于北京、河北、河南、山东、江苏、浙江、湖南、福建、广东、海南、贵州、云南等地；国外见于亚洲的热带、亚热带地区和非洲。

生物学特性：斜纹夜蛾是迁飞性害虫，在北方不能越冬。成虫昼伏夜出，有趋光性，对糖醋液具趋性，6—9月可见成虫。卵块产，多产在植株中部叶片背面的叶脉分叉处，每雌产卵 3~5 块，每块约 100 多粒。初孵幼虫群集为害，只留上表皮和叶脉，被害叶好像纱窗一样。2 龄后逐渐分散取食叶肉，4 龄后进入暴食期。大发生时幼虫有成群迁移的习性，有假死性。

斜纹夜蛾

28.185 草地贪夜蛾 *Spodoptera frugiperda* (J.E Smith, 1797)

别名：秋黏虫。

翅展 32~40 mm，雌蛾、雄蛾前翅特征差异明显。雌蛾前翅灰褐色，斑纹不明显，环纹和肾纹轮廓线黄褐色，内线、外线、亚缘线色浅。雄虫前翅色彩杂，具黑斑和浅色暗纹，翅顶角向内有 1 个三角形白斑，环纹后侧自外缘至中室有 1 条淡黄色的斜纹，肾纹侧有白色楔形纹。后翅透明银白色，前缘和外缘具黑色边，翅脉棕色。雌雄前足基部均膨大，雄虫较雌虫明显。

寄主：多食性害虫，可取食 76 个科 350 多种植物，其中又以禾本科、菊科与豆科为主，玉米、高粱、甘蔗、小麦、黑麦草、大麦、荞麦、苜蓿、棉花、燕麦、花生、甜菜、大豆等。

分布：原产美洲地区，2018 年底入侵中国，目前属于一种重大迁飞性害虫。

生物学特性：成虫具有迁飞性，无滞育性，在条件适合时可终年繁殖。在我国东半部地区的越冬北界位于北纬 32°~34°。在此界线以北的华北、东北和华东、中南的部分地区，冬季日平均温度等于或低于 0℃的天数在 30 d 以上时，不能越冬。4—5 月随西南气流向北迁飞为害。北方 6—9 月可见成虫。

草地贪夜蛾（左雌、右雄）

28.186 北筱夜蛾 *Hoplodrina octogenaria* (Geoze, 1781)

翅展 28~34 mm。头、胸部灰褐色。前翅灰棕色，外线外方色浅。基线、内线及外线黑色，内线波浪线，环纹、肾纹暗褐色，镶白边，中线暗褐色，外线锯齿形，外侧翅脉上有黑点，亚端线灰白色，端线为 1 列黑点。后翅浅褐色。腹部褐色。

寄主：繁缕、酸模、堇菜等植物。

分布：我国分布于北京、黑龙江、内蒙古、新疆等地；国外见于欧洲。

生物学特性：8 月灯下可见成虫。

北筱夜蛾

28.187 朝委夜蛾 *Athetis coreana* (Matsumura, 1926)

别名：朝线夜蛾。

体长约 13 mm，翅展约 35 mm。头、胸部淡黄灰色，腹部黄色。前翅淡黄灰色，微带褐色，前缘顶角内侧有 1 个大深褐斑，内线灰白色，直线外斜，环纹、肾纹具灰白边，外线灰白色，沿大斑内缘外斜至 M_3 脉折成一角，然后内弯，亚端线灰白色，不明显，内侧有几个黑点，在亚中褶处黑点较大，端线为 1 列白点。后翅淡褐黄色，端区较黑褐。

寄主：不详。

分布：我国分布于北京、浙江；国外见于日本。

生物学特性：7 月灯下可见成虫。

朝委夜蛾

28.188 委夜蛾 *Athetis furvula* (Hübner, [1808])

翅展 28~30 mm。头、胸部灰色杂褐色。前翅灰褐色，外区、端区褐色，基线、内线、中线及外线黑色，内线波浪形，环纹为1个黑点，肾纹内缘白色，中线粗，外线锯齿形，齿尖为点状，亚端线白色，两侧褐色。外缘1列黑色斑点，内侧1条白线。后翅浅灰褐色。

寄主：不详。

分布：我国分布于北京、河北、内蒙古、辽宁、新疆等地；国外见于日本、朝鲜半岛、欧洲东部。

生物学特性：7—8月灯下可见成虫。

委夜蛾

28.189 后委夜蛾 *Athetis gluteosa* (Treitschke, 1835)

翅展 25~36 mm。头、胸及前翅浅褐灰色，前翅基线、内线褐色，内线波浪线，环纹为 1 个黑褐点，肾纹小，褐色，中线暗褐色，后半波浪形，外线黑褐色锯齿形，齿尖为点状，亚端线灰白色，内侧暗褐色，外缘为 1 列黑褐纹。后翅与腹部白色微带褐色。

寄主： 低矮草本植物，以及玉米、小麦、甘薯、大豆、花生、白菜等。

分布： 我国分布于北京、黑龙江、青海、西藏、四川等地；国外见于日本、朝鲜半岛、蒙古国、中亚、欧洲。

生物学特性： 6—8 月灯下可见成虫。

后委夜蛾

28.190 二点委夜蛾 *Athetis lepigone* (Moschler, 1860)

体长 10~12 mm，翅展 20 mm。雌蛾体略大于雄蛾。头、胸、腹灰褐色。前翅灰褐色，有暗褐色细点；内线、外线暗褐色，环纹为 1 黑点；肾纹小，有黑点组成的边缘，外侧中凹，有 1 个白点；外线波浪形，翅外缘有 1 列黑点，数量 7~8 个。后翅白色微褐，端区暗褐色。

寄主：13 科 30 多种植物，在我国黄淮海地区以第 2 代幼虫为害夏播玉米苗为主。

分布：我国分布于北京、天津、河北、黑龙江、吉林、辽宁、内蒙古、宁夏、山西、山东、陕西、河南、江苏、湖北、安徽等地；国外见于日本、朝鲜半岛、俄罗斯等地。

生物学特性：1 年 4 代，以老熟幼虫在茧内越冬。4—9 月灯下可见成虫。

二点委夜蛾

28.191 线委夜蛾 *Athetis lineosa* (Moore, 1881)

翅展 27~40 mm。体背及前翅灰褐色至暗灰褐色，前翅内线、外线黑褐色，细，内线稍波形，外线弧形；中线粗，模糊，中部外突；中室内具 1 个小黑点（环纹），肾纹白色，前方有 1 个白点。后翅灰褐色，缘毛黄白色。雄蛾后翅反面前缘区有后向的鳞片丛，亚前缘脉上的鳞片列成脊状。腹部褐灰色。

寄主： 翠菊、艾属等植物。

分布： 我国分布于北京、河北、河南、浙江、湖北、湖南、福建、台湾、海南、广西、四川、云南等地；国外见于日本、朝鲜半岛、俄罗斯、泰国、缅甸、尼泊尔、印度。

生物学特性： 7 月灯下可见成虫。

线委夜蛾

28.192 蚀夜蛾 *Oxytripia orbiculosa* (Esper, 1779)

体长 15~18 mm，翅展 37~44 mm。头部及颈板黑褐色，颈板上有宽白条；下唇须下缘白色；胸部背面灰褐色；腹部黑色，各节端部白色。前翅红棕色或黑棕色，基线、内线、外线和亚端线白色波状，中线黑褐色，端线由三角形黑斑组成。环纹灰黑色，外围白色圈，白圈外又有黑边；肾纹大，白色。后翅白色，端区有 1 条黑褐色宽带，臀脉及后缘区较黑褐。缘毛端部白色。

寄主：鸢尾、玫瑰、蔷薇等植物的根部和茎基部。

分布：我国分布于北京、河北、内蒙古、吉林、辽宁、青海、甘肃、新疆、山东、浙江、江苏等地；国外见于俄罗斯、匈牙利。

生物学特性：1 年 1 代，以卵在寄主植物附近的土表层越冬，10 月上中旬是成虫的发生期。

蚀夜蛾

28.193 太白胖夜蛾 *Orthogonia apaishana* (Draudt, 1939)

翅展 55~57 mm。头、胸部黑棕色。前翅褐灰色带红棕色，中段带黑褐色，中脉及外横线外方的翅脉灰色，内横线内方及外横线与亚端线间有细波曲黑纹，亚端线灰黄色，其余各横线黑色，内横线、外横线均双线，内横线后内侧有 1 个黑斑，外横线波浪形，环纹前端有 2 个灰黄点，肾纹长，剑纹大。后翅黑棕色。腹部暗灰棕色。

寄主： 不详。

分布： 我国分布于北京、陕西。

生物学特性： 7—8 月灯下可见成虫。

太白胖夜蛾

28.194 纹希夜蛾 *Eucarta fasciata* (Butler, 1878)

翅展 30~32 mm。头、胸部灰色杂黑。前翅褐色，内半部黑褐色，外半部灰黄色，基线、内线双线黑色，翅基具 1 个大卵形斑，灰棕色或红棕色。环纹卵形，黑边，斜置；有时中线外可见明显的肾纹。缘毛灰褐色。

寄主： 不详。

分布： 我国分布于北京、吉林；国外见于日本、朝鲜半岛、俄罗斯。

生物学特性： 6 月灯下可见成虫。

纹希夜蛾

28.195 麟角希夜蛾 *Eucarta virgo* (Treitschke, 1835)

翅展 25~36 mm。头、胸部黄褐色，略带紫色。前翅褐色带紫色，内线白色，外斜，后端与白色外线相遇于后缘，环纹白色，斜圆形，前方有 1 条白纹，肾纹白色，外半稍带浅红色，中室除环纹、肾纹外黑棕色，外线白色，两侧衬黑棕色，端区浓褐色。后翅褐白色，腹部浅褐色。

寄主： 多种蒿属植物。

分布： 我国分布于北京、河北、内蒙古、黑龙江、湖北等地；国外见于日本、朝鲜半岛、俄罗斯远东地区至欧洲。

生物学特性： 6—7 月灯下可见成虫。

麟角希夜蛾

28.196 乏夜蛾 *Niphonyx segregata* (Butler, 1878)

别名：葎草流夜蛾。

翅展 25~30 mm。头、胸部灰褐色，下唇须褐色杂白色，足跗节有白斑。前翅褐色，中央具明显的暗褐色宽带，宽带镶灰白边；近顶角处有 1 个暗褐斑，斑内近下方具 1 个或 2 个黑斑，斑的内侧后方具 1 个或 2 个黑斑，有时斑纹不明显。后翅褐色。

寄主：葎草。

分布：我国分布于北京、河北、陕西、黑龙江、内蒙古、山西、河南、山东、江苏、浙江、福建、云南等地；国外见于日本、朝鲜半岛、俄罗斯、美国。

生物学特性：1 年 4 代，以蛹越冬，4—9 月灯下可见成虫。

乏夜蛾

28.197 贯雅夜蛾 *Iambia transversa* (Moore, 1882)

翅展 31~36 mm。头、胸部黑白混杂。前翅灰白色带紫褐基线黑色，只达臀脉，内线双线黑色，波浪形，前端为 1 个黑粗点，后端内侧有 1 个黑斑，中线黑色，肘脉后与外线间形成 1 个明显黑块，环纹与肾纹暗褐色，白边，外线双线黑色，线间白色，内线前端为粗点，外线外侧有 1 列齿形黑点，亚端线白色，内侧有不规则形黑纹，端线为 1 列黑点。后翅褐色。腹部灰色杂褐黄色。

寄主：麦瓶草、酸模、报春等属植物。

分布：我国分布于北京、山东、湖北、云南等地；国外见于日本、印度、不丹、非洲。

生物学特性：6—8 月灯下可见成虫。

贯雅夜蛾

28.198 美纹孤夜蛾 *Elaphria venustula* (Hübner, 1790)

翅展 17~20 mm。头、胸部浅灰褐色。前翅灰白色带褐色，中区后半及端区带棕色，基线、外线浅褐色波浪线，外线双线，内线双线浅褐色波浪形，后半黑色，线间白色，剑纹仅见 1 个黑白点，无环纹，肾纹深褐色，外侧 2 个黑点，中线深褐色，后半波浪形，外区前缘有 1 个褐斑，其上有 1 列白点，亚端线白色间断，内侧 1 列黑点，近臀角有白纹。后翅浅褐色。腹部暗灰色。

寄主： 匍匐委陵菜。
分布： 我国分布于北京、河北、黑龙江、新疆等地；国外见于亚洲西部、欧洲。
生物学特性： 8—10月灯下可见成虫。

美纹孤夜蛾

28.199 白边切夜蛾 *Euxoa karschi* (Graeser, 1890)

别名： 白边地老虎、白边切根虫。

前翅长 18 mm 左右，翅展 40 mm 左右。前翅的颜色和斑纹变化较大，灰褐色至深褐色，前翅前缘具灰白色至黄褐色宽边，肾纹和环纹灰白色，剑纹黑色，长形；有时体色深，斑纹不清楚。

寄主： 幼虫咬断玉米、甜菜、高粱等禾本科植物的茎，取食茎和叶。

分布： 我国分布于北京、河北、青海、新疆、内蒙古、黑龙江、吉林、四川、云南、西藏等地；国外见于日本、朝鲜半岛、俄罗斯。

生物学特性： 7—8 月灯下可见成虫。

白边切夜蛾

28.200 中圆夜蛾 *Acosmetia chinensis* (Wallengren, 1860)

别名：中赫夜蛾。

翅展 24~30 mm。虫体赭红褐色。前翅赭红褐色，前缘略外弯，顶角稍钝，外缘平滑外弯，前缘、环纹、肾纹与中线杂银灰色。后翅灰褐色。

分布：我国分布于北京、河北、黑龙江、四川、湖北、台湾等地；国外见于日本、朝鲜半岛。

生物学特性：5—8月灯下可见成虫。

中圆夜蛾

28.201 警纹地老虎 *Agrotis exclamationis* (Linnaeu, 1758)

体长 16~18 mm，翅展 36~38 mm。体灰色，头部、胸部灰色带微褐，颈板灰褐色，具黑纹 1 条。前翅灰色至灰褐色，部分个体前缘、外缘略显紫红色；横线多不明显，内横线暗褐色，波浪形，剑纹黑色，肾纹大，黑边棕褐色，环纹、棒纹十分明显，尤其是棒纹粗且长，黑色，较易辨别。后翅色浅，白色，微带褐色，前缘浅褐色。

寄主：油菜、萝卜、马铃薯、大葱、甜菜、苜蓿、胡麻等。

分布：我国分布于北京、河北、青海、内蒙古、黑龙江、山西、河南、云南、西藏等地；国外见于朝鲜半岛、俄罗斯、蒙古国、乌克兰、罗马尼亚等。

生物学特性：5—8 月灯下可见成虫。

警纹地老虎

28.202 小地老虎 *Agrotis ipsilon* (Hüfnagel, 1766)

别名：土蚕、切根虫。

体长 16~23 mm，翅展 42~54 mm。头、胸和前翅褐色或黑灰色，前翅前缘区较黑，翅脉黑色，具肾纹、环纹和棒纹，肾纹外有尖端向外的黑色楔形纹，与亚缘线内侧 2 个尖端向内的黑色楔形纹相对。

寄主：棉花、玉米、小麦、高粱、烟草、马铃薯、麻、豆类、蔬菜及多种低矮草本植物，也为害椴、水曲柳、胡桃楸、红松等幼苗。

分布：全国广泛分布，世界性分布。

生物学特性：北方 1 年 3 代，该虫 1 月 0℃等温线以北不能越冬，春季虫源是从南方迁飞过来的。成虫昼伏夜出，对灯光和糖醋液具有很强趋性，4—10 月灯下可见成虫。

小地老虎

28.203 黄地老虎 *Agrotis segetum* (Denis & Schiffermüller, 1775)

体长 14~19 mm，翅展 32~43 mm。前翅黄褐色，布满小黑点。各横线为双曲线，但多不明显，且变化很大，环纹、肾纹和剑纹比较明显，具黑褐色边，而中央呈黄褐色至暗褐色。后翅白色，半透明，前缘略带黄褐色。

寄主： 为害各种农作物、牧草及草坪草。

分布： 全国各地均有分布；亚洲、欧洲和非洲也广泛分布。

生物学特性： 1 年 3 代，以老熟幼虫在土壤中越冬。翌年 5 月为越冬代成虫羽化盛期。第 1 代幼虫出现于 5 月中旬至 6 月中旬，第 2 代幼虫出现于 7 月中旬至 8 月中旬，越冬代幼虫出现于 8 月下旬至翌年 4 月下旬。成虫昼伏夜出，有较强的趋光性和趋化性。4—5 月、9—10 月为成虫高峰。

黄地老虎

28.204 大地老虎 *Agrotis tokionis* Butler, 1881

体长 20~22 mm，翅展 45~48 mm。头、胸部褐色，颈板中部有 1 条黑横线。前翅灰褐色，外线之内的前缘区及中室黑褐色，有明显的剑纹、环纹和肾纹，肾纹大褐色黑边，其外侧有黑斑与外线相连，端线为 1 列黑点。后翅污白色略带淡黄色，端区较暗。腹部灰褐色。

寄主：林木、果树的幼苗，烟草、棉花、玉米、高粱等作物的幼苗。

分布：全国均有分布；国外见于日本、朝鲜半岛、俄罗斯。

生物学特性：1 年 1 代，以 3~6 龄幼虫在土表或草丛潜伏越冬，越冬幼虫在 4 月开始活动为害，6 月中下旬老熟幼虫在土壤 3~5 cm 深处筑土室越夏，越夏幼虫对高温有较高的抵抗力，但由于土壤湿度过干或过湿，或土壤结构受耕作等生产活动所破坏，越夏幼虫死亡率很高；越夏幼虫至 8 月下旬化蛹，9 月中下旬羽化为成虫，每雌产卵量 648~1 486 粒，卵散产于土表或生长幼嫩的杂草茎叶上。

大地老虎

28.205 三叉地老虎 *Agrotis trifurca* Eversmann, 1837

翅展 38~40 mm。前翅棕褐色带紫色，翅脉黑色，两侧衬褐灰，中室后方伸出的 3 根脉尤为明显，剑纹窄长，黑边外端常连 1 条黑纵纹，环纹扁，与肾纹之间黑色或暗褐色。

寄主：玉米、粟、甜菜等多种植物的苗。

分布：我国分布于北京、河北、青海、内蒙古、黑龙江、山西、河南、云南、西藏等地；国外见于朝鲜半岛、俄罗斯、蒙古国、乌克兰、罗马尼亚。

生物学特性：9—10 月灯下可见成虫。

三叉地老虎

28.206 基角狼夜蛾 *Dichagyris triangularis* (Moore, 1867)

翅展 37~45 mm。胸部前端黑色。前翅黑褐色，前缘基 2/3 具黄褐色纵纹；内、外线波浪形；亚端线前端具黑斑，下面具数个小黑点；肾纹明显，内侧黄褐色；有时翅黑化，可见浅色纵纹、肾纹和浅色外缘。

寄主： 菊科蜂斗菜、百合科玉竹。

分布： 我国分布于北京、甘肃、台湾、四川、云南、西藏等地；国外见于日本、蒙古国、不丹、尼泊尔、印度、巴基斯坦。

生物学特性： 6—7月灯下可见成虫。

基角狼夜蛾

28.207 灰褐狼夜蛾 *Ochropleura ignara* (Staudinger, 1896)

翅展约 36 mm。头、胸及前翅浅黄褐色，前翅布有黑褐细点，各横线黑色，基线、内线及外线均锯齿形，中线粗，亚端线后半不显，剑纹不清晰，无环纹、肾纹。后翅污褐色。腹部灰褐色。

寄主：不详。

分布：我国分布于北京、内蒙古、山西等地；国外见于蒙古国、土耳其、欧洲。

生物学特性：9—10 月灯下可见成虫。

灰褐狼夜蛾

28.208 瓦矛夜蛾 *Spaelotis valida* (Walker, 1865)

体长 17~18 mm，翅展 33~46 mm。头部棕褐色。胸部黑褐色，领片棕褐色，肩片黑褐色。前翅灰褐色至棕褐色，翅基片黄褐色，基线双线黑色波浪形，伸至中室下缘；中室下缘自基线至内横线间具 1 个黑色纵纹；内线与外线均为双线黑色波浪形。环纹与肾纹均为灰色具黑边，环纹略扁圆，前端开放。亚外缘线土黄色，波浪形。后翅黄白色，外缘暗褐色。腹部暗褐色。

寄主： 小麦、菠菜、生菜、甘蓝、韭菜、葱、大蒜等。

分布： 我国分布于北京、河北、山东、上海等地。

生物学特性： 以幼虫越冬，6—7月、9月底至10月初灯下可见成虫。

瓦矛夜蛾

28.209 灰歹夜蛾 *Diarsia canescens* (Butler, 1878)

体长 13~15 mm，翅展 38~40 mm。头、胸部红褐色，额两侧有暗棕斑。前翅褐色，基线、内线和外线均双线黑色波浪形，中线粗，剑纹仅现 1 个黑点，环纹与肾纹黄灰色黑边，外线外方色暗。后翅灰褐色。腹部灰褐色，端部赤褐色。

寄主：山茱萸、野茱萸、秋葵等。

分布：我国分布于北京、黑龙江、内蒙古、新疆、青海、河南、湖北、湖南、江西、四川等地；国外见于日本、朝鲜半岛、印度、缅甸、欧洲。

生物学特性：5—6 月和 9—10 月灯下可见成虫。

灰歹夜蛾

28.210 八字地老虎 *Xestia c-nigrum* (Linnaeus, 1758)

别名： 八字切根虫。

体长 11~13 mm，翅展 29~36 mm。头、胸部灰褐色，颈板杂有灰白色。前翅灰褐色略带紫色，基线双线黑色，外缘翅褶处黑褐色，内横线双线黑色，微波形，环纹宽"V"形，浅褐色，肾纹窄，褐色，黑边，内有深褐圈，外横线双线锯齿形外弯，各脉有小黑点，亚缘线灰色，前端有 1 个黑斑，端区各脉间有中黑点，在顶角处有 1 个黑斜条。后翅淡黄色，外缘淡灰褐色。

寄主： 棉花、麦类、甜菜、豆类、马铃薯、甘蓝、烟草、葡萄等多种植物的幼苗。

分布： 全国均有分布；国外见于亚洲、欧洲和美洲的多个国家。

生物学特性： 中国北方 1 年 2 代，低龄幼虫在地面上为害，高龄幼虫潜入土中，以老熟幼虫在土中越冬。越冬代成虫在 5 月上中旬盛发，第 1 代成虫在 8 月中旬始见，9 月中下旬有两个高峰，10 月下旬终见。

八字地老虎

28.211 润鲁夜蛾 *Xestia dilatata* (Butler, 1879)

翅展 45~49 mm。头、胸及前翅红褐色，后者带紫色，各横线黑棕色，内线较直外斜，中线模糊，外线锯齿形，剑纹短钝，环纹斜方形，肾纹边缘黄白及深褐色。后翅暗褐色。腹部灰褐色。

寄主：烟草。

分布：我国分布于北京、河北、江苏、湖南等地；国外见于日本、印度。

生物学特性：9 月灯下可见成虫。

润鲁夜蛾

28.212 兀鲁夜蛾东方亚种 *Xestia ditrapezium orientalis* (Boursin, 1963)

翅展 35~42 mm。头、胸和前翅浅紫棕色。基线内侧具 3 个黑斑，外侧具一大一小 2 个黑斑；内线双线，黑褐色，肾纹暗褐色，大；中室内具 1 个黑色"兀"纹，有时并不相连，即环纹后端亦开放；外线双线黑色，细锯齿形；亚端线灰色，前缘为 1 个黑斑；端线由 1 列三角形黑点组成。后翅浅赭黄色，胸部褐色。

寄主：柳、杨、桦、悬钩子、酸模。

分布：我国分布于北京、河北、新疆、内蒙古、黑龙江、吉林、山东、四川等地；国外见于日本、朝鲜半岛、蒙古国、俄罗斯远东地区至欧洲。

生物学特性：5—7 月灯下可见成虫。

兀鲁夜蛾东方亚种

28.213 褐纹鲁夜蛾 *Xestia fuscostigma* (Bremer, 1861)

体长约 15 mm，翅展 40~45 mm。胸背及前翅紫棕色，前翅基线双线，暗棕色，外侧中室处具 1 个黑点，下方具 1 个黑斑。环纹、肾纹紫灰褐色，环纹斜置。中室大部分黑棕色，并向后扩展。后翅及腹部浅褐黄色。

寄主：钝叶酸模、库页蓼、蜂斗菜、蓟、月见草、白三叶草、短柄野芝麻。

分布：我国分布于北京、陕西、黑龙江、甘肃、河南、山东、台湾、湖南、甘肃、四川、云南等地；国外见于日本、俄罗斯。

生物学特性：8 月灯下可见成虫。

褐纹鲁夜蛾

28.214 绿组夜蛾 *Anaplectoides prasina* ([Denis & Schiffermuller], 1775)

翅展 45~52 mm。头部白色带黄绿色，胸部灰色杂白及黑色。前翅灰白带紫褐，前缘区中褐，亚中褶带黄绿色，基线、内线、外线均双线黑色，中线黑色，亚端线浅褐色，剑纹、环纹及肾纹均有黑边。后翅褐色，腹部灰褐色。

寄主：桦、悬钩子。

分布：我国分布于北京、黑龙江、内蒙古、新疆、河南等地；国外见于日本、欧洲。

生物学特性：9月灯下可见成虫。

绿组夜蛾

第二十九章
斑蛾科 Zygaenidae

小型至中型蛾类，成虫颜色常鲜艳夺目，白天活动。口器发达，触角丝状或棍棒状。翅多数有金属光泽，少数暗淡，身体狭长，有些种在后翅上具有燕尾形尾状突，形如蝴蝶。幼虫身体有毛疣，钻入草本植物叶内，蛀食叶肉，老熟幼虫在叶背织成一个坚韧的羊皮纸样黄茧，在其中化蛹，也可在草茎上结茧化蛹。该科种类广泛分布于北半球，我国已经记录140种以上。本书记录3种。

29.1 红肩旭锦斑蛾 *Campylotes romanovi* Leech, 1898

体长18 mm左右，翅展65~81 mm。虫体墨绿色，翅底浓黑，胸部肩板有1个红斑。前翅前缘红色，中室两侧有2条深红色条带，靠近翅顶有3个白斑，其他斑点黄色，中室以下有3条橘黄色条带；后翅浓黑，前缘以下有1条红色条带，中室左右有2条红色宽带，中间隔断，沿翅基部有4条黄色窄带，翅外缘有3个椭圆形纵斑。

寄主： 不详。
分布： 我国分布于北京、四川、云南、河北等地。
生物学特性： 北方1年1代，7月中旬至8月上旬可见成虫。

红肩旭锦斑蛾

29.2 重阳木锦斑蛾 *Histia rhodope* Cramer, 1775

体长 17~24 mm；翅展 50~71 mm，雌蛾比雄蛾略大。头、胸及腹部大部分红色，头小。触角羽状黑色，雄蛾比雌蛾略宽。前翅黑色，反面基部有蓝光。后翅黑色，自基部至翅室近端部蓝绿色，第 2 中脉和第 3 中脉延长成尾角。腹部红色，有黑斑 2 列 6 行，雌蛾黑斑较雄蛾大，以致雌蛾腹面的第 1~5 行或第 6 行黑斑合成 1 列。雌蛾腹部末端削尖，雄蛾钝圆凹入。

寄主：重阳木。

分布：我国分布于河南、江苏、浙江、福建、湖北、湖南、广西、云南、广东、台湾等地；国外见于日本、印度、缅甸、印度尼西亚等。

生物学特性：成虫 4 月底白天在重阳木树冠或其他植物丛上飞舞，吸食补充营养。卵产于叶背。幼虫取食叶片，严重时将叶片吃光，仅残留叶脉等。

重阳木锦斑蛾

29.3 釉锦斑蛾 *Amesia sanguiflua* (Drury, 1773)

成虫翅展 100~120 mm。触角蓝色。头、胸及腹部黑色，有金属蓝或绿色光泽。前翅黑酱褐色，基部有蓝色亚基斑，靠近翅基部有 5 个不规则的黄斑，各翅脉从翅中部伸向外缘均有酒红色宽条纹，前缘以下有 4 个小白点，中室内有 2 个白点，中室外有 5 个小白点。后翅釉黑，有 1 条鲜蓝色宽端缘带，伸向翅臀角逐渐狭隘，中室内有 2 个白斑，中室外各翅脉间有 4 个白斑，外缘蓝紫色有 5 个白斑。

寄主：不详。

分布：我国分布于广西、云南等地；国外见于印度、缅甸等。

生物学特性：不详。

釉锦斑蛾

中文名称索引

A

阿米网丛螟 060
艾锥额野螟 099
安纽夜蛾 370
暗翅夜蛾 511
暗翅长须夜蛾 340
暗钝夜蛾 456
暗纹紫褐螟 052

B

八字白眉天蛾 157
八字地老虎 543
巴塘暗斑螟 064
白斑黑野螟 089
白斑迴兜夜蛾 499
白斑剑纹夜蛾 450
白斑孔夜蛾 418
白边切夜蛾 532
白带青尺蛾 174
白带网丛螟 062
白点暗野螟 085
白点黑翅野螟 104
白点小花尺蛾 251
白毒蛾 283
白钩黏夜蛾 486
白钩小卷蛾 038
白桦角须野螟 080
白环红天蛾 158

白蜡卷须野螟 106
白眉野草螟 073
白肾俚夜蛾 425
白肾裳夜蛾 361
白首瘤蛾 322
白太波纹蛾 164
白条峰斑螟 065
白条夜蛾 402
白线散纹夜蛾 470
白雪灯蛾 310
白缘钻夜蛾 330
斑灯蛾 303
斑冬夜蛾 439
斑蛾科 548
斑拟兜夜蛾 498
斑雅尺蛾 184
胞短栉夜蛾 461
豹灯蛾 302
北筱夜蛾 519
碧金翅夜蛾 412
碧银冬夜蛾 432
扁刺蛾 032
标瑙夜蛾 424
缤夜蛾 443
波纹蛾科 162

C

菜蛾科 024
菜螟 096

残夜蛾 398
蚕蛾科 126
草地螟 098
草地贪夜蛾 518
草蛾科 046
草螟科 072
草雪苔蛾 297
姹羽舟蛾 270
超岩尺蛾 236
巢蛾科 045
朝尺蛾 186
朝委夜蛾 520
橙斑庶尺蛾 200
尺蛾科 170
齿美冬夜蛾 495
赤双纹螟 054
樗蚕 129
垂斑纹丛螟 061
春尺蠖 224
纯白草螟 075
刺蛾科 027
刺槐外斑尺蛾 231
刺槐掌舟蛾 269
醋栗尺蛾 192

D

达光裳夜蛾 369
大蚕蛾科 127
大地老虎 537

大红裙杂夜蛾　441
大螟　507
大造桥虫　230
丹日明夜蛾　460
淡银纹夜蛾　404
盗毒蛾　288
稻金翅夜蛾　409
稻螟蛉夜蛾　429
稻筒水螟　078
稻纵卷叶螟　087
灯蛾科　292
点眉夜蛾　393
点太波纹蛾　162
殿夜蛾　515
丁香天蛾　147
东北巾夜蛾　371
东北栎毛虫　124
冬青大蚕蛾　131
豆荚斑螟　067
豆荚野螟　102
豆髯须夜蛾　344
豆天蛾　136
毒蛾科　277
短刺四星尺蛾　207
短带界尺蛾　247
短喙夜蛾　446
短扇舟蛾　275
椴六点天蛾　138
盾天蛾　144

E

二点额野螟　100
二点委夜蛾　523
二点织螟　048

F

乏夜蛾　529
番茄潜叶蛾　026
凡艳叶夜蛾　355
泛尺蛾　243
仿白边舟蛾　261
放影夜蛾　382
粉缘钻夜蛾　328
粉褶尺蛾　218

G

甘蓝夜蛾　472
甘薯麦蛾　025
甘薯天蛾　146
甘薯异羽蛾　044
干纹夜蛾　502
高粱穗隐斑螟　071
高山修虎蛾　332
缟裳夜蛾　358
鸽光裳夜蛾　363
格庶尺蛾　203
格线网蛾　047
钩尾夜蛾　350
钩月天蛾　141
瓜绢野螟　091
瓜夜蛾　416
怪苔藓夜蛾　458
冠齿舟蛾　265
贯雅夜蛾　530
贯众伸喙野螟　113
光剑纹夜蛾　447
光裳夜蛾　367
广缤夜蛾　444

H

旱柳原野螟　092
蒿冬夜蛾　438
合目天蚕蛾　130
合台毒蛾　279
核桃美舟蛾　256
核桃四星尺蛾　205
核桃鹰翅天蛾　134
褐边绿刺蛾　029
褐翅黄纹草螟　077
褐翅棘趾野螟　081
褐纹冬夜蛾　440
褐纹鲁夜蛾　546
褐线尺蛾　228
褐小野螟　114
黑斑蚀叶野螟　101
黑岛尺蛾　249
黑点贫夜蛾　338
黑环陌夜蛾　514
黑俚夜蛾　426
黑鹿蛾　319
黑图夜蛾　408
黑纹北灯蛾　318
黑线点孔夜蛾　417
黑缘岩尺蛾　237
黑缘影夜蛾　385
横线镰翅野螟　084
红肩旭锦斑蛾　548
红节天蛾　149
红黏夜蛾　487
红双线免尺蛾　196
红天蛾　159
红星雪灯蛾　311
红锈霜夜蛾　324
红缘灯蛾　309
红晕散纹夜蛾　469

红云翅斑螟　070
红棕灰夜蛾　477
宏秘夜蛾　490
后委夜蛾　522
狐志冬夜蛾　493
胡桃豹夜蛾　327
虎蛾科　331
华安夜蛾　475
华波纹蛾　166
桦尺蛾　225
槐尺蛾　202
槐羽舟蛾　263
环缘奄尺蛾　194
幻带黄毒蛾　290
黄边美苔蛾　295
黄翅缀叶野螟　083
黄刺蛾　028
黄地老虎　536
黄二星舟蛾　253
黄褐箩纹蛾　132
黄截翅尺蛾　220
黄连木尺蠖　226
黄脉天蛾　143
黄绒野螟　115
黄双线尺蛾　197
黄条冬夜蛾　437
黄土苔蛾　300
黄臀黑污灯蛾　307
黄纹双尾燕蛾　169
黄纹髓草螟　074
黄星尺蛾　232
黄星雪灯蛾　312
黄杨绢野螟　090
黄夜蛾　459
黄缘伯尺蛾　183
黄痣苔蛾　293
黄紫美冬夜蛾　494

晃剑纹夜蛾　454
灰斑豆天蛾　135
灰歹夜蛾　542
灰蝶尺蛾　198
灰褐狼夜蛾　540
灰黑齿螟　072
灰羽舟蛾　264
灰缘贫夜蛾　336
灰直纹螟　053
茴香薄翅野螟　079
晦刺裳夜蛾　356

J

姬夜蛾　428
基黑纹丛螟　059
基角狼夜蛾　539
棘翅夜蛾　352
戟盗毒蛾　286
尖锥额野螟　110
焦边尺蛾　209
焦点滨尺蛾　210
角斑台毒蛾　280
角翅舟蛾　273
角顶尺蛾　188
金黄螟　051
金盅尺蛾　204
警纹地老虎　534
巨影夜蛾　383
锯翅天蛾　140
锯线尺蛾　190
涓夜蛾　348
卷蛾科　035

K

克袭夜蛾　501

克夜蛾　481
客来夜蛾　390
肯鬃须夜蛾　343
枯斑翠尺蛾　171
枯黄贡尺蛾　223
枯黄惑尺蛾　185
枯叶蛾科　118
库氏歧角螟　056
宽胫夜蛾　463
宽太波纹蛾　165

L

蓝目天蛾　145
蓝条夜蛾　389
榄绿歧角螟　057
劳氏黏虫　485
梨剑纹夜蛾　451
梨娜刺蛾　027
梨威舟蛾　258
李枯叶蛾　119
丽毒蛾　278
丽金舟蛾　271
丽木冬夜蛾　492
丽瑙夜蛾　422
栎纷舟蛾　257
栗六点天蛾　137
喙盗夜蛾　478
连丽毒蛾　277
联梦尼夜蛾　483
两色绮夜蛾　430
麟角希夜蛾　528
瘤蛾科　320
柳裳夜蛾　360
芦笋木蠹蛾　034
鹿彩虎蛾　331
鹿蛾科　319

鹿尾夜蛾　349
萝藦艳青尺蛾　181
箩纹蛾科　132
落黄卷蛾　041
落叶松尺蛾　227
绿孔雀夜蛾　445
绿尾大蚕蛾　127
绿组夜蛾　547
葎草洲尺蛾　244

M

麻小食心虫　042
麦蛾科　025
麦奂夜蛾　505
麦牧野螟　103
满洲里歹尺蛾　229
幔折线尺蛾　246
猫眼尺蛾　239
毛足姬尺蛾　235
茂裳夜蛾　365
玫瑰巾夜蛾　373
玫缘钻夜蛾　329
霉巾夜蛾　374
霉裙剑夜蛾　508
美国白蛾　314
美苔蛾　294
美纹孤夜蛾　531
秘夜蛾　488
密云草蛾　046
棉（花）双斜卷蛾　037
棉褐带卷蛾　036
棉褐环野螟　095
棉铃虫　462
明痣苔蛾　292
冥两齿燕蛾　168
螟蛾科　048

膜薄尺蛾　216
陌夜蛾　513
木蠹蛾科　033
苜蓿尺蛾　199
苜蓿夜蛾　465

N

内夜蛾　506
泥土苔蛾　299
拟紫斑谷螟　050
黏虫　484
浓眉夜蛾　392
女贞尺蛾　170
女贞首夜蛾　457

P

排点灯蛾　315
鹏灰夜蛾　474
平影夜蛾　384
平嘴壶夜蛾　353
苹白小卷蛾　040
苹刺裳夜蛾　357
苹果巢蛾　045
苹果枯叶蛾　120
苹果舞蛾　043
苹眉夜蛾　394
苹米瘤蛾　321
苹梢鹰夜蛾　388
苹烟尺蛾　189
苹掌舟蛾　266
泼墨尺蛾　219
珀光裳夜蛾　368
葡萄切叶野螟　097
葡萄缺角天蛾　153
葡萄天蛾　151

Q

戚夜蛾　400
漆黑望灯蛾　317
齐卜夜蛾　347
砌石灯蛾　305
青辐射尺蛾　173
清文夜蛾　421
楸蠹野螟　108
曲线秘夜蛾　491
曲线奴夜蛾　335
曲线贫夜蛾　337
雀水尺蛾　242
雀纹天蛾　160

R

绕环夜蛾　381
人纹污灯蛾　313
日本鹰翅天蛾　133
日本羽毒蛾　287
日美冬夜蛾　496
绒黏夜蛾　489
绒星天蛾　150
乳白格灯蛾　306
润鲁夜蛾　544

S

三斑蕊夜蛾　442
三叉地老虎　538
三环狭野螟　112
三线奴夜蛾　334
散罴尺蛾　182
桑尺蛾　187
桑剑纹夜蛾　452
桑绢野螟　093

桑褶翅尺蛾　217
山东云斑螟　069
山枝子尺蛾　222
闪光玫灯蛾　316
上海枝尺蛾　201
裳夜蛾　359
深色白眉天蛾　156
肾纹绿尺蛾　176
石榴巾夜蛾　372
蚀夜蛾　525
饰夜蛾　325
柿裳夜蛾　362
嗜蒿冬夜蛾　435
瘦银锭夜蛾　406
梳跗盗夜蛾　480
疏纹杰夜蛾　509
鼠天蛾　152
双粗胫夜蛾　396
双裂类莸斑螟　068
双纹须歧角螟　058
双纹焰夜蛾　468
双斜线尺蛾　221
双珠严尺蛾　233
水界尺蛾　248
水晶尺蛾　238
丝棉木金星尺蛾　191
四斑绢野螟　094
四川轭尺蛾　250
四星尺蛾　206
松黑天蛾　148
松线小卷蛾　039
苏角剑夜蛾　503
碎木纹尺蛾　212

T

太白胖夜蛾　526

太波纹蛾　163
摊巨冬夜蛾　500
桃红猎夜蛾　419
桃红瑙夜蛾　423
桃剑纹夜蛾　453
桃蛀螟　088
天蛾科　133
天幕毛虫　125
甜菜白带野螟　109
甜菜夜蛾　516
童剑纹夜蛾　449
头橙荷苔蛾　298
臀斑文夜蛾　420
驼尺蛾　245

W

洼皮夜蛾　323
瓦矛夜蛾　541
弯勒夜蛾　399
网蛾科　047
微红梢斑螟　066
围连环夜蛾　482
苇实夜蛾　466
委夜蛾　521
文蟠尺蛾　211
纹希夜蛾　527
纹眼尺蛾　240
莴苣冬夜蛾　436
乌夜蛾　471
舞毒蛾　281
舞蛾科　043
兀鲁夜蛾东方亚种　545
雾灵豹蚕蛾　128

X

西伯利亚松毛虫　123
奚毛胫夜蛾　377
喜马锤天蛾　154
细条纹野螟　111
细线无缰青尺蛾　178
显裳夜蛾　364
显长角皮夜蛾　411
线委夜蛾　524
小菜蛾　024
小地老虎　535
小豆长喙天蛾　155
小冠微夜蛾　395
小褐髯须夜蛾　345
小红姬尺蛾　234
小花波尺蛾　252
小剑纹夜蛾　448
小秋黄尺蛾　214
小文夜蛾　427
筱客来夜蛾　391
肖二线绿尺蛾　177
肖浑黄灯蛾　301
楔斑启夜蛾　375
斜纹夜蛾　517
斜线关夜蛾　379
斜线贫夜蛾　339
斜线燕蛾　167
谐夜蛾　431
懈毛胫夜蛾　376
星狄夜蛾　397
朽木夜蛾　512
锈点瘤蛾　320
旋皮夜蛾　410
旋歧夜蛾　473
炫夜蛾　510
雪尾尺蛾　215

Y

雅灯蛾 304
亚匀夜蛾 504
亚麻篱灯蛾 308
亚皮夜蛾 326
烟青虫 464
眼斑脊野螟 116
艳金舟蛾 272
艳双点螟 055
艳修虎蛾 333
艳叶夜蛾 354
焰夜蛾 467
燕蛾科 167
燕尾舟蛾绯亚种 255
杨二尾舟蛾 254
杨剑舟蛾 262
杨扇舟蛾 274
杨树枯叶蛾 118
杨小舟蛾 276
杨雪毒蛾 284
遥冬夜蛾 497
野蚕 126
夜蛾科 334
遗仿锈腰青尺蛾 180
异安夜蛾 476
意光裳夜蛾 366
阴卜夜蛾 346
银白冬夜蛾 433

银翅黄纹草螟 076
银锭夜蛾 405
银纹夜蛾 415
银装冬夜蛾 434
隐尺蛾 213
隐金夜蛾 401
隐丫纹夜蛾 407
印铜夜蛾 403
鹰夜蛾 387
庸肖毛翅夜蛾 378
油松毛虫 122
釉锦斑蛾 550
榆白边舟蛾 260
榆白长翅卷蛾 035
榆黄足毒蛾 285
榆剑纹夜蛾 455
榆津尺蛾 195
榆绿天蛾 142
榆木蠹蛾 033
榆掌舟蛾 267
羽蛾科 044
玉米螟 105
元参棘趾野螟 082
云黄毒蛾 291

Z

赞青尺蛾 172
枣桃六点天蛾 139

窄金翅夜蛾 413
窄肾长须夜蛾 342
窄掌舟蛾 268
长腹凯刺蛾 031
长须曲角水螟 086
掌尺蛾 208
折带黄毒蛾 289
折无缰青尺蛾 179
赭黄长须夜蛾 341
赭小内斑舟蛾 259
芝麻鬼脸天蛾 161
织网夜蛾 479
直脉青尺蛾 175
直影夜蛾 386
中国绿刺蛾 030
中华黛尺蛾 193
中金翅夜蛾 414
中桥夜蛾 351
中圆夜蛾 533
重阳木锦斑蛾 549
舟蛾科 253
肘纹毒蛾 282
硃美苔蛾 296
苎麻夜蛾 380
缀叶丛螟 063
紫斑谷螟 049
紫苏野螟 107
紫条尺蛾 241
棕线枯叶蛾 121

拉丁学名索引

A

Abraxas grossulariata 192
Abraxas suspecta 191
Abrostola triplasia 401
Acherontia lachesis 161
Acleris ulmicola 035
Acontia bicolora 430
Acontia trabealis 431
Acosmeryx naga 153
Acosmetia chinensis 533
Acrobasis injunctella 065
Acronicta adaucta 447
Acronicta bellula 449
Acronicta catocaloida 450
Acronicta hercules 455
Acronicta intermedia 453
Acronicta leucocuspis 454
Acronicta major 452
Acronicta omorii 448
Acronicta rumicis 451
Acropteris iphiata 167
Actias ningpoana 127
Actinotia polyodon 510
Adoxophyes honmai 036
Agaristidae 331
Agathia carissima 181
Agriphila aeneociliella 073
Agrius convolvuli 146

Agrochola vulpecula 493
Agrotera nemoralis 080
Agrotis exclamationis 534
Agrotis ipsilon 535
Agrotis segetum 536
Agrotis tokionis 537
Agrotis trifurca 538
Alcis castigataria 228
Aloa lactinea 309
Amata ganssuensis 319
Amatidae 319
Ambulyx japonica4 133
Ambulyx schauffelbergeri 134
Amerila astreus 316
Amesia sanguiflua 550
Ampelophaga rubiginosa 151
Amphipoea asiatica 504
Amphipoea fucosa 505
Amphipyra monolitha 441
Amraica superans 208
Amurrhyparia leopardinula 318
Anacronicta caliginea 456
Anadevidia hebetata 416
Anania egentalis 081
Anania verbascalis 082
Anaplectoides prasina 547
Anarta trifolii 473
Anomis mesogona 351
Anterastria atrata 426

Anticypella diffusaria 182
Aphomia zelleri 048
Apocheima cinerarius 224
Apochima excavata 217
Apocolotois arnoldiaria 184
Archaeoattacus edwardsii 131
Archips issikii 041
Arcte coerula 380
Arctia caja 302
Arctia flavia 305
Arctiidae 292
Arctornis l-nigrum 283
Areas galactina 306
Arguda insulindiana 121
Argyrogramma albostriata 402
Arichanna melanaria 232
Artena dotata 379
Ascotis selenaria 230
Aspitates geholaria 222
Astegania honesta 195
Athetis coreana 520
Athetis furvula 521
Athetis gluteosa 522
Athetis lepigone 523
Athetis lineosa 524
Auchmis paucinotata 509
Autographa crypta 407
Autographa nigrisigna 408
Axylia putris 512

B

Biston betularia 225
Biston panterinaria 226
Bizia aexaria 209
Bombycidae 126
Bombyx mandarina 126
Bomolocha stygiana 346
Bomolocha zilla 347
Botyodes diniasalis 083
Bradina atopalis 085
Brahmaea certhia 132
Brahmaeidae 132
Brevipecten consanguis 461

C

Caenurgia fortalitium 375
Caissa longisaccula 031
Calamotropha paludella 074
Calicha nooraria 204
Callambulyx tatarinovi 142
Calliteara conjuncta 277
Calliteara pudibunda 278
Callopistria albolineola 470
Callopistria repleta 469
Calyptra lata 353
Camptomastix hisbonalis 086
Campylotes romanovi Leech, 1898 548
Catocala abamita 356
Catocala agitatrix 361
Catocala bella 357
Catocala columbina 363
Catocala davidi 369
Catocala deuteronympha 364
Catocala doerriesi 365

Catocala electa 360
Catocala ella 366
Catocala fraxinii fraxinii 358
Catocala fulminea 367
Catocala helena 368
Catocala kaki 362
Catocala nupta nupta 359
Centronaxa montanaria 238
Cerura menciana 254
Chiasmia cinerearia 202
Chiasmia hebesata 203
Chionarctia niveus 310
Chlorissa obliterata 180
Choreutidae 043
Choreutis pariana 043
Chrysorithrum amatum 390
Chrysorithrum flavomaculatum 391
Circobotys heterogenalis 084
Clanis bilineata tsingtauica 136
Clanis undulosa 135
Clavipalpula aurariae 481
Clepsis pallidana 037
Clostera albosigma curtuloides 275
Clostera anachoreta 274
Clupeosoma cinereum 072
Cnaphalocrocis medinalis 087
Colobochyla salicalis 398
Comibaena procumbaria 176
Conogethes punctiferalis 088
Corgatha costimacula 418
Cosmia restituta picta 499
Cossidae 033
Crambidae 072
Craniophora ligustri 457
Crocidophora auratalis 115

Cryphia bryophasma 458
Cryptoblabes gnidiella 071
Ctenoplusia agnata 415
Cucullia amota 440
Cucullia argentea 432
Cucullia artemisiae 435
Cucullia biornata 437
Cucullia fraterna 436
Cucullia fraudatrix 438
Cucullia maculosa 439
Cucullia platinea 433
Cucullia splendida 434
Cyana pratti 297
Cydalima perspectalis 090
Cymatophoropsis trimaculata 442

D

Deilephila askoldensis 158
Deilephila elpenor 159
Deileptenia mandshuriaria 229
Deltote martjanovi 425
Dendrolimus sibiricus 123
Dendrolimus tabulaeformis 122
Devenilia corearia 186
Diachrysia intermixta 414
Diachrysia nadeja 412
Diachrysia stenochrysis 413
Diacrisia sannio 315
Diaphania indica 091
Diaprepesilla flavomarginaria 183
Diarsia canescens 542
Dichagyris triangularis 539
Diomea cremata 397
Dioryctria rubella 066

Dolbina tancrei   150
Dypterygia caliginosa   511
Dysaethria flavistriga   169
Dysgonia arctotaenia   373
Dysgonia mandschuriana   371
Dysgonia maturate   374
Dysgonia stuposa   372

E

Earias clorana   330
Earias pudicana   328
Earias roseifera   329
Ecliptopera silaceata   246
Ectropis excellens   231
Eilema lutarella   299
Eilema nigripoda   300
Eilicrinia wehrlii   211
Elaphria venustula   531
Eligma narcissus   410
Emmelina monodactyla   044
Endotricha kuznetzovi   056
Endotricha olivacealis   057
Enispa lutefascialis   417
Ennomos infidelis   214
Epatolmis caesarea   307
Epholca auratilis   185
Epiblema foenella   038
Epiplema styx   168
Epirrhoe supergressa   244
Episteme adulatrix   331
Erannis ankeraria   227
Erastria perlutea   197
Ethmia cirrhocnemia   046
Ethmiidae   046
Etiella zinckenella   067
Etielloides bipartitella   068

Eublemma amasina   419
Eucarta fasciata   527
Eucarta virgo   528
Eucharia festiva   304
Euclasta stoetzneri   092
Eucyclodes difficta   171
Eudocima falonia   355
Eudocima salaminia   354
Euhampsonia cristata   253
Eupithecia emanata   252
Eupithecia tripunctaria   251
Euproctis flava   289
Euproctis pulverea   286
Euproctis varians   290
Euproctis xuthonepha   291
Eustrotia candidula   421
Eustrotia costimacula   420
Eutelia adulatricoides   349
Eutelia hamulatrix   350
Euxoa karschi   532
Euzophera batangensis   064
Evergestis extimalis   079
Evonima mandschuriana   321
Exangerona prattiaria   210

F

Fentonia ocypete   257
Furcula furcula sangaica   255

G

Gastropacha populifolia   118
Gastropacha quercifolia   119
Gelastocera ochroleucana   324
Gelechiidae   025
Geometra sponsaria   174

Geometra valida   175
Geometridae   170
Ghoria gigantea   298
Glyphodes pyloalis   093
Glyphodes quadrimaculalis   094
Gonoclostera timoniourm   273
Grapholita delineana   042

H

Habrosyne pyritoides   166
Hadena aberrans   480
Haritalodes derogata   095
Helcystogramma triannulella   025
Helicoverpa armigera   462
Heliothela nigralbata   104
Heliothis assulta   464
Heliothis maritima   466
Heliothis viriplaca   465
Hellula undalis   096
Hemistola tenuilinea   178
Hemistola zimmermanni   179
Hepatica anceps   396
Herculia pelasgalis   054
Herminia arenosa   341
Herminia stramentacealis   342
Herpetogramma luctuosalis   097
Heterolocha   213
Histia rhodope   549
Holcocerus vicarius   033
Hoplodrina octogenaria   519
Horisme aquata   248
Horisme brevifasciaria   247
Hydraecia amurensis   503
Hydrelia nisaria   242
Hyles gallii   156

Hyles livornica 157
Hyloicus caligineus sinicus 148
Hypena conspersalis 345
Hypena kengkalis 343
Hypena tristalis 344
Hyperythra obliqua 196
Hyphantria cunea 314
Hypocala deflorata 387
Hypocala subsatura 388
Hypopta sibirica 034
Hypoxystis pulcheraria 220

I

Iambia transversa 530
Idaea biselata 235
Idaea muricata 234
Inurois membranaria 216
Iotaphora admirabilis 173
Iragaodes nobilis 322
Ischyja manlia 389
Isturgia arenacearia 199
Ivela ochropoda 285

L

Lacanobia aliena 476
Lacanobia splendens 475
Lamprosema sibirialis 101
Langia zenzeroides 140
Laothoe amurensis 143
Lasiocampidae 118
Laspeyria flexula 399
Lemyra infernalis 317
Leucoma candida 284
Ligdia sinica 193
Limacodidae 027

Locastra muscosalis 063
Loepa wlingana 128
Lomographa pulverata 218
Lophomilia polybapta 395
Lophontosia cuculus 265
Loxostege aeruginalis 099
Loxostege rhabdalis 100
Loxostege sticticalis 098
Lygephila craccae 382
Lygephila lubrica 384
Lygephila maxima 383
Lygephila nigricostata 385
Lygephila recta 386
Lymantria bantaizana 282
Lymantria dispar 281
Lymantriidae 277

M

Mabra charonialis 112
Macaria liturata 200
Macaria shanghaisaria 201
Macdunnoughia confusa 406
Macdunnoughia crassisigna 405
Macdunnoughia purissima 404
Macroglossum stellatarum 155
Malacosoma neustria 125
Maliattha bella 422
Maliattha rosacea 423
Maliattha signifera 424
Mamestra brassicae 472
Maruca vitrata 102
Marumba dyras 138
Marumba gaschkewitschi 139
Marumba sperchius 137
Meganephria tancrei 500
Megaspilates mundataria 221

Melanchra persicariae 471
Melanthia procellata inexpectata 249
Micromelalopha sieversi 276
Miltochrista miniata 294
Miltochrista pallida 295
Miltochrista pulchra 296
Mocis ancilla 377
Mocis annetta 376
Moma alpium 443
Moma tsushimana 444
Monema flavescens 028
Mythimna divergens 491
Mythimna grandis 490
Mythimna loreyi 485
Mythimna proxima 486
Mythimna rufipennis 487
Mythimna separata 484
Mythimna turca 488
Mythimna velutina 489

N

Nacna malachitis 445
Naranga aenescens 429
Narosoideus flavidorsalis 027
Narraga fasciolaria 198
Naxa seriaria 170
Neogurelca himachala sangaica 154
Nephopterix shantungella 069
Nerice davidi 260
Nerice hoenei 261
Neustrotia noloides 427
Ninodes splendens 219
Niphonyx segregata 529
Noctuidae 334

Nola aerugula 320
Nolathripa lactaria 323
Nolidae 320
Nomophila noctuella 103
Notodontidae 253
Nycteola asiatica 326

O

Ochropleura ignara 540
Odonestis pruni 120
Odontopera arida 223
Olivenebula oberthueri 508
Oncocera semirubella 070
Ophiusa tirhaca 370
Ophthalmitis albosignaria 205
Ophthalmitis brevispina 207
Ophthalmitis irrorataria 206
Orgyia recens 280
Orthogonia apaishana 526
Orthonama obstipata 243
Orthopygia glaucinalis 053
Orthosia carnipennis 483
Orybina regalis 055
Ostrinia furnacalis 105
Ourapteryx nivea 215
Oxytripia orbiculosa 525

P

Palpita nigropunctalis 106
Pangrapta obscurata 394
Pangrapta perturbans 392
Pangrapta vasava 393
Panthauma egregia 446
Paracolax trilinealis 334
Paracolax tristalis 335

Paragabara flavomacula 400
Paralebeda femorata 124
Parapoynx vittalis 078
Parasa consocia 029
Parasa sinica 030
Parum colligata 141
Pelurga comitata 245
Pericallia matronula 303
Peridea graeseri 259
Perigrapha circumducta 482
Phalera angustipennis 268
Phalera flavescens 266
Phalera grotei 269
Phalera takasagoensis 267
Pheosia rimosa 262
Phragmatobia fuliginosa 308
Phthonandria atrilineata 187
Phthonandria emaria 188
Phthonosema serratilinearia 190
Phthonosema tendinosarium 189
Phyllophila obliterata 428
Phyllosphingia dissimilis 144
Physetobasis dentifascia mandarinaria 250
Pida niphonis 287
Plagodis pulveraria 212
Plusia festucae 409
Plutella xylostella 024
Plutellidae 024
Polia goliath 474
Polychrysia moneta 403
Polypogon gryphalis 340
Porthesia similis 288
Problepsis plagiata 240
Problepsis superans 239
Proteurrhypara ocellalis 116
Pseudocatharylla simplex 075

Pseudocosmia maculata 498
Pseudoips prasinanus 325
Psilogramma increta 147
Pterophoridae 044
Pterostoma griseum 264
Pterostoma sinicum 263
Pterotes eugenia 270
Pygopteryx suava 515
Pygospila tyres 089
Pylargosceles steganioides 233
Pyralidae 048
Pyralis farinalis 049
Pyralis lienigialis 050
Pyralis regalis 051
Pyrausta despicata 114
Pyrausta panopealis 107
Pyrrhia bifasciata 468
Pyrrhia umbra 467

R

Rhizedra lutosa 506
Rhyparioides amurensis 301
Risoba prominens 411
Rivula sericealis 348

S

Samia cynthia 129
Sarbanissa bala 332
Sarbanissa venusta 333
Sarcopolia illoba 477
Saturnia boisduvali 130
Saturniidae 127
Scenedra umbrosalis 052
Schinia scutosa 463
Scoliopteryx libatrix 352

Scopula superior　236
Scopula virgulata　237
Sesamia inferens　507
Sidemia spilogramma　501
Sideridis honeyi　478
Sideridis kitti　479
Simplicia mistacalis　336
Simplicia niphona　337
Simplicia rectalis　338
Simplicia schaldusalis　339
Sinna extrema　327
Sinomphisa plagialis　108
Sitochroa verticalis　110
Smerinthus planus　145
Spaelotis valida　541
Spatalia dives　271
Spatalia doerriesi　272
Sphingidae　133
Sphingulus mus　152
Sphinx ligustri　149
Sphragifera sigillata　460
Spilarctia subcarnea　313
Spilonota ocellana　040
Spilosoma lubriciedum　312
Spilosoma punctarium　311
Spirama helicina　381
Spodoptera exigua　516
Spodoptera frugiperda　518
Spodoptera litura　517
Spoladea recurvalis　109
Staurophora celsia　502
Stegania cararia　194

Stericta flavopuncta　061
Stericta kogii　059
Stigmatophora flava　293
Stigmatophora micans　292
Striglina venia　047

T

Tabidia strigiferalis　111
Teia convergens　279
Teliphasa albifusa　062
Teliphasa amica　060
Telorta divergens　497
Tethea albicostata　164
Tethea ampliata　165
Tethea octogesima　162
Tethea ocularis　163
Theretra japonica　160
Thetidia chlorophyllaria　177
Thosea sinensis　032
Thyas juno　378
Thyatiridae　162
Thyrididae　047
Timandra recompta　241
Tortricidae　035
Trachea atriplicis　513
Trachea melanospila　514
Trichophysetis cretacea　058
Tuta absoluta　026

U

Uraniidae　167
Uresiphita gracilis　113
Uropyia meticulodina　256

W

Wilemanus bidentatus　258

X

Xanthia japonago　496
Xanthia togata　494
Xanthia tunicata　495
Xanthocrambus argentarius　076
Xanthocrambus lucellus　077
Xanthodes albago　459
Xenozancla vericolor　172
Xestia c-nigrum　543
Xestia dilatata　544
Xestia ditrapezium orientalis　545
Xestia fuscostigma　546
Xylena formosa　492

Y

Yponomeuta padellus　045
Yponomeutidae　045

Z

Zeiraphera griseana　039
Zygaenidae　548

参考文献

丁建云，张建华，2016. 北京灯下蛾类图谱［M］. 北京：中国农业出版社.

李红梅，2002. 中国草螟亚科若干重要属的分类研究（鳞翅目：螟蛾总科：草螟科）［D］. 天津：南开大学.

王新谱，杨贵军，2009. 宁夏贺兰山昆虫［M］. 银川：宁夏人民出版社.

杨有乾，司胜利，冯小三，1989. 刺槐外斑尺蛾的初步研究［J］. 河南农业大学学报，23（2）：149-152.

虞国跃，2015. 北京蛾类图谱［M］. 北京：科学出版社.

张建华，丁建云，武春生，等，2017，北京蛾类昆虫134种新纪录名录［J］. 植物检疫，34（4）：70-73.

张智，张云慧，2022，麦田害虫及天敌图鉴［M］. 北京：中国农业科学技术出版社.

中国科学院动物研究所，1963. 中国经济昆虫志 第三册 鳞翅目 夜蛾科（一）［M］. 北京：科学出版社.

中国科学院动物研究所，1963. 中国经济昆虫志 第七册 鳞翅目 夜蛾科（三）［M］. 北京：科学出版社.

中国科学院动物研究所，1964. 中国经济昆虫志 第六册 鳞翅目 夜蛾科（二）［M］. 北京：科学出版社.

中国科学院动物研究所，1979. 中国经济昆虫志 第十六册 鳞翅目 舟蛾科（三）［M］. 北京：科学出版社.

中国科学院动物研究所，1982. 中国蛾类图鉴（Ⅰ、Ⅱ、Ⅲ、Ⅳ）［M］. 北京：科学出版社.

中国科学院中国动物志编辑委员会，1991. 中国动物志 昆虫纲 第三卷 鳞翅目 圆钩蛾科 钩蛾科［M］. 北京：科学出版社.

中国科学院中国动物志编辑委员会，1997. 中国动物志 昆虫纲 第十一卷 鳞翅目 天蛾科［M］. 北京：科学出版社.

中国科学院中国动物志编辑委员会，1999. 中国动物志 昆虫纲 第十六卷 鳞翅目 夜蛾科［M］. 北京：科学出版社.

中国科学院中国动物志编辑委员会，2003. 中国动物志 昆虫纲 第三十卷 鳞翅目 毒蛾科［M］. 北京：科学出版社.

中国科学院中国动物志编辑委员会，2004. 中国动物志 昆虫纲 第三十六卷 鳞翅目 波纹蛾科［M］. 北京：科学出版社.

中国科学院中国动物志编辑委员会，2011. 中国动物志 昆虫纲 第五十四卷 鳞翅目 尺蛾科 尺蛾亚科［M］. 北京：科学出版社.

中国农业科学院植物保护研究所，中国植物保护学会，2015. 中国农作物病虫害（第三版）［M］. 北京：中国农业出版社.

BONG-KYU BYUN, BONG-WOO LEE, EUN-SOL LEE, et al., 2012. A review of the genus *Adoxophyes* (Lepidoptera, Tortricidae) in Korea, with description of *A. paraorana* sp. nov. [J]. Animal Cells and Systems, 16(2): 154-161.